高职高专"十二五"规划教材

天然气加工技术

谢俊彪　主　编

龙　燕　副主编

付梅莉　主　审

U0285614

化学工业出版社

·北京·

本书主要介绍了天然气处理、储运及以天然气为原料的几类典型下游产品的生产工艺，同时也涵盖了有关天然气生产的安全卫生与环保知识。内容包括天然气概论、天然气安全卫生与环保、天然气处理、天然气储运、天然气制乙炔及其下游产品、天然气制甲醇、天然气制合成氨及下游产品、天然气为主要原料的其他产品共八个项目。

作为高职教育的教材，在指导思想方面尽量体现以职业综合能力的培养为中心，而不追求学科体系的完整性。内容选材方面既注重实际应用，又强调必要的知识基础。

本书具有一定的通用性。作为高职高专教材，考虑到了天然气加工技术类专业教学的基本要求，同时也可用作相关行业广大工程技术人员的参考书或在职人员的培训教材。

图书在版编目（CIP）数据

天然气加工技术/谢俊彪主编 . —北京：化学工业出版社，2012.7（2024.9重印）
高职高专"十二五"规划教材
ISBN 978-7-122-14568-0

Ⅰ. 天… Ⅱ. 谢… Ⅲ. 天然气加工-高等职业教育-教材 Ⅳ. TE64

中国版本图书馆 CIP 数据核字（2012）第 131658 号

责任编辑：张双进　　　　　　　　装帧设计：王晓宇
责任校对：吴　静

出版发行：化学工业出版社（北京市东城区青年湖南街 13 号　邮政编码 100011）
印　　装：北京虎彩文化传播有限公司
787mm×1092mm　1/16　印张 15½　字数 382 千字　　2024 年 9 月北京第 1 版第 7 次印刷

购书咨询：010-64518888　　　　　　售后服务：010-64518899
网　　址：http://www.cip.com.cn
凡购买本书，如有缺损质量问题，本社销售中心负责调换。

定　　价：40.00 元　　　　　　　　　　　　　　　　　版权所有　违者必究

前　言

天然气是一次能源中最为清洁、高效、方便的能源，近 20 年来在我国呈现出快速发展的态势。随着一批新的气田相继投入开发，以西气东输、川气东送为标志的天然气管道工程建设，更紧密地联系了资源地与经济发达地区的关系，促进了天然气市场的发展，也推动着天然气工业的进步。

本书主要介绍了天然气处理、储运及天然气为原料的几类典型下游产品的生产工艺，同时也涵盖了有关天然气生产的安全卫生与环保知识。作为高职教育的教材，在指导思想方面尽量体现以职业综合能力的培养为中心，而不追求学科体系的完整性。内容选材方面既注重实际应用，又强调必要的知识基础。本书具有一定的通用性。既考虑到教学基本要求的规范性，同时也可用作广大工程技术人员的参考书或在职人员的培训教材。

本书共分为八个项目二十八个情境，由新疆轻工职业技术学院谢俊彪主编、龙燕副主编。参加编写的有新疆轻工职业技术学院祁新萍、朱明娟；克拉玛依职业技术学院蒋定建和来自企业的工程技术人员智文华、李鸿斌、牛刚。祁新萍编写项目一，智文华编写项目二，李鸿斌编写项目三，谢俊彪编写项目四，蒋定建编写项目五，牛刚编写项目六，龙燕编写项目七，朱明娟编写项目八。

克拉玛依职业技术学院付梅莉和新疆轻工职业技术学院马金才对本书进行了认真细致的审稿，并提出了许多宝贵意见和建议，在此谨表示衷心的感谢。新疆化肥厂、新疆泰迪安全技术有限公司、新疆广汇天然气发展有限公司鄯善分公司的专家也对本书提出了宝贵意见和建议，在此一并表示谢意。

由于编者水平所限，书中不妥之处在所难免，恳请广大读者批评指正。

编　者
2012 年 5 月

前　言

目　录

项目一 天然气概论

学习情境一 天然气概述

从广义的定义来说，天然气是指自然界中天然存在的一切气体，包括大气圈、水圈、生物圈和岩石圈中各种自然过程形成的气体。而人们长期以来通用的"天然气"的定义，是从能量角度出发的狭义定义，是指天然蕴藏于地层中的烃类和非烃类气体的混合物，主要存在于油田气、气田气、煤层气、泥火山气和生物生成气中。天然气又可分为伴生气和非伴生气两种。伴随原油共生，与原油同时被采出的油田气叫伴生气；非伴生气包括纯气田天然气和凝析气田天然气两种，在地层中都以气态存在。凝析气田天然气从地层流出井口后，随着压力和温度的下降，分离为气液两相，气相是凝析气田天然气，液相是凝析液，叫凝析油。

与煤炭、石油等能源相比，天然气在燃烧过程中产生的能影响人类呼吸系统健康的物质极少，产生的二氧化碳仅为煤的40%左右，产生的二氧化硫也很少。天然气燃烧后无废渣、废水产生，具有使用安全、热值高、洁净等优点。但是，对于温室效应，天然气与煤炭、石油一样会产生 CO_2，因此，不能把天然气当作新能源。

一、天然气的组成和分类

1. 天然气的组成

天然气是由烃类和非烃类组成的复杂混合物。大多数天然气的主要成分是气态烃类，此外还含有少量非烃类气体。天然气中的烃类基本上是烷烃，通常以甲烷为主，还有乙烷、丙烷、丁烷、戊烷以及少量的己烷以上烃类（C_6^+）。在 C_6^+ 中有时还含有极少量的环烷烃（如甲基环戊烷、环己烷）及芳香烃（如苯、甲苯）。天然气中的非烃类气体，一般为少量的氮气、氧气、氢气、二氧化碳、水蒸气、硫化氢，以及微量的惰性气体如氦气、氩气、氙气等。天然气中的水蒸气一般呈饱和状态。

天然气的组成并非固定不变，不仅不同地区油、气藏中采出的天然气组成差别很大，甚至同一油、气藏的不同生产井采出的天然气组成也会有区别。我国一些油、气藏的天然气组成见表 1-1。

表 1-1 我国一些油、气藏天然气组成（干基）

组分	四川威远气藏气	四川卧龙河气藏气	大庆杏南伴生气	华北任北伴生气	新疆柯克亚凝析气	华北苏桥凝析气	大庆阿拉辛气藏气	陕西靖边气藏气
	$\varphi_B^①/\%$							
$C_1^②$	86.36	97.14	68.26	59.37	74.68	78.58	91.35	93.95
C_2	0.11	0.43	10.58	6.48	8.38	8.26	0.31	0.77
C_3	—	0.03	11.20	12.02	4.00	3.13	0.12	0.50
C_4	—	0.01	5.96	9.21	3.31	1.43	—	—
C_5	—	—	1.91	3.81	2.69	0.55	—	—
C_6	—	—	0.66	1.34	2.68	0.39	—	—
C_7^+	—	—	0.36	1.40	—	5.45	—	—
CO_2	5.01	1.46	0.20	4.58	0.26	1.41	0.22	4.70
N_2	7.20	0.73	0.55	1.79	3.99	0.80	8.00	—
He	0.30	—	—	—	—	—	—	—
Ar	0.03	—	—	—	—	—	—	—
H_2S	0.99	0.20	—	—	—	—	—	0.08
合计	100.00	100.00	100.00	100.00	100.00	100.00	100.00	100.00

① 本书中以 φ_B 或 φ 表示各组分的体积分数。

② C_1 表示 CH_4，C_2 表示 C_2H_6，依次类推。

世界上也有少数的天然气中含有大量的非烃类气体，甚至其主要成分是非烃类气体。例如，我国河北省赵兰庄、加拿大艾伯塔省 Bearberry 及美国南得克萨斯气田的天然气中，硫化氢含量均高达 90％以上。我国广东省沙头圩气田天然气中二氧化碳含量高达 99.6％。美国北达科他州内松气田天然气中氮含量高达 97.4％，亚利桑那州平塔丘气田天然气中氦含量高达 9.8％。

2. 天然气的分类

天然气的分类方法目前尚不统一，各国都有自己的习惯分法。常见的分类方法如下所述。

(1) 按产状分类 可分为游离气和溶解气。游离气即气藏气，溶解气即油溶气和水溶气、固态水合物气以及致密岩石中的气等。

(2) 按经济价值分类 可分为常规天然气和非常规天然气。常规天然气是指在目前技术经济条件下可以进行工业开采的天然气，主要是伴生气（也称油田气、油藏气）和气藏气（也称气田气、气层气）。非常规天然气主要是指煤层甲烷气、水溶气、致密岩石中的气及固态水合物气等。其中，除煤层甲烷气外，其他非常规天然气由于目前技术经济条件的限制尚未投入工业开采。

(3) 按来源分类 可分为与油有关的气（包括伴生气、气顶气等）和与煤有关的气；天然沼气，即由微生物作用产生的气；深源气，即来自地幔挥发性物质的气；化合物气，即指地球形成时残留地壳中的气，如深海海底的固态水合物气等。

(4) 按组成分类

① 以天然气中烃类组成分类可分为干气和湿气、贫气和富气。对于从气井井口采出的，或由油、气田矿场分离器分出的天然气而言，其划分方法如下。

　　a. 干气：$1m^3$（指 $20℃$、$101.325kPa$）气中，戊烷以上烃类（C_5^+）按液态计小于 $10mL$ 的天然气。

　　b. 湿气：$1m^3$ 气中，戊烷以上烃类（C_5^+）按液态计大于 $10mL$ 的天然气。

　　c. 贫气：$1m^3$ 气中，丙烷以上烃类（C_5^+）按液态计小于 $100mL$ 的天然气。

　　d. 富气：$1m^3$ 气中，丙烷以上烃类（C_5^+）按液态计大于 $100mL$ 的天然气。

　　通常，人们还习惯将脱水（脱除水蒸气）前的天然气称为湿气，脱水后露点降低的天然气称为干气；将回收天然气凝液前的天然气称为富气，回收天然气凝液后的天然气称为贫气。此外，也有人将干气与贫气、湿气与富气相提并论。由此可见，它们之间的划分并不是十分严格的，因此，本书以下述及的富气与湿气、贫气与干气也是没有严格的区别。

　　② 以天然气中硫化氢、二氧化碳含量分类可分为净气（甜气、非酸性天然气）和酸气（酸性天然气、含硫气）。

　　a. 净气：指硫化氢和二氧化碳等含量甚微或不含有，不需脱除即可管输或达到商品气质量要求的天然气。

　　b. 酸气：指硫化氢和二氧化碳等含量超过有关质量要求，需经脱除才能管输或成为商品气的天然气。

　　(5) 我国习惯上把天然气分为伴生气、气藏气和凝析气

　　① 伴生气。伴生气系产自油藏（含油储集层）的气，故也称为油田气。伴生气指在地下储集层中伴随原油共生，或呈溶解气形式溶解在原油中，或呈自由气形式在含油储集层上部游离存在（即气顶气）的天然气。当伴生气随原油一起从地下储集层采出到地面后，通常先在矿场分离器中与原油进行初步分离。分离出的原油往往蒸气压较高，为防止其在储运中产生蒸发损耗，又常经过原油稳定过程将原油中的甲烷、乙烷、丙烷、丁烷及戊烷等组分脱除掉，脱出的这些气体烃类称为原油稳定气。无论是从矿场分离器分出的气体，还是经原油稳定过程回收的稳定气，都属于伴生气范畴。

　　伴生气一般多为富气，主要成分是甲烷、乙烷，其次是一定数量的丙烷、丁烷和戊烷以上的烃类，有时还有少量的非烃类气体。

　　② 气藏气。气藏气系产自气藏（含气储集层）的气，也称为气田气、气层气。气藏气指在地下储集层中呈均一气相存在，采出地面仍为气相的天然气，这类气通常都是贫气，主要成分是甲烷，其次是少量乙烷、丙烷、丁烷和非烃类气体。

　　③ 凝析气。凝析气系产自具有反凝析特征气藏的气。凝析气指在地下储集层中呈均一气相存在，在开采过程中当气体温度、压力降至露点状态以下时会发生反凝析现象而析出凝析油的天然气。凝析气除含甲烷、乙烷外，还含一定数量的丙烷、丁烷及戊烷以上烃类，直至天然汽油和柴油馏分等。

二、天然气与石油的差别

　　石油、天然气在元素组成、结构形式以及生成的原始材料和时序等方面，有其共性、亲缘性，也有其特性、差异性。

　　在化学组成的特征上，天然气相对分子质量小（小于 20），结构简单，H/C 原子比高（4~5），碳同位素的分馏作用显著。石油的相对分子质量大（75~275），结构也较复杂，H/C 原子比相对低（1.4~2.2），碳同位素的分馏作用比天然气弱。

　　在物理性质方面，天然气基本是只含有极少量液态烃和水的单一气相；石油则可包含气、液、固三相而以液相为表征的混合物。天然气密度比石油小得多，既易压缩，又易膨

胀。在标准条件下，天然气黏度很小，而石油黏度较大，相差几个数量级。天然气的扩散能力和在水中的溶解度均大于石油。

天然气在生成的条件方面比石油宽。天然气既有有机质形成，也有无机质形成；沉积环境以湖沼型为主；生气母质以腐殖型干酪根（Ⅲ型）为主，生成的温度区间较宽，在浅部低温下即开始生成生物气；在中等深度（温度多数在 65～90℃）范围内，发生的有机质热降解作用而大量生成石油的"液态窗"阶段，也可伴之生成；在深部高温条件下有机质裂解则又主要是生成天然气。天然气对储集层的要求也比石油要宽，一般岩石的孔隙度为 10%～15%，渗透率在 (1～5)×10^{-3}μm^2 也可成藏。而由于天然气的活泼性，则对盖层的要求比石油严格得多。因此，天然气分布的领域要比石油广，产出的类型、贮集的形式也比石油多样，既有与石油聚集形式相似的常规天然气藏，如构造、地层、岩性气藏等，又可形成煤层气、水封气、气水化合物以及致密砂岩、页岩气等非常规的天然气藏。煤层既是生气源岩又是储集体的煤层气藏，已成为很现实的类型。

世界上已探明的天然气储量中，约有 90% 都不与石油伴生，而是以纯气藏或凝析气藏的形式出现，形成含气带或含气区，这说明天然气地质与石油地质虽然有某些共同性，也有密切的联系，但天然气毕竟有它自身发生、发展、形成矿藏的地质规律。

三、天然气在国民经济中的重要性

据第 14 届世界石油大会有关报告统计，天然气的最大用户是城镇居民、公共建筑和商业部门，约占总用量的 41.5%；其次是工业部门，约占 37%，主要用作生产化工产品和工业燃料的基本原料；再次是发电厂，约占 19% 以上；运输部门所占比例不足 1%。预计今后 50 年内，天然气的应用将会显著扩大，天然气转化生产合成氨、甲醇和烯烃、芳烃等技术将会取得新的进展，天然气用作汽车燃料也将使天然气汽车得到进一步的推广。

天然气与其他燃料相比，具有使用方便、经济、热值高、污染少等优点，是一种在技术上已经得到证实的优质清洁燃料。天然气代替其他燃料，可以减少一氧化碳（CO）、二氧化碳（CO$_2$）、氮氧化物（NO）及烃类等的排放，有利于环境保护。因此，它不仅被广泛用作钢铁、非金属矿产、玻璃、食品、陶瓷、造纸等工业的能源，同时也是发电厂的主要燃料。特别是采用天然气联合循环发电技术后，投资费用仅为煤炭和核发电厂 2/3 左右，对空气和水的污染也少。因而使得以天然气为燃料的发电厂更加具有竞争力。

天然气的主要组分是甲烷，此外还含有乙烷、丙烷、丁烷及戊烷以上烃类，是重要的基本有机化工原料。以天然气为原料，可以生产出合成氨、甲醇、低碳含氧化合物、合成液体燃料等种类繁多的化工产品。天然气的一些特性使它有可能成为一种很有吸引力的汽油替代燃料，它的价格和汽车废气排放指标都低于汽油。据统计，截至 2011 年，全世界投入运营的天然气汽车已达 1100 多万辆。

工业国家从 20 世纪初就开始对天然气利用的研究，到 20 世纪三四十年代天然气工业利用已达相当水平。近 20 年来，天然气探明储量以约 5% 的速度增长，产量的增长速度也达到 3%～3.5%。目前世界天然气年产量已达 2.32 万亿立方米，在能源结构中的比例已增加到 24%，接近煤炭的比例。天然气在发电、工业、民用燃料和化工原料等领域的使用已占相当高的比重，对促进社会进步、经济发展和人们生活质量提高正在发挥着越来越重要的作用。

目前，北美、欧洲、独联体等地区跨国家、跨城市主要管网已经相当完善，天然气资源地、管线、市场消费联为一体，成为天然气消费的主要地区，其居民生活用燃料中，天然气所占的比重高达 30%～50%。纵观这些国家天然气工业的发展历史，其市场发展经历了三个阶段：第一阶段是国内市场阶段，即 20 世纪 60 年代之前，政府对天然气市场全面控制；第二阶段是区域市场阶段，即 60～70 年代，生产国向消费国出口；第三阶段，全球市场阶段，形成洲际天然气管道，采用液化天然气、跨地区运输方式。然而，在经济欠发达同时远离天然气资源产地的国家和地区，天然气管网建设进展缓慢，严重地制约着天然气市场消费。

全世界天然气储采比很高（70∶1），而且天然气探明储量正在快速增长，特别是人类环境意识不断增强，清洁燃料的使用正在越来越受到重视。石油和煤炭消费领域中有 70％以上都可以用天然气取代，在全球范围内天然气取代石油的步伐加快，尤其是在东北亚、南亚、东南亚和南美地区，随着天然气输送管网的建设，天然气在 21 世纪初期将经历更快的发展。2010 年，天然气在全球能源结构中的份额已超过煤炭，2020 年前后将超过石油，成为能源组成中的第一能源。天然气的快速发展和重要地位，预计可保持相当长的时期。世界能源消费结构趋势见图 1-1。

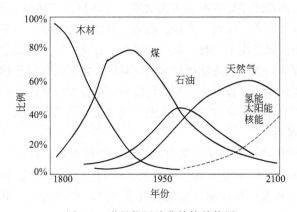

图 1-1　世界能源消费结构趋势图

四、天然气处理

天然气处理是指为使天然气符合商品质量或管道输送要求而采取的那些工艺过程，诸如脱除酸性气体（即脱除酸性组分如 H_2S、CO_2、有机硫化物如 RSH 等）和其他杂质（水、烃类、固体颗粒等）以及热值调整、硫黄回收和尾气处理（环保要求）等过程。

1. 天然气酸性组分脱除

从天然气中脱除酸性组分的工艺过程称为脱硫、脱碳，习惯上统称为天然气脱硫。

2. 天然气脱水

对于要求管道输送的天然气，必须符合一定的质量要求，其中包括水露点或水含量这项指标，故在管道输送之前大多需要脱水。此外，在天然气加工过程中由于采用低温，也要求脱除天然气中的水。

3. 轻烃回收

为了满足商品气或管输（管道输送，下同）气对烃露点的质量要求，或为了获得宝贵的化工原料，需将天然气中除甲烷外的一些烃类予以分离与回收。

4. 硫回收

脱硫后的天然气通常称为净气或净化气，而脱出的酸性组分一般还应回收其中的硫元素（硫黄回收）。

5. 尾气处理

当回收硫黄后的尾气不符合向大气排放的标准时，还应对尾气进行处理。

【思考题】

1. 简述液化石油气和天然气的区别及常用场合。

2. 简述新疆天然气发展现状。

学习情境二　天然气的利用

天然气作为一种宝贵的资源在人民生活和工业生产中有着广泛的应用。

天然气按其组成分为烃类和非烃类，其中烃类占有绝大多数，本节主要介绍烃类的利用。烃类主要用于城市燃气、工业燃料、天然气发电和化工原料等领域。

一、天然气燃料

分离了非烃类的天然气是一种十分理想的燃料，号称"无污染能源"，其热值高，热效率也高。在城市燃气方面的应用主要有城镇居民炊事、生活热水等用气，公共服务设施（机场、政府机关、职工食堂、幼儿园、学校、宾馆、酒店、餐饮业、商场、写字楼等）用气、采暖用气等；在工业燃料方面主要应用于建材、机电、轻纺、石化、冶金等工业领域。以天然气替代石油、液化石油气、煤等，燃烧后废物排放大幅度降低，特别是硫氧化物和粉尘的下降最为显著。天然气由于对环境污染小、投资少、调峰性能好而适合作为城市调峰型电厂的燃料。随着汽车工业的发展及人们对环境的要求，压缩天然气（CNG）作为动力来源的比重越来越大。

二、天然气综合利用

天然气中的烃类用作化工原料是经济效益较高的使用方式。目前世界各国在化工方面都大量使用天然气，主要用于裂解制炭黑、乙炔及其系列产品，氯化制氯化烷烃，硝化制硝基甲烷，氧化制甲醛，与水蒸气反应制合成气及其系列产品如合成氨、甲醇等。

【思考题】

你能接触到的生活中的天然气有哪些。

[拓展与提高]　　生活中的燃烧气

人们生活中的燃烧气源大致分为液化石油气（Y）、人工煤气（R）、天然气（T）三大类。

液化石油气（简称液化气）是石油在提炼汽油、煤油、柴油、重油等油品过程中剩下的一种石油尾气，通过一定程序，对石油尾气加以回收利用，采取加压的措施，使其变成液体，装在受压容器内，液化气的名称即由此而来。液化石油气的主要成分有乙烯、乙烷、丙烯、丙烷和丁烷等，在气瓶内呈液态状，一旦流出会汽化成比原体积约大250倍的可燃气体，并极易扩散，遇到明火就会燃烧或爆炸，因此，使用液化气也要特别注意安全使用。

煤气是用煤或焦炭等固体原料，经干馏或气化制得的，其主要成分有一氧化碳、甲烷和氢等。因此，煤气有毒，易与空气形成爆炸性混合物，使用时应引起高度注意。

天然气广义指埋藏于地层中自然形成的气体的总称。但通常所称的天然气只指贮存于地层较深部的一种富含碳氢化合物的可燃气体，而与石油共生的天然气常称为油田伴生气。天然气由亿万年前的有机物质转化而来，主要成分是甲烷，此外根据不同的地质形成条件，尚含有不同数量的乙烷、丙烷、丁烷、戊烷、己烷等低碳烷烃以及二氧化碳、氮气、氢气、硫化物等非烃类物质；有的气田中还含有氦气。天然气是一种重要的能源，广泛用作城市煤气和工业燃料；天然气也是重要的化工原料。

$1m^3$ 天然气燃烧热值为 33488～40936kJ。

1kg 液化气燃烧热值为 52976kJ。气态液化气的密度为 $2.5kg/m^3$。$1m^3$ 液化气燃烧热值为 121363kJ。这样可看出 $1m^3$ 液化气燃烧热值是天然气的三倍，但还有报道说液化气热值是天然气的 7 倍。

每瓶液化气重 14.5kg，总计燃烧热值 768152kJ，相当于 $20m^3$ 天然气的燃烧热值。

习　　题

一、填空题

1. 天然气的主要成分是_____为主的烷烃类。

2. 人们习惯将脱水前的天然气称为_____，脱水后露点降低的天然气称为_____；将回收天然气凝液前的天然气称为_____，回收天然气凝液后的天然气称为_____。

3. 日常生活中常用的打火机中的气体是_____。

4. CNG 代表_____。

二、选择题

1. 下边哪个选项不是天然气的处理过程（　　）。

　A. 脱水　　　B. 硫回收　　　C. 脱气　　　D. 尾气处理

2. 下边哪个选项不属于天然气分类（　　）。

　A. 伴生气　　B. 气藏气　　　C. 凝析气　　　D. 液化气

三、名词解释

1. 液化石油气。

2. 气藏气。

四、简答题

1. 石油与天然气有哪些区别？

2. 以生活中的实例说明天然气的使用情况。

项目二 天然气安全卫生与环保

【学习任务】
1. 准备资料：天然气的安全与卫生。
2. 主题报告：天然气的安全输送。
3. 天然气生产与环境保护。

【情境设计】
1. 在实训室里设置活动现场，使用电子图书、网络资源，了解天然气的输送。
2. 参观天然气加气站。

【效果评价】
1. 在教师引导下分组讨论、演讲，每位学生提交情境任务报告单。
2. 教师根据学生研讨及情境任务报告单的完成情况评定成绩。

学习情境一 天然气的危害性及控制

一、天然气安全的相关知识

1. 相对密度

在标准状态下，天然气相对密度一般为 0.58～0.62；油田伴生气因重组分含量较高，其相对密度为 0.7～0.85，均比空气轻。

2. 着火温度

着火温度是可燃气体与空气混合物在没有火源作用下被加热而引起自燃的最低温度。按照谢苗诺夫（Semenow N.）的理论，着火温度不是可燃混合物的物理常数，它与混合物和外部介质的换热条件有关。可燃气体在氧气中的着火温度一般比空气中的着火温度低 50～100℃。天然气在空气中的最低着火温度约为 530℃。

3. 爆炸浓度极限范围

可燃气体在空气中浓度达到一定比例范围时遇火源会发生燃烧或爆炸。天然气也有爆炸上限和爆炸下限。当天然气中 CH_4 含量大于 95％时，天然气的爆炸浓度极限可直接选取 CH_4 爆炸极限 5.0％～15.0％。当天然气与空气的混合物中其含量在爆炸浓度极限范围内（5.0％～15.0％），遇到点火源即发生化学爆炸，在极短的时间内因燃烧释放大量的热及光，在密闭空间形成爆炸冲击波，对人员生命、设备与环境的危害极大。

4. 点（着）火源及相关知识

点（着）火源包括明火、无遮挡的强光、点燃的香烟、电火花、物体撞击发出的火花和静电、高温表面、发动机排气等。

金属或硬物之间的碰撞也可能产生热和火花，如工具、机械零件掉落或撞击。使用安全的工具可以减少火花的产生，操作时应防止工具的掉落或撞击。在使用工具或器具前，还应先接一下地或连接一些地线等。

铝制的工具在与生锈的钢铁撞击后，会产生铝热反应，该反应产生的火花也有可能点燃天然气。

静电、电力设备都有可能产生火花。

尼龙类的衣服或鞋的摩擦等，也有可能产生火花。化纤类的衣服容易产生静电，这种静电很难消除。进入工作区应穿防静电工作服或棉质衣服，以减少静电的产生。

电力开关或转换器在切断电源或接通电源时，会产生电火花。接线松动、电线破裂等情况下，也会产生电火花。电流过大，导致电线或设备温度很高，也可以起到点火源的作用。美国消防协会 NFPA 分别对危险区域和设备的安全等级做了规定，应当充分保证这些设备的安全。操作人员应该认识到关闭电源时，有可能会产生电弧。在危险区安装的插头和插座，都应经过安全的防爆设计，并合理地使用。

表面温度高的物体，可以点燃天然气和空气的混合物，因此，对表面温度较高的部件，如燃烧型气化器、引擎的排放管路等，都应该当作明火来处理。内燃机和燃气轮机产生的火花，也是潜在的点火源。工作人员也必须注意到危险区内卡车、驳船、终端运输船等引擎产生的电火花。任何安装有发动机的设备，在危险区必须确认周围没有可燃气体，否则不能使用。

5. 可燃物

引起火灾的第二个要素是可燃物的存在。例如，对于液化天然气（Liquefied Natural Gas，LNG）装置而言，就是指 LNG 蒸气与空气的混合物。除了天然气和其他可燃制冷剂以外，还有油漆、纸和木材等，这些可燃材料都不能存放在危险区内。

6. 氧化剂

空气本身就是一种氧化剂，其中含有体积分数约为 21% 的氧气。

在燃烧的"三要素"——可燃物、点火能量及助燃物中，只要去除其中任何一个要素，燃烧就不可能发生。氧化剂是很难避免的，因为空气无处不在。

在发生火灾时，应设法减少空气的对流，使用水幕等措施是可行的。

7. 安全阀、放散阀、紧急切断阀（均归于安全设施类）

安全阀是可以设定一个安全压力值，超过设定值就会自动打开泄压，压力回落时自动关闭的特殊阀门。

放散阀是管道检修的前后，阀门关闭后用来放散管道内气体的阀门。

紧急切断阀是管道发生泄漏时能够被自动关闭的球阀。

二、天然气的危害性

1. 天然气具有易燃易爆性

天然气是可燃气体混合物，开采、集输、加工、运输、使用过程中的泄漏以及事故时的泄放都容易引发燃烧而酿成火灾事故。当外界的空气进入管道和设备内部或外泄的天然气在一定的时间与空间内与空气混合达到爆炸极限范围内时，遇到点（着）火源就会发生爆炸事故。

2. 天然气中的杂质的危害性

天然气中常含有某些不利于安全生产的有毒、有害物质，如 H_2S、CO_2、有机硫和存在于液相水中的 Cl^- 等。这些物质对金属材料的腐蚀性和 H_2S 对人体的高度危害性，使天然气开采、集输及加工生产中面临生产设备和人身安全的风险。

3. 工作压力高

在开采过程中，井口压力很高，一般达 20～70MPa，个别甚至高达 100MPa，为了充分利用天然气的压力能，在集输过程中一般都维持在较高的压力范围。高压使得设备和管道内发生内压爆破事故的可能性和事故的危害性均加大。而一旦发生爆破事故，引发原料天然气大量泄漏，极易引发火灾、爆炸、周围人群中毒及环境污染等事故。

4. 环境破坏性

天然气的主要成分是甲烷气体，该气体与二氧化碳类似，是使得地球大气层产生温室效应的有害气体。如果大量泄漏、扩散、存留到大气中，污染大气并对地球气候产生久远的破坏性影响。

5. 天然气的物化特性

表 2-1 中介绍了天然气的理化性质和危险、有害因素种类及其特点。

表 2-1　天然气主要物理化学特性一览表

标识	天然气		危险货物编号:21007		UN 号:1971
理化特性	主要成分	甲烷及低相对分子质量烷烃			
	外观与形状	天然气是无色、无臭、易燃气体			
	沸程/℃	−160℃		自燃温度/℃	482～632
	相对密度(水=1)	0.45(液化)		最大爆炸压力/kPa	$6.8×10^2$
	溶解性	微溶于水			
毒性及健康危害	侵入途径	吸入			
	健康危害	天然气的职业危害程度分级为Ⅳ级,车间最高允许浓度为 $300mg/m^3$(前苏联标准)。长期接触天然气的人员,可形成头晕、头痛、失眠、记忆力减退、食欲不振、无力等神经衰弱症;接触低浓度天然气对人体基本无害,接触高浓度(达 20%～30%)天然气时,可引起缺氧窒息、昏迷、头晕、头疼、呼吸困难,以致脑水肿、肺水肿,如不及时脱离,可能造成窒息中毒死亡			
	急救	应使吸入天然气的患者迅速脱离污染区,安置休息并保暖;当呼吸失调时进行输氧,如呼吸停止,要先清洗口腔和呼吸道中的黏液及呕吐物,然后立即进行人工呼吸,并送医院急救;液体与皮肤接触时用水冲洗,如产生冻疮,就医诊治			
	防护措施	呼吸系统防护:高浓度环境中佩戴供气式呼吸器 眼睛防护:一般不需要特殊防护,高浓度接触可戴化学安全防护眼镜 防护服:穿工作服 手防护:必要时戴防护手套 其他:工作现场严禁吸烟,避免高浓度吸入,进入罐或其他高浓度区作业,须有人监护			
燃烧爆炸危险性	燃烧性	易燃	火险分级	甲　　燃烧分解产物	CO、CO_2
	稳定性	稳定	爆炸极限(体积分数)/%	5～14　　禁忌物	强氧化剂、卤素
	危险特性	天然气火灾危险类别属甲类,极易燃,与空气混合能形成爆炸性混合物,遇明火、高热极易燃烧爆炸,与氟、氯等能发生剧烈的化学反应,其蒸气比空气重,能在较低处扩散到相当远处,遇明火引着回燃,若遇高热,容器内压增大,有开裂和爆炸的危险			
	泄漏处理	迅速撤离泄漏污染区人员至上风处,并隔离直至气体散尽,切断火源;应急处理人员戴自给式呼吸器,穿化学防护服。合理通风,禁止泄漏物进入受限制的空间,以避免发生爆炸;切断气源,喷洒雾状水稀释,抽排(室内)或强力通风(室外),漏气容器不能再用,且要经过技术处理以清除可能剩下的气体			
	储运	储存于阴凉、通风仓间内,温度不宜超过 30℃,远离火种、热源,防止阳光直射;应与氧气、压缩空气、卤素、氧化剂等分开存放,切忌混储混运,储存间内的照明、通风等设施应采用防爆型,配备相应品种和数量的消防器材,禁止使用易产生火花的机械设备和工具;验收时要注意品名,注意钢瓶日期,先进仓的先用,搬运时轻装轻卸,防止钢瓶及附件破损			
	灭火方法	泡沫、雾状水、二氧化碳干粉灭火剂灭火			

甲烷是一种普通的窒息性气体。天然气无毒、无味、无色，泄漏到空气中不易被人所发觉，因此在天然气管网系统中，加入一种难闻的气体，即臭味剂，有利于人们察觉。

人员暴露在甲烷的体积分数为9%的气氛中无不良反应，若吸入含量更高的气体，会引起前额及眼部有压迫感，但只要恢复呼吸新鲜空气，即可消除这种不适感。如果持续地暴露在天然气的气体环境中，会引起意识模糊和窒息。

天然气在空气中的体积分数大于40%时，如果吸入过量的天然气会引起缺氧窒息。如果吸入纯的LNG蒸气，会迅速失去知觉，几分钟后死亡。当空气中氧气的含量低于10%，天然气的体积分数高于50%时，会对人体产生永久性伤害。缓慢窒息的过程可分为四个阶段，见表2-2。

表 2-2　缓慢窒息的四个阶段

第一阶段	氧气的体积分数14%～21%,脉搏增加,肌肉跳动,影响呼吸
第二阶段	氧气的体积分数10%～14%,判断失误,迅速疲劳,对疼痛失去知觉
第三阶段	氧气的体积分数6%～10%,恶心、呕吐,虚脱,造成脑部永久性伤害
第四阶段	氧气的体积分数小于6%,痉挛,呼吸停止,死亡

6. 液化天然气的有关危害性

液化天然气是以甲烷为主的液态混合物，常压下的沸点温度约为 $-162℃$，密度通常在 $430～470kg/m^3$ 之间。LNG是非常冷的液体，在泄漏或溢出的地方，会产生明显的白色蒸气云。

当LNG转变为气体的时候，其密度为 $626.5g/m^3$（标准状态下）。LNG爆炸极限为 5%～15%（体积分数），着火温度为538℃，比汽油的着火点257℃高。

LNG既有可燃的特性，又有低温的特性。一般低温条件下一些材料会变脆、变硬，使得设备产生损坏，引起LNG泄漏，操作时有可能对人体造成低温灼伤。LNG与外露的皮肤短暂地接触，不会产生什么伤害，可是持续的接触，会引起严重的低温灼伤和人体组织的破坏。LNG溢出或泄漏能使现场人员处于非常危险的境地，这些危险、有害因素包括低温灼伤、冻伤、体温降低、肺部伤害及窒息等。当蒸气云团被点燃发生火灾时，热辐射也对人体造成伤害。

7. 天然气井喷失控的危害

在天然气井或含天然气的油井钻井、测井、固井、完井、试气和井下作业过程中，由于天然气具有密度小、可压缩、膨胀、易爆炸燃烧、难以封闭的物理化学性质，在钻井液（压井液、完井液）中易滑脱上升，比油井更易发生井喷及井喷失控，甚至着火、爆炸。

天然气井喷失控可造成机毁人亡、损坏设备、死伤人员、浪费油气资源、污染环境、破坏油气层、报废井、造成巨大经济损失，打乱正常生产秩序，影响井场周围居民正常生活，降低企业社会形象。

三、天然气发生火灾、爆炸事故的原因

天然气作为一种高发热量的优质燃料，同时也是一种优质宝贵的石油化工原料，因为天然气具有易燃易爆性，因此在其开采、处理和加工整个生产工艺过程中存在着火灾、爆炸的危险。

天然气作为可燃物质，只要存在氧气等助燃物质及火源，就能燃烧，甚至因火灾引发爆炸，在天然气开采、集输和加工、使用过程中，存在着如下的几种常见因素，直接导致火灾爆炸事故。

1. 静电引起的火灾和爆炸

静电电量虽然不大，但因其电压很高容易发生火花放电，如果在场所存在天然气与空气的爆炸混合物，静电火花足以引起火灾或爆炸。当带静电的人体接近接地体时，可能发生放电火花，导致火灾或爆炸。

2. 碰撞摩擦引起火灾和爆炸

碰撞摩擦在天然气的勘测、开发、集输、生产加工和使用过程中，主要是金属物体与金属物体之间的碰撞摩擦，极易产生火花，引起天然气的燃烧爆炸。

3. 动火作业引起的火灾和爆炸

在天然气存在的区域实施动火作业，可能导致天然气的爆炸燃烧造成火灾。如对天然气管道进行焊接施工时，当气体置换不彻底或阀门未关死、漏气、天然气串入焊割施工的动火区，也极易引起火灾爆炸。

4. 天然气设备开关产生的电火花引起的火灾和爆炸

高电压的火花放电是当电极带高压时，电极周围的部分空气被击穿，产生电晕放电现象；短时的弧光放电一般发生在开闭回路、断开配线、接触不良、短路、漏电等情况下；接触点上的微小火花放电，是在自动控制用的继电器接点上、电动机的整流子或滑环等器件上随接点的开闭而产生的。

5. 天然气着火爆炸

因钻具与井架碰撞起火花或电气设备被气流夹带的岩屑碰坏而起火、井口装置不按规定安装或使用失灵设备造成井口失控、因处置不当而造成压井破坏地层引起四周冒气着火、雷击起火、忽视安全制度在井场违规带电作业或使用明火操作等情况下，引起天然气着火爆炸。

6. 天然气管道泄漏和腐蚀引起的火灾和爆炸

天然气是通过管道进行运输，因此天然气长输管道的安全运行也是天然气开采的重要环节。由于长输管道常年埋在地下，管道腐蚀泄漏和因腐蚀造成管道壁变薄造成管道承压能力下降、破坏性施工等，在一定条件下都会引起管道的燃烧爆炸，引发大范围的火灾。加强管道的维护和检测，及时发现管道泄漏和腐蚀情况，可减少和避免事故的发生。

7. 天然气容器爆炸

在天然气的开采、处理和加工过程中存在着许多压力容器，如分离器、压力管道等。由于天然气的可压缩性和膨胀性，因操作不当可导致容器压力意外升高而发生爆炸和火灾。

8. 硫化铁自燃引发内爆

铁的硫腐蚀产物是硫化铁或硫化亚铁，其特性是极易自燃。其自燃是属于自热氧化自燃类型，常温下发生氧化反应产生热量，若这些热量不能及时散发掉，则将聚积使得硫化铁温度上升，达到其自燃点以上，就会剧烈燃烧起来，继而引发天然气着火或爆炸。

9. 点火、熄火及回火爆炸

对要点火的炉子未进行彻底吹扫或因点火工具不可靠，以及直接利用炉膛高温引燃天然气，或酸气的点火操作易引起爆炸；紧急停电及燃料气系统波动，可能造成熄火，而熄火后未及时切断燃料气和空气，则极易发生由炉膛高温点燃的爆炸事故；硫黄回收装置燃烧炉发生回火可能引起酸气系统爆炸，火炬回火可能引起放空系统爆炸。

四、天然气火灾、爆炸事故的预防措施

天然气与空气混合物发生爆炸必备两个条件：一是天然气浓度要处于爆炸范围；二是混合物温度达到着火温度。爆炸时的压力比常压大 6～7 倍，同时产生强烈冲击波，并且往往引起火灾。由于天然气中 H_2 含量极低，点燃无爆鸣声。因此防止天然气管道、管件、燃烧器泄漏是关键。天然气燃具都是高温设备，要采取绝热、隔热措施，与可燃材料保持规定距离。

液化天然气气源气量大且比较集中，往往需要远距离输送。考虑经济性，则采用较大的压力。天然气的储存不论采用哪种方式，其要求条件均比较高。尽管在技术上都是成熟的，但也应该高度重视其高压输配和储存的安全性。

天然气属于易燃、易爆的介质，在天然气的应用中，安全问题始终是放在非常重要的位置。液化天然气是天然气储存和输送的一种有效的方法，在实际应用中，液态天然气也是要转变为气态使用，因此，在考虑 LNG 设备或工程的安全问题时，不仅要考虑天然气所具有的易燃易爆的危险性，还要考虑由于转变为液态以后，其低温特性和液体特征所引起的安全问题。在考虑 LNG 系统的安全问题时，首先要了解液化天然气的特性及其潜在的危险性。针对这些潜在的危险性，充分考虑对人员、设备、环境等可能造成的危害，考虑相应的防护要求和措施。其次是要了解相关的标准，我国液化天然气工业起步比较晚，相关的标准还不健全，对于不同的 LNG 系统，有必要参照一些液化天然气工业比较发达的国家的标准。如美国的 NFPA59A、NFPA57、英国的 EN-1473、国际海事组织的（IMO）关于液化石油气体船运规定等。对于液化天然气的生产、储运和汽化供气各个环节，主要考虑的安全问题：围绕如何防止天然气泄漏、与空气形成可燃的混合气体；消除引发燃烧爆炸的基本条件以及 LNG 设备的防火及消防要求；防止低温液化天然气设备超压，引起超压排放或爆炸；由于液化天然气的低温特性，对材料选择和设备制作方面的相关要求，在进行 LNG 操作时，操作人员的防护等。

焊缝、阀门、法兰与储罐壁连接的管路应定期检查与检测，及早发现隐患，及时整改消除，防止泄漏的发生。

安全管理规程中必须明确规定，防止人员接近泄漏的流体或冷蒸气，并应安装栅栏、警示标志及可燃气体检测等设备。

在可能有可燃气体、火焰、烟、高温、低温等潜在危险危害存在的地方，安装一些必要的探测器，对危险状态进行预报，使人员能够及时采取紧急处理措施。LNG 工厂中通常用到甲烷气体检测器、火焰检测器、高低温检测器、烟火检测器等几种检测器，除了低温检测器外，其余几种检测器均为必备的设备。每个检测器都要与自动停机系统相连，在发现危险时能够自动起保护作用。

在天然气开采及集输等工艺过程中，由于过程的复杂性和以下三个方面的原因导致容易发生火灾和爆炸。

① 天然气极易燃烧和爆炸，一旦发生火灾或爆炸就会在瞬间完成，使得人们措手不及，往往难以施救，容易失控，造成重大的人员伤亡和财产损失。特别是天然气井喷火灾辐射热强，火场温度高，火焰面积大，一般在起火 10min 内就可将井架烧塌，机座倒塌堆积在井

口上，造成灭火障碍，使得火场情况极为复杂，加上矿井多地处偏远，供水不足，道路狭窄，通信困难，更增大了灭火难度。

② 开采工艺过程中处于高温、高压或低温、高压环境中，工艺管网容易造成泄漏，一旦遇到明火就会发生火灾和爆炸。

③ 开采设备相互联系，某部位发生故障，就会影响整套装置的安全生产，使得危害进一步扩大。

因此，天然气的开采利用必须十分重视安全，认真做好防火防爆检查，及时消除跑、冒、滴、漏等问题。

【思考题】

如果发生天然气泄漏该如何做？

学习情境二　天然气安全技术

天然气管道是国民经济和社会发展的重要"生命线"。由于天然气管输具有介质的易燃易爆、高能高压、有毒有害及过程的连续作业、点多线长、环境复杂的特点，使得天然气管道的安全问题，影响到企业和居民用气、生命安全和生活环境，因此天然气管道运输过程中的安全问题受到社会的广泛关注。

天然气管道的最主要风险是输气管道发生泄漏、火灾和爆炸的风险，并有可能引起人员中毒或窒息伤亡，对环境造成污染和破坏。例如1989年6月4日，前苏联1985年建成的一条输气管道发生泄漏，当时刚好有两列火车对开进入泄漏区，火车摩擦产生的电火花引燃泄漏的可燃气体发生爆炸，造成600多人死亡，烧毁几百公顷森林，令该国蒙受巨大损失。

一、天然气矿场集输安全技术

1. 在天然气采集和集输过程中的危险性

(1) 易燃易爆性　爆炸极限范围较宽，爆炸下限较低，在空气中能形成爆炸性混合物，遇明火、高热极易燃烧爆炸，燃烧分解产物为二氧化碳和一氧化碳。在储运过程中若遇高热，压力容器内压增大，有开裂和爆炸的危险。

天然气在输气管道里和空气混合产生爆炸时，出现迅速着火爆燃现象，火焰传播速度可超过音速而达到$1000 \sim 4000 \text{m/s}$。局部压力可达到8MPa，甚至更高。按照《石油天然气工程设计防火规范》（GB 50183—2004）中可燃物质火灾危险性分类，天然气火灾危险等级为甲类。

(2) 扩散性　天然气的密度比空气小，在大气环境中极易随大气的运动而扩散，一般不在低凹处聚集。

(3) 毒性　天然气属低毒，但空气中甲烷浓度过高能使人窒息。当空气中甲烷浓度达到25％～30％，可引起头痛、头晕、乏力、注意力不集中、呼吸和心跳加速、精细动作故障等，甚至出现昏迷和窒息。长期接触天然气可出现神经衰弱综合征。

(4) 腐蚀性　天然气中的酸性气体有硫化氢（H_2S）、二氧化碳（CO_2）等组分，是造成金属腐蚀的主要因素，天然气含水时腐蚀程度和速度更加严重，CO_2溶于水后形成H_2CO_3，对金属有一定的腐蚀作用。

在采矿及集输过程中的主要风险汇总如表2-3所示。

表 2-3 采矿及集输过程中的主要风险

场所	设施名称	风险特性	风险特点
压气站	计量系统	火灾,爆炸,噪声,毒性	
	压缩空气系统	爆炸,噪声	
	高压阀组	火灾,爆炸,噪声,毒性	
	压缩机系统	火灾,爆炸,噪声	
	过滤、凝结系统	火灾,爆炸,噪声,毒性	
	天然气放空系统	火灾,爆炸,噪声,毒性	
	清管系统	火灾,爆炸,噪声,毒性	
分输站、清管站	计量系统	火灾,爆炸,噪声,毒性	1. 泄漏可导致火灾、爆炸,有毒性危害存在,伴有噪声
	调压系统	火灾,爆炸,噪声,毒性	2. 存在应力开裂危险,压缩机发出噪声
	高压阀组	火灾,爆炸,噪声,毒性	3. 存在应力开裂危险,有噪声,有一定毒性
	加热系统	火灾,爆炸,噪声,毒性	4. 存在应力开裂,空冷器伴有噪声
	分离系统	火灾,爆炸,噪声,毒性	5. 放空不当遇点火源可发生火灾、爆炸,伴有噪声,存在一定的毒性
	天然气放空系统	火灾,爆炸,噪声,毒性	6. 因腐蚀造成管道破裂,天然气泄漏遇点火源发生火灾、爆炸事故;天然气有一定毒性
	清管装置收发系统	火灾,爆炸,噪声,毒性	
联络站	计量系统	火灾,爆炸,噪声,毒性	
	调压系统	火灾,爆炸,噪声,毒性	
	高压阀组	火灾,爆炸,噪声,毒性	
	天然气放空系统	火灾,爆炸,噪声,毒性	
管道线路	干线和支线	火灾,爆炸,毒性	

2. 天然气集输的安全技术措施

① 定期内涂防腐层。由于天然气中 CO_2 含量为 1.8% 左右,存在轻度到中度的 CO_2 腐蚀,并且气田水中的 Cl^- 浓度最高可达 21800mg/L,因此还存在一定程度的 Cl^- 腐蚀。由于集输管网选用碳钢管材,为了提高管网的抗腐蚀性能,通过清管球进行定期内涂,定期加注缓蚀剂,定期腐蚀监测,确保管道防腐效果。

② 检测与控制。采用了"仪表保护为主,本体保护为辅"的双重安全保护技术,正常情况下依靠仪表检测和控制进行诸如报警、泄压和紧急切断等保护,一般设置三道紧急截断阀用以控制紧急情况发生时截断气源,并实现联锁自动控制及远程控制,并设置独立的专用紧急连锁系统。另外还依靠安全泄放阀、爆破片等进行泄压保护。

③ 合理选用设备。主要设备之一的压缩机应选用往复式压缩机,应有良好的密封设施,如设置前置填料等,其他如润滑设备、驱动机的防爆性能及车间的通风、防爆、防雷、防静电、消防设施均应达标。避免在压缩机及管道内形成爆炸性气体,开车前应做好气体置换。

④ 合理选用阀门。天然气集输系统中使用多种阀门,如闸阀、球阀、截止阀、蝶阀、安全阀、旋塞阀、隔膜阀以及清管阀、高低压紧急截断阀等,需要这些阀门具有较高的承压能力、较强的耐冲刷耐腐蚀能力、良好的密封性能等。

⑤ 设置消防系统。对危险场所设置可燃气体泄漏检测、火灾报警系统以及半自动、全

自动消防系统。

⑥ 在线监测。对存在有毒气体的生产环境设置有毒气体在线分析检测仪，对空气中的有毒气体进行报警，预防人体中毒事故的发生。

3. 井喷事故的预防措施

① 及时发现溢流和控制溢流，压井是控制井喷及井喷失控的基本工艺措施。

② 建立井口控制系统，利用井口防喷装置，迅速有效地控制井喷。

③ 在施工中严格执行各项操作规程。

④ 加强井控培训，制定切实可行的预防井喷和井喷失控的应急预案，并进行演练，提高处置能力。

二、天然气管道输送安全技术

1. 油田集输管道的一般规定

① 油气田内部集输管道宜埋地敷设。

② 管线穿跨越铁路、公路、河流时，其设计应符合《原油和天然气输送管道穿跨越工程设计规范　穿越工程》SY/T 0015.1、《原油和天然气输送管道穿跨越工程设计规范　跨越工程》SY/T 0015.2 及油气集输设计等国家现行标准的有关规定。

③ 当管道沿线有重要水工建筑、重要物资仓库、军事设施、易燃易爆仓库、机场、海（河）港码头、国家重点文物保护单位时，管道设计除应遵守相关规定外，还应服从相关设施的设计要求。

④ 埋地集输管道与其他地下管道、通信电缆、电力系统的各种接地装置等平行或交叉敷设时，其间距应符合国家现行标准《钢质管道及储罐腐蚀控制工程设计规范》SY 0007 的有关规定。

⑤ 集输管道与架空输电线路平行敷设时，应符合安全距离要求。

2. 天然气集输管道的一般规定

① 埋地天然气集输管道的线路设计应根据管道沿线居民户数及建（构）筑物密集程度采用相应的强度设计系数进行设计。管道地区等级划分及强度设计系数取值应按现行国家标准《输气管道工程设计规范》GB 50251 中有关规定执行。当输送含硫化氢的天然气时，应采取安全防护措施。

② 天然气集输管道输送湿天然气，天然气中的硫化氢分压等于或大于 0.0003MPa（绝压）或输送其他酸性天然气时，集输管道及相应的系统设施必须采取防腐蚀措施。

③ 天然气集输管道输送酸性干天然气时，集输管道建成投产前的干燥及管输气的脱水深度必须达到现行国家标准《输气管道工程设计规范》GB 50251 中的相关规定。

④ 天然气集输管道应根据输送介质的腐蚀程度，增加管道计算壁厚的腐蚀余量。腐蚀余量取值应按油气集输设计国家现行标准的有关规定执行。

⑤ 集气管道应设线路截断阀，线路截断阀的设置应按现行国家标准《输气管道工程设计规范》GB 50251 的有关规定执行。当输送含硫化氢的天然气时，截断阀设置宜适当增加，符合油气集输设计国家现行标准的规定，截断阀应配置自动关闭装置。

⑥ 集输管道宜设清管设施，清管设施设计应按现行国家标准《输气管道工程设计规范》GB 50251 的有关规定执行。

三、压力容器安全技术

1. 压力容器的危险因素

压力容器类似锅炉，是承受压力的密闭容器。有些压力容器盛装可燃介质，一旦发生泄漏，这些可燃气体会立即与空气混合并达到爆炸极限，若遇到火源即可导致二次爆炸燃烧等连锁反应，造成特大的火灾、爆炸和伤亡事故。

由于压力容器是在压力状态下运行，内部介质又有可能是有毒可燃的，所以压力容器必须进行周密检查和采取必要的技术措施。

一般压力容器破裂原因可分为韧性破裂、脆性破裂、疲劳破裂、腐蚀破裂和蠕变破裂等五种形式。

2. 压力容器爆炸的危害与预防

压力容器爆炸带来的危害，主要表现如下几点。

① 冲击波超压会造成人员伤亡和建筑物破坏。

② 爆破碎片的破坏作用。爆炸碎片具有较高速度和较大质量，对人的伤害取决于其动能，会造成人员伤亡，并且可能损坏附近设备和管道，引起二次事故。

③ 介质伤害。主要是有毒介质的毒害和高温水汽的烫伤。

④ 二次爆炸及燃烧。当容器所盛装的介质为可燃液化气体时，容器破裂爆炸在现场会形成大量可燃蒸气，并迅即与空气混合形成可爆性混合气，在扩散中遇明火即形成二次爆炸。

3. 压力容器安全防护措施

① 压力容器设计及其制造必须按《压力容器安全监察规定》中规定的符合等级类别的设计制造单位进行，其受压元件焊接工作，必须由经过考核合格的焊工担任。焊缝的表面质量必须符合规定质量标准，并作表面探伤，不允许有裂纹、气孔、凹坑和肉眼可见的夹渣等缺陷。

② 压力容器制成后必须进行耐压试验，必要时还应进行气密性试验。

③ 压力容器应按规定装设安全阀、爆破片、压力表、液面计、温度计及切断阀等安全附件。在容器运行期间，应对安全附件加强维护与定期校验，保持其齐全、灵敏、可靠。

④ 使用压力容器的单位，必须向当地压力容器安全监察机构登记并取得使用证，才能将设备投入运行。使用单位应根据设备数量和安全性能要求，设专门机构或专职技术人员，加强压力容器的安全技术管理，建立和健全安全管理制度。

⑤ 使用压力容器的单位，应根据生产工艺要求和容器的技术性能制定安全操作规程，并严格执行。

⑥ 压力容器应定期进行检验，每年至少一次外部检查，每 3 年至少进行一次内外部检验，每 6 年至少进行一次全面检验，使用期达 20 年，每年至少进行内外部检验，并根据检验情况，确定全面检验时间和做出能否继续使用的结论。

⑦ 压力容器的壳体及受压元件不得有裂纹存在，经内外部检验发现有严重裂纹的容器，应分析原因，采取措施加以消除、修理、更换或报废。

4. 对压力容器操作的要求

① 操作人员必须遵守压力容器安全操作规程。

② 压力容器操作人员必须是经过培训，通过考核并取得操作资格证书的人员，必须了解压力容器基本结构和主要技术参数，熟悉操作工艺条件。

③ 应做到平稳操作，缓慢加压和卸压，缓慢地升温和降温，运行期间，保持压力和温度的相对稳定。

④ 严禁超温、超压运行。

⑤ 做好班前、班中和班后的检查工作，及时发现设备的不正常状态，及时采取措施进行处理。

⑥ 认真填写操作记录。

⑦ 掌握紧急情况的处理方法，发生故障，严重威胁安全时，应立即采取紧急措施，停止容器运行，并报告有关部门。

四、消防设施

根据国家有关安全生产的法律法规、规章及标准，消防设施是天然气采集、集输、加工、运输等生产过程中必须配置的特殊设施。消防设施种类很多，一般分为固定设施和移动设施。

针对 LNG 的灭火特性，消防常用的灭火剂一般分为水、二氧化碳、消防泡沫、干粉等。

使用灭火设备灭火，可以减少火灾造成的损失，扑灭时间越短，造成的损害越少。化学干粉灭火剂和二氧化碳灭火剂，都可以用于扑灭天然气产生的火焰。但是泡沫和水灭不了 LNG 产生的大火。如 LNG 工厂中用得最多的是化学干粉灭火剂。在一些大型的、固定的工厂中，都安装了便携式化学干粉灭火剂。在大型工厂中，也有移动式或车装载的化学干粉灭火设备。

使用灭火剂扑灭 LNG 产生的火灾时，必须快速工作，灭火剂的量要根据对火灾规模的预计来确定。

1. 消防给水

在气化区灭火应提供消防水源和消防水系统。消防水系统的作用是保护暴露在火灾中的设备，冷却容器、装备和管道，并控制尚未着火的泄漏和溢流。

消防用水的供应和分配系统应能满足系统中各固定消防系统同时使用的要求，使它们在可能发生的最大单个事故时，能在正常的设计压力和流量下供水，同时设计流量还应再加上 63L/s 的余量，以满足手持软管喷水，并且连续供水时间应不少于 3h。

2. 化学干粉灭火

化学干粉灭火是通过干粉与火焰接触时产生的物理化学作用灭火。干粉颗粒以雾状形式喷向火焰，大量吸收火焰中的活性基团，使燃烧反应的活性基团急剧减少，中断燃烧的连锁反应，从而使火焰熄灭。干粉喷向火焰时，像浓云似的罩住火焰，减少热辐射。干粉受高温作用，会放出结晶水或产生分解，不仅可以吸收火焰的部分热量，还可以降低燃烧区内的氧含量。

在封闭和开放的区域，可以用化学干粉灭火剂扑灭 LNG 产生的火灾，但使用时需要有一定的技巧。化学干粉灭火剂喷到火焰上后，可以破坏燃烧链。但如果化学干粉灭火剂喷到了不均匀的表面，LNG 液面有可能再次被点燃。操作化学干粉灭火剂时，应站在火焰的上风口，将灭火剂均匀喷洒到火焰上。将整个房间或封闭区域都喷上灭火剂，可以将 LNG 产生的火焰扑灭，但应防止再次点燃残存的蒸气。

使用化学干粉灭火剂扑灭 LNG 产生的火灾时，灭火剂应当有足够的量。灭火剂的数量与火焰燃烧时间的长短、火灾区建筑物结构等因素有关。操作人员如果对灭火器操作比较熟练，一个 30L 的化学干粉灭火器能扑灭 $2m^2$ 范围内的火焰。化学干粉灭火器也可以用来扑灭其他气体产生的火灾，但这要看火灾的形势和操作人员的能力。化学干粉灭火方法不太适合于规模很大的火灾。

可以移动的 350L 化学干粉灭火器，可扑灭 $14m^2$ 范围的大火。然而，操作人员必须受过良好的训练，在操作灭火器时没有障碍或不会将火星喷出火焰区。由于这些灭火剂喷出后存在时间较短，当灭火剂扩散后，火焰有可能回扑。灭火剂扩散或耗尽后，暴露的设备由于被火焰加热了，因而有足够的热量将可燃蒸气或 LNG 重新点燃。

对于一些重点防火的地方，需要安装固定的灭火系统。固定的灭火系统可以迅速启动灭火，而移动的灭火器则需要一定的操作时间。

灭火剂也有可能对人员产生伤害，如降低可视度、造成短暂的呼吸困难。虽然在使用灭火器的时候，这不是一个重要的问题，但对于固定灭火系统，当控制区域内有人员时，需要考虑这个问题。一般是先发出警报，灭火系统适当延迟启动，使人员有时间撤离。不利的是损失了灭火的最好时间，因为火灾发生后，灭火越早扑灭越容易。

在考虑 LNG 等设备和装置的灭火系统时，必须充分考虑到灭火系统的能力。

3. 高膨胀率泡沫

高膨胀率的泡沫可用来抑制 LNG 产生的火焰扩散，并降低火焰的辐射。该灭火剂最好的膨胀效果是 600∶1。当泡沫喷到液态天然气表面后，LNG 的蒸发率会有所增大。蒸气不断受热并穿过泡沫上升，而不是在地面扩散。在使用高膨胀率泡沫后，LNG 蒸气扩散范围可明显减小。

当泡沫喷到已点燃的 LNG 表面时，它能抑制热量的传递，降低蒸发率和火焰的规模。使火焰变小，辐射热减少，灭火的难度也可以相应降低。

高膨胀率泡沫系统必须应用在特殊的场合。如用来保护 LNG 储罐围堰、输送管线、泵、液化和汽化用的换热器、LNG 输送区等。

高膨胀率泡沫并不是扑灭 LNG 火灾的最好办法，它只能减少 LNG 火灾的危害。而且在安装、调试、维修等方面受容量和价格的限制。

4. 二氧化碳和水

二氧化碳和水可用来控制 LNG 产生的大火，但不是灭火。如果将水喷到液态天然气的表面，会使 LNG 的蒸发率增大，从而使 LNG 的火势增强。因此，不能用水来直接喷淋到 LNG 或 LNG 蒸气上。用水的目的主要是将尚未着火而火焰有可能经过的地方弄湿，使其不容易着火。

最常用的控制 LNG 火焰的方法是利用水雾吸收热量。安装喷淋系统，需要像安装灭火系统一样，涵盖整个所需要的区域。然而，与灭火系统的目的不同的是，水喷淋系统主要用来降低温度、减少空气、控制燃烧、保护财产，整个系统简便、可靠。安装水喷淋系统通常是用于保护设备财产。

水喷淋系统在大型工厂中都有使用，大型的 LNG 储罐或冷箱可以在外部安装水喷淋系统。LNG 工厂应该安装供水系统，对于容量大于 $266m^3$ 以上的 LNG 储罐，要求安装供水和输送系统。

水系统可用于控制火势，除了可以吸热和保护暴露在火焰下的建筑使之不至于很快着火外，还可用来保护个人安全。

人工操作的便携式 CO_2 灭火器适合于较小的电器发生的火灾、小型的气体火灾。它们在灭小型的 A 级火灾时并不是很有效。这些灭火器的使用仅限于几平方米的区域或室内，风力不大，不会吹散 CO_2 的封闭区域。

在 LNG 设施内和槽车上的关键位置，可设置便携式或轮式灭火器，这些灭火器应能扑灭气体发生的火灾。进入场区的机动车辆，最低限度应配备一个便携式干式化学灭火器，其容量不低于 9kg。

【思考题】

天然气消防中水的作用。

学习情境三 天然气生产卫生管理及环境保护

一、职业卫生知识

1. 掌握安全卫生标志

在作业场所的危险物、不安全处以及工人易出纰漏的地方设置有安全卫生标志。重要的是必须事先理解安全卫生标志的意思。尤其当厂内的标志只用图片表示时，更应事先弄清并记住标志的意思。

安全标志分为禁止标志、警告标志、指令标志和提示标志四大类型。

① 禁止标志。禁止标志的含义是禁止人们不安全行为的图形标志，基本型式是带斜杠的圆边框，如图 2-1 所示。

禁止吸烟	禁止烟火	禁止带火种	禁止用水灭火	禁止放易燃物
禁止启动	禁止跨越	禁止攀登	禁止跳下	禁止入内
禁止停留	禁止通行	禁止靠近	禁止乘人	禁止堆放

图 2-1 禁止标志

② 警告标志。警告标志的基本含义是提醒人们对周围环境引起注意，以避免可能发生危险的图形标志，基本型式是正三角形边框，如图 2-2 所示。

图 2-2　警告标志

③ 指令标志。指令标志的含义是强制人们必须做出某种动作或采用防范措施的图形标志，基本型式是圆形边框，如图 2-3 所示。

| 必须戴安全帽 | 必须系安全带 | 必须戴防毒面具 |

图 2-3 指令标志

④ 提示标志。提示标志的含义是向人们提供某种信息（如标明安全设施或场所等）的图形标志，基本型式是正方形边框，提示标志的位置要加方向辅助标志，按实际需要指示左向或下向时，辅助标志应放在图形标志的左方，如指示右向时，则应放在图形标志的右方，如图 2-4 所示。

| 紧急出口 | 可动火区 | 避险处 |

图 2-4 提示标志

2. 遵守安全卫生规程

安全卫生规程是工作规程的一部分，尤其是安全方面的规程，它是前人在生产实践中摸索得来的，甚至是用流血、用众多生命换来的经验教训的总结，是为避免同类伤亡事故不再重演而制定的。作业场所有工作岗位规程，也有与工作岗位规程不同的特有的规程。因此，遵守规程对安全至关重要，凡是规定的东西，制定的规程，必须遵守、尽快记住并执行。

卫生方面也有同安全一样的保护健康的规程。往往有人认为卫生规程只是保护个人的，其实不然，而是保护所有工人健康的。即使一些保护个人健康的规程，例如使用个体防护用具的规定，如果一个人不遵守，就会逐渐影响到很多人不遵守。

工作规程也就是所有人都必须一致遵守的制度。

二、职业危险源及其预防

职业病是指企业、事业单位和个体经济组织（以下统称用人单位）的劳动者在职业活动中，因接触粉尘、放射性物质和其他有毒、有害物质等因素而引起的疾病。本节就常见几种职业危害源及防护做简单介绍。

1. 噪声

噪声对作业人员的危害也是天然气处理过程中不可忽视的职业危害。天然气处理过程的主要噪声源是压缩机组、泵、空气冷却器、高压天然气节流降压和放空操作等。根据《工业企业噪声控制设计规范》(GBJ 87—1985)噪声等级规定,各工作区应达到的噪声控制标准见表2-4。

表 2-4　各工作区噪声控制标准

区 域 或 名 称		噪声控制/dB(A)
生产车间及作业场所(作业人员每天连续接触噪声 8h)		90
值班室、休息室	无电话通信要求时	75
	有电话通信要求时	70
车间所属办公室、实验室、计算机室		70
控制室、消防值班室、办公室、会议室		65

(1) 噪声对人体健康的危害性　噪声不仅干扰人们的正常工作和休息,而且危害人体健康,故必须引起充分重视。

① 噪声对听觉器官的危害。短期暴露在噪声环境下,人体听觉敏感性虽然降低,但脱离该环境几分钟后即可恢复,并且这种听觉适应有一定限度。

长期在噪声环境下工作并缺乏防护措施,将会由于听力损失而引起听觉疲劳。脱离噪声环境后,听觉敏感性恢复时间长,它属于功能性改变,是病理性改变的前期状态。

如果仍长期无防护地在强噪声环境中持续工作,听力损失逐渐加重,直至不能恢复,听力损失呈永久性,即所谓噪声性耳聋。根据听力损失程度,可将噪声性耳聋分为轻度、中度和重度三类。如果听力损失超过 85dB 称为全聋。

影响噪声对人体听觉器官危害的因素有噪声强度、接触时间、噪声频谱、噪声类型及接触方式、个体差异等,其中,噪声强度大小是影响听力的主要因素,强度越大,听力损伤出现得越早,损伤得越严重,受损伤的人数越多。接触噪声时间越长,听力损伤越严重,损伤的阳性率越高。

② 噪声对其他系统的危害。噪声具有强烈的刺激性,如果长期作用于中枢神经系统,可以使大脑皮层的兴奋和抑制过程平衡失调,导致植物性神经功能紊乱,表现为神经衰弱、头痛、头晕以及其他一系列症状,严重时全身虚弱,体质下降,容易并发或加重其他疾病,个别人甚至发展成精神错乱。

噪声还可使交感神经兴奋、肾上腺皮质功能紊乱等,导致心动过速、心律不齐以及其他一些症状等。

③ 噪声对作业能力和工作效率的影响。噪声可使人感到烦躁不安、容易疲劳、注意力分散、反应迟钝,差错率明显上升。当噪声达到 85dB 以上时,人们的正常工作秩序就会受到影响,外来指令、信号和危险警报被噪声掩盖,工伤和产品质量事故明显增多,不仅影响工作效率,降低工作质量,还会影响企业的安全生产。

(2) 噪声防护　除了尽量选用低噪声设备、机械外,还应采取以下防护对策措施。

① 合理布局噪声源,使其与办公场所、控制室、值班室等保持一定距离,或设置隔声墙将噪声控制在局部范围内。

② 对主要产生噪声的设备、机械,装设防噪声罩或消音器。

③ 在建(构)筑物、控制室、值班室使用隔声性能良好的材料防噪。

④ 在噪声环境下作业的人员,应佩戴噪声防护用品,如耳塞、耳罩等护耳器。

⑤ 定期对作业场所噪声情况进行检测，以确保符合《工业企业噪声控制设计规范》（GBJ 87—1985）的要求。

⑥ 在厂区周围栽种树木进行绿化，既可吸收部分噪声，又可吸收大气中一些有害气体。

2. 高、低温作业

高、低温作业场所可能造成的职业危害是高、低温环境危害。天然气处理过程中的巡检、取样以及检修作业等都是露天进行，故应考虑高、低温环境对人体的危害性与防护。

（1）高温环境危害性与防护

① 高温环境危害性。在一定环境温度下，人体的产热和散热保持相对平衡。作业人员在高温环境作业，当散热不能满足肌体需要时，热平衡就会遭到破坏。如果热量在体内蓄积并达到一定程度时，将会影响人体健康，使人体的体温和皮肤温度、水盐代谢、循环系统、消化系统和泌尿系统等发生变化或失调，严重时引起中暑。

如果作业人员直接接触到高温设备、管线、仪表系统或泄漏的高温介质时，还会造成严重的高温灼伤事故。

另外，热辐射环境也会对作业人员造成危害，出现与高温环境下类似的症状。

② 高温环境危害的防护。防护高温环境危害的主要对策措施如下。

a. 采取自动化、机械化或半机械化操作，避免或减少作业人员与热源接触或高温对作业人员的影响；

b. 采用性能良好的隔热材料对热源进行屏蔽与隔热；

c. 作业区采用自然通风或机械通风，降低环境温度；

d. 高温环境作业人员应配备必要的防护用品和营养补充品；

e. 发生高温灼伤时应及时救治。

（2）低温环境危害性与防护

① 低温环境危害性。作业人员在严寒季节进行露天作业时，由于防护不当将会造成低温危害。此外，低温生产过程有关设备、管线、仪表系统的隔热保温设施出现破损或效果差等，还会在局部范围出现低温环境引起的低温危害。

当环境温度低于人体皮肤温度并超过人的冷适应能力时，就会对人体造成损害。低温环境下最先感到不适的是人体末端，例如四肢以及暴露部位，此时将会影响人体四肢的操作灵活性，对生产效率和安全产生不利影响。

另外，如果作业人员直接接触到低温设备、管线、仪表系统或泄漏的低温介质时，还会造成严重的低温冻伤事故。

② 低温环境危害的防护。低温作业场所应设置必要的采暖设备和御寒用品，发生低温冻伤时应及时救治。

3. 二氧化硫

硫黄回收过程的过程气、尾气和尾气焚烧炉焚烧后的尾气、火炬排放的烟气中均含有 SO_2。SO_2 主要是气体中 H_2S 的燃烧产物，具有中等毒性。此外，过程气和尾气中还含有 CO_2、CO 等其他毒性或窒息性气体。因此，硫黄回收及尾气处理过程的主要职业危害之一为来自气体泄漏、排放时引起的 H_2S、SO_2 等有毒气体的中毒和窒息事故。

硫黄回收装置制得的硫黄称为工业硫黄。工业硫黄无毒、易燃，自燃温度为232℃，其粉尘易爆。因此，了解二氧化硫、工业硫黄等的危险危害性及其防护等有关事项是十分必要的。

以直流法硫黄回收装置为例，酸气中1/3的 H_2S 在反应炉内燃烧生成 SO_2。然后，酸

气中其余的 H_2S 再与 SO_2 在反应炉及各级转化器中转化为元素硫。因此，在硫黄回收装置的过程气和尾气中既含有 H_2S，也含有 SO_2，两者含量则随元素硫的不断生成而逐渐减少。

（1）SO_2 的危害性　SO_2 的理化性质及危险危害性见表 2-5。

表 2-5　SO_2 的理化性质和危险危害特性

标识	中文名：二氧化硫、亚硫酸酐		英文名：Sulfur dioxide；Sulfurous anhydride
	分子式：SO_2	相对分子质量：64.07	CAS No.[①]：7446-09-5
	危险货物编号 23013。铁危编号：23013。UN No.1079。危险性类别：2.3 类，有毒气体		
理化性质	外观与性状：无色气体或液体，有刺激性气味		
	溶解性：17.7%水（0℃）；25%乙醇；中等程度溶于苯、丙酮、四氯化碳		
	熔点/℃：－75.5	沸点/℃：－10	相对密度（水＝1）：1.43（0℃）
	临界温度/℃：157.8	临界压力/MPa：7.87	相对蒸气密度（空气＝1）：2.26
	燃烧热/（kJ/mol）：无意义	最小点火能/时：无意义	饱和蒸气压/kPa：338.32（21.11℃）
燃烧爆炸危险性	燃烧性：不燃	燃烧分解产物：无意义	
	闪点/℃：无意义	聚合危害：不聚合	
	爆炸极限%（体积分数）：无意义	稳定性：稳定	
	自燃温度/℃：无意义	禁配物：强还原剂、有机物、易燃物、强氧化剂和其他可燃物	
	危险特性：与水或蒸汽反应生成有毒和腐蚀性气体；若遇高温，容器内压增大，有开裂和爆炸的危险		
	消防措施：消防人员必须穿戴全身防火防毒服、佩戴正压供气式呼吸器，在上风向灭火。关闭容器阀门，切断气源。喷水冷却火场中的容器，并应迅速将容器转移至安全地带		
毒性	接触限值：PC-TWA[②]：5mg/m³；PC-STEL[③]：10mg/m³		
	毒理资料：大鼠吸入 LC50：6600mg/m³（1h）		
对人体危害	主要引起不同程度的呼吸道及眼黏膜刺激症状		
	轻度中毒者可有眼灼痛、畏光、流泪、流涕、咳嗽，常为阵发性干咳，鼻、咽喉部有烧灼样痛，声音嘶哑，甚至有呼吸短促、胸痛、胸闷。严重中毒可在数小时内发生肺水肿，出现呼吸困难和紫绀，咳粉红色泡沫样痰。有的病人可因合并支气管痉挛而引起急性肺气肿。有的病人出现昏迷、血压下降、休克和呼吸中枢麻痹。个别患者因严重的喉头痉挛而窒息致死		
	较高浓度的二氧化硫可使肺泡上皮脱落、破裂，引起自发性气胸，导致纵隔气肿		
	液体二氧化硫可引起皮肤及眼灼伤、起泡、肿胀、坏死		
急救	迅速将患者运离中毒现场至通风处，松开衣领，注意保暖、安静，观察病情变化。对有紫绀缺氧现象的患者，应立即输氧，保持呼吸道通畅，如有分泌物应立即吸取。如发现喉头水肿痉挛和堵塞呼吸道时，应立即做气管切开		
	对呼吸道刺激，可给2%～5%碳酸氢钠溶液雾化吸入，每日三次，每次 10min		
	防治肺气肿时，宜根据病情及早、适量、短期应用糖皮质激素；合理应用抗生素以防治继发感染		
	眼损伤时采用大量生理盐水或温水冲洗，滴入醋酸可的松溶液和抗生素，如有角膜损伤者，应由眼科及早处理		
防护	工程防护：作业过程密闭，提供充分的局部排风和全面通风		
	个体防护：		
	①呼吸系统防护空气中浓度超标时必须佩戴防毒面具，紧急事态抢救或撤离时，佩戴正压自给式呼吸器；		
	②眼手防护，戴化学安全防护眼镜和防护手套，穿相应的工作服		
	其他：工作场所禁止吸烟、进食和饮水，工作后淋浴更衣，保持良好的卫生习惯		
泄漏处理	切断气源，抽排（室内）或强力通风（室外）。对泄漏物处理时必须穿戴氧气防毒面具。残余气体或钢瓶泄漏出的气体排送至水洗塔或与塔相连的通风橱内		
储运	包装标志：有毒气体		
	包装方法：高压钢质气瓶；安瓿瓶外普通木箱		
	储运条件：储存于阴凉、通风良好的阻燃材料结构的有毒气体专用库房。避免容器受日光直晒或受热。平时检查钢瓶是否漏气。搬运时钢瓶需戴安全帽及防震橡皮圈，防止撞击和剧烈震动，避免容器受损。与有机物、可燃物、氧化剂和其他可燃物隔离储运		

① CAS No. 指化学文摘索引登记号。

② PC-TWA 指时间加权平均容许浓度。

③ PC-STEL 指短时间接触容许浓度。

(2) SO₂毒性危害的防护　由于硫黄回收及尾气处理过程的过程气和尾气中既有 H_2S，又有 SO_2 等毒性气体，因而根据表 2-5 中的 SO_2 毒性特点，在厂区、装置区内采取预防 H_2S 毒性危害的对策措施，并综合防护 SO_2 的毒性危害。

对于经尾气焚烧炉焚烧后的尾气，由于其中的毒性气体仅为 SO_2 并经烟囱排放到大气中，为防止污染环境，应严格按照我国对硫黄生产装置 SO_2 排放限值进行控制。

(3) 含硫天然气、酸气、过程气和尾气中其他毒性气体　天然气脱硫脱碳装置的原料气和酸气、硫黄回收及尾气处理装置的过程气和尾气中还有 CO_2、CO 等毒性或窒息性气体，由于这些毒性气体也与 H_2S、SO_2 等同时存在，散在厂区、装置区内采取了防护 H_2S 毒性危害的对策措施后，通常也就不必再采取其他防护对策措施。

4. 工业硫黄

工业硫黄有固体和液体之分。现以固体工业硫黄为例介绍其危险危害性及防护。

(1) 危险危害性　工业硫黄为易燃固体。此外，空气中含有一定浓度硫黄粉尘时不仅遇火会发生爆炸，而且硫黄粉尘也很易带静电产生火花导致爆炸（硫黄粉尘爆炸下限为 2.3g/m³），继而燃烧引发火灾。按固体火灾危险性分类硫黄属于乙类，硫黄回收和成型装置属于火灾危险性乙类装置。人体吸入硫黄粉尘后还会引起咳嗽、喉痛等。表 2-6 为工业硫黄及其粉尘理化性质和危险危害特性。

(2) 工业硫黄安全防护　根据国家标准《工业硫黄》（GB 2449—2006）规定，有关工业硫黄安全等防护事项如下。

① 安全。从事工业硫黄生产、运输、储存及加工的工作人员，操作时应使用必要的防护用品。

严格遵守国家有关消防、危险品的安全条例。工业硫黄堆放场所和仓库应设置专门灭火器材，严禁明火。允许以喷水等方法熄灭烧着的硫黄。

由于硫黄粉尘易爆，使用和运输工业硫黄时应防止生成或泄出硫黄粉尘。液体硫黄的生产、储运以及使用遵照相关安全规定执行。

② 标志、包装、运输和储存。工业硫黄的包装容器上应有明显、牢固的标志，内容包括生产厂名、厂址、产品名称、商标、等级、净质量、批号、生产日期、《工业硫黄》标准编号和符合 GB 190 规定的"易燃固体"标志。

固体产品可用塑料编织袋或内衬塑料薄膜袋包装，也可散装。其中，包装块状硫黄可不用内衬塑料薄膜袋，散装产品应遮盖，但粉状硫黄不可散装。液体硫黄应使用专门容器储装。

产品的运输按国家有关规定执行。

块状、粒状硫黄可储存于露天或仓库内。粉状、片状硫黄储存于有顶盖的场所或仓库内。袋装产品成垛堆放，堆垛间应留有不少于 0.75m 宽的通道。不许放置在上下水管道和取暖设备的近旁。

(3) 硫黄事故案例

① 硫黄仓库爆炸事故。

2008 年 1 月 13 日，国内某公司的一个分公司硫黄仓库发生爆炸，造成 7 人死亡、32 人受伤。

a. 事故经过。1 月 13 日 2 时 45 分，铁路运输装卸承包单位的 53 名工人在该公司硫黄仓库内开始从事火车硫黄卸车作业，即从火车卸下并拆开硫黄包装袋，将硫黄分别倒入平行于铁路、与地面平齐的 34 个料斗中，硫黄通过料斗落在地坑中输送机皮带上，用输送机传送皮带将硫黄送入硫黄库内作为该公司生产硫酸的原料。3时40分时地坑硫黄粉尘突然发生爆炸，爆炸冲击波将料斗、硫黄库的轻型屋顶、皮带输送机、斗式提升机等设备、设施毁坏，造成7人死亡、7人重伤、25人轻伤。

表 2-6　硫黄的理化性质及危险危害特性

	中文名：硫、硫黄		英文名：Sulphur(Sulfur)
	分子式：S	相对分子质量：32.065	CAS No.：7704-34-9
	危险货物编号：41501；铁危编号：41501；UN No.1350；2448(熔融)；危险性类别：第4.1类，易燃固体		
理化性质	性状：黄色或淡黄色脆性结晶或粉末，有特殊臭味		
	溶解性：不溶于水，微溶于乙醇、乙醚，易溶于二硫化碳、苯、甲苯		
	熔点/℃：112.8～120	沸点/℃：444.6	相对密度(水=1)：块状 2.07
	临界温度/℃：1040	临界压力/MPa：11.75	饱和蒸气压/kPa：0.13(183.8℃)
	燃烧热(kJ/mol)：29.7	最小点火能/mJ：15	
燃烧爆炸危险性	燃烧性：易燃固体		燃烧分解产物：SO_2
	闪点/℃：207(CC)		聚合危害：不聚合
	爆炸极限(g/m³)：2.3(下限)		稳定性：稳定
	引燃温度/℃：232		禁配物：强氧化剂
	危险特性： ①正常情况下燃烧缓慢，与氧化剂混合时燃烧速度剧增； ②与氧化剂混合可形成爆炸性混合物； ③遇明火、高温易发生火灾； ④粉尘易带高达数千伏乃至上万伏静电； ⑤摩擦产生的高温和明火等均可导致硫黄粉尘爆炸和火灾； ⑥一般情况下硫黄粉尘比易燃气体更易发生爆炸，但燃烧速度和爆炸压力比易燃气体小		
	消防措施：雾状水、泡沫、二氧化碳		
毒性	接触限值：中国 MAC、美国 TWA 和 STEL 均未制定标准		
	毒理资料：低毒性		
对人体危害	① 因其可在肠内部分转化为硫化氢而被人体吸收，故大量吞入(10～209)可导致硫化氢中毒； ② 可引起眼结膜炎、皮肤湿疹，对皮肤有弱刺激性； ③ 长期吸入硫黄粉尘一般无明显毒性		
急救	皮肤接触后应脱去污染衣物，立即用流动清水彻底冲洗。眼睛接触后应立即用流动清水冲洗。如果吸入硫黄粉尘应立即离开现场，必要时进行人工呼吸和医治		
防护	工程防护：密闭作业，局部通风		
	个体防护：佩戴防尘口罩、防护眼镜，穿防护服和戴防护手套		
	其他：作业场所严禁吸烟，工作后淋浴更衣，注意个人卫生		
泄漏处理	隔离泄漏污染区，周围设置警告标志，切断火源。应急处理人员戴好面罩，穿一般消防护服。使用无火花工具收集泄漏物，并置于袋中转移至安全区。如果大量泄漏，收集后回收或无害处理后废弃		
储运	包装标志：易燃固体。包装方法：(Ⅲ)类		
	储存：储存于阴凉、干燥、通风的库房或货棚下，隔离火种，远离热源		
	包装必须严密，严防受潮，如果长期与铁接触，须防止生成硫化铁而自燃，忌与氧化剂、磷等物品混储、混运，平时须勤检查储存温度，搬运时轻装轻卸，防止包装和容器损坏		

　　b. 事故原因。事故发生的主要原因，一是天气干燥，空气湿度低，硫黄粉尘容易爆炸；二是作业时正值深夜，风速低，空气流动性差，造成局部空间内（皮带运输机地坑）硫黄粉尘浓度增大，达到爆炸极限，由现场产生的点火能量引发爆炸。

　　② 硫黄成型系统爆炸事故

国内某厂有两套硫黄回收装置，共用一台成型结片机，生产能力7500t/a。成型系统包括成型结片机（二楼）、包装间和成品库（一楼），包装间和成品库混用。

2001年6月23日14时10分，一搬运工将无防火帽的外运货车开进硫黄成品库，引起成品库内小范围闪爆，幸无人员伤亡。

2003年1月19日10时30分，一电工在拆修成型结片机顶部引风线上的轴流风机时，产生的电火花造成引风线内硫黄粉尘爆炸，爆炸产生的冲击波将现场一名作业人员推出1.5m远，所幸有护栏保护，未造成伤亡。

（4）硫化亚铁自燃事故案例

由于硫黄回收装置原料气（酸气）中的H_2S含量较高，故常出现设备、管线的硫腐蚀问题。其中，在检修过程中的硫化亚铁（FeS）自燃现象最为常见，给作业人员和设备安全带来很大危害。

我国某公司硫黄回收装置曾发生过几起FeS自燃事故，现将其中一起事故介绍如下。

① FeS自燃特点。

FeS自燃特点为：发生地点事先不易确定；燃烧系高度放热反应，如不及时散热，很易烧坏设备、管线；燃烧时生成有毒气体SO_2；不宜使用水或水蒸气扑灭。

② FeS自燃事故经过。

该公司设有硫黄回收装置尾气吸收塔，2002年9月5日此尾气吸收塔停工检修。退完塔内物料后，先水洗一次，再用SD-DF4型FeS钝化剂由溶剂入口进入塔内进行钝化处理，然后从溶剂出口出塔。钝化处理完毕又进行一次水洗后，将塔顶人孔打开，准备自然通风后检查塔顶情况。

塔顶打开后1h，从人孔处冒出大量浓烟。发现此情况后立即关闭塔顶尾气出口阀HV7309，向出口管线内注入低压蒸气，并关闭该人孔。事后进入塔内发现塔顶除雾器钢丝网有多处烧穿、烧结。检查塔顶尾气出口管线温度记录，曾在20min内由65℃升至189℃，然后逐渐下降。

③ FeS自燃事故原因。

a. 尾气出口管线温度高　停工时尾气出口管线外的蒸气伴热管蒸气未停，致使该出口管线一直保持65℃。

b. 空气倒流　由于塔顶尾气出口阀HV7309未关闭，人孔和尾气出口管线出口的位差较大，约为30m，导致空气从尾气出口倒流至人孔处。这也是浓烟向外冒出的原因之一。

c. 钝化处理时钝化剂无法达到除雾器处，因而无法清除该处的FeS。

d. 除雾器由多层钢丝网构成，内部积存大量针状硫黄结晶，FeS自燃后引燃周围的硫黄结晶，致使浓烟生成并放出大量的热。

上述事故案例虽然都是近年来化工、石化行业所发生的，但其发生原因和教训同样值得引以为戒。

5. 天然气凝液

（1）天然气凝液及其产品危险危害性　NGL理化性质与组成有关，而其组成则随NGL回收过程的原料气组成、回收目的和方法等而异，因此，不同NGL回收过程得到的NGL理化性质尚无法统一表示。

尽管不同NGL组成有所差别，但由其得到的天然汽油等产品应符合表2-7中的质量指标，故其产品的理化性质和危险危害性基本相同。现以由原油加工得汽油为例介绍其理化性质及危险危害性（见表 2-7）。为作比较，同时也在表 2-8 列出了天然汽油（我国称为稳定轻烃）理化性质及危险危害性。稳定轻烃是从天然气凝液中提取的，以戊烷和更重的烃类为主要成分的液态石油产品，其终沸点不高于 190℃，在规定的蒸气压下，允许含少量丁烷，也称天然汽油。表 2-8 介绍的汽油危险危害性可供了解 NGL 危险危害性时参考。但是，由于 NGL 中含有一定数量的丙、丁烷及更轻组分，故对 NGL 的生产、储存、充装、运输和使用都有基本安全要求，详见《天然气凝液安全规范》（SY/T 5719－2006）。

表 2-7 汽油的理化性质及危险危害特性

标识	中文名:汽油		英文名:Gasoline
	分子式:主要成分为 $C_4 \sim C_{12}$ 烷烃、烯烃、环烷烃和芳香烃,并有少量硫化物		CAS 号:8006-61-9
	危规号:①汽油(闪点＜-18℃)GB 3.1 类 31001;原铁规:一级易燃气体,61002;UNNo. 1257,1203;IMDG CODE3141 页,3.1 类;②汽油(闪点 -18～-23℃)GB 3.2 类 32001;原铁规:一级易燃气体,61002;UN-No. 1257,1203;IMDG CODE3141 页,3.2 类		
理化性质	性状:无色至淡黄色易流动液体,具有特殊石油烃气味,易挥发		
	溶解性:不溶于水,易溶于苯、二硫化碳、醇,可混溶于脂肪		
	熔点/℃＜-60	沸程/℃ 40～200	相对密度(水=1):0.70～0.80
	临界温度/℃:	临界压力/MPa:无资料	蒸气密度(空气=1):3.0～4.0
	燃烧热/(kJ/kg):	最小点火能/(mJ):0.25	蒸气压/(kPa):25.3(20℃)
燃烧爆炸危险性	燃烧性:易燃液体		燃烧分解产物:CO、CO_2、水蒸气
	闪点/℃:-50～10		聚合危害:不聚合
	爆炸极限(体积分数)/%:0.76～7.6		稳定性:稳定
	自燃温度/℃:280～456		禁忌物:可燃物、有机物、氧化剂
	危险特性:蒸气能与空气形成爆炸性混合物,遇明火、高热、强氧化剂有引起燃烧的危险		
	消防措施:用干粉、泡沫、二氧化碳、1211 灭火剂、沙土灭火,用水灭火无效		
毒性	接触限值:溶剂汽油:PC-TWA①:300mg/m³;PC-STEL②450mg/m³		
	毒理资料:小鼠吸入 LC50③:103000mg/m³(2h)(120 号溶剂汽油)		
对人体危害	急性吸入: ①吸入较高浓度汽油蒸气后,可出现头晕、头痛、四肢无力、心悸、恶心、呕吐、视物模糊、复视、酩酊感、易激动、步态不稳、眼睑、舌、手指微震颤、共济失调;严重者有谵妄、昏迷、抽搐等; ②部分患者可有惊慌不安、欣慰感、幻觉、哭笑无常等精神症状; ③吸入高浓度蒸气可引起流泪、流涕、咳嗽、眼结膜充血等眼和上呼吸道刺激症状;少数可发生化学性肺炎; ④吸入极高浓度可迅速引起意识丧失、反射性呼吸停止		
急救	急性吸入中毒: ①迅速脱离现场,呼吸新鲜空气或氧气; ②呼吸、心搏停止者,立即施行心、肺、脑复苏术; ③给予对症治疗,注意防治脑水肿; ④忌用肾上腺素,以免诱发心室颤动 吸入性肺炎: ①早期、短程应用肾上腺糖皮质激素; ②给予吸氧及其他对症治疗; ③适量应用抗生素以防治肺部继发感染		
防护	工程防护:生产过程密闭,全面通风 个体防护:呼吸系统一般不需要特殊防护,高浓度时可佩戴自吸过滤式防毒面具 眼睛防护:一般不需要特殊防护,高浓度时可戴安全防护眼镜 身体防护:穿防静电工作服 手防护:戴防苯耐油手套 其他:工作场所禁止吸烟,避免长期接触		

泄漏处理	首先切断一切火源,应急人员戴自给正压式呼吸器,穿工作服;尽可能切断泄漏源,将溢漏液收集到有盖容器中,用沙子或惰性吸收剂(例如活性炭)吸收残液并转移到安全场所;对污染地面进行通风,蒸发残余液体并排除蒸气,要防止进入下水道、排洪沟等限制性空间或环境;如大量泄漏,利用围堤收容,然后收集、转移、回收或无害处理后废弃
储运	包装标志:易燃液体;产品包装方法:(Ⅱ)类,铁桶或散装 储运条件:储存于阴凉、通风的仓库或储罐,远离热源、火种,与可燃物、有机物、氧化剂隔离储运;运输途中应防曝晒、防高温,中途停留时应远离火种、热源、高温区;装运车辆排气管必须配备阻火设施,禁止使用易产生火花的机械设备和工具装卸;运输车、船必须彻底清洗,并不得装运其他物品;船运输时配装位置应远离卧室、厨房,并与船舱、电源、火源等部位隔离;公路运输时应按规定路线行驶;保持容器密封,配备相应品种和数量的消防器材;罐储时要有防火防爆技术措施;灌装要控制流速(不超过 $3m^3/s$),且有接地装置,防止静电积聚

① PC-7WA 指时间加权平均容许浓度。
② PC-STEL 指短时间接触容许浓度。
③ LC50 指由动物实验得出的呼吸道吸入半致死量。

表 2-8 天然汽油的理化性质及危险危害特性

标识	中文名:天然汽油		英文名:Natural gasoline	
	分子式:主要成分为 $C_4 \sim C_{12}$ 烷烃		CAS 号:8006-61-9	
	危规号:UN No.1208			
理化性质	性状:无色至淡黄色易流动液体			
	溶解性:不溶于水,易溶于苯、二硫化碳、醇,可混溶于脂肪			
	熔点/℃:<-60	沸程/℃:35~190		相对密度(水=1):0.64~0.71
	临界温度/℃:	临界压力/MPa:		蒸气密度(空气=1):3.0~4.0
	燃烧热/(kJ/kg):41.65×10³	最小点火能/(mJ):		蒸气压/(kPa):1 号 74~200;2 号夏<74,冬<88
燃烧爆炸危险性	燃烧性:易燃液体		燃烧分解产物:CO、CO₂、水蒸气	
	闪点/℃:-43		聚合危害:不聚合	
	爆炸极限/(体积%):0.76~7.6		稳定性:稳定	
	自燃温度/℃:415~530		禁忌物:可燃物、有机物、氧化剂	
	危险特性:蒸气能与空气形成爆炸性混合物,遇明火、高热、强氧化剂可引起火灾爆炸,其蒸气比空气重,能在较低处扩散到相当远处,遇火会引着并回燃;若受高热,容器内压增大,可开裂和爆炸			
	消防措施:用干粉、泡沫、二氧化碳、1211 灭火剂、沙土灭火,用水灭火无效			
毒性	接触限值:溶剂汽油;PC-TWA①:300mg/m³;PC-STEL②:450mg/m³			
	毒理资料:小鼠吸入 LC50③:103000mg/m³(2h)(120 号溶剂汽油)			
对人体危害	麻醉性毒物,主要引起中枢神经系统功能障碍,高浓度时引起呼吸中枢麻痹;轻度中毒症状有头痛、头晕、短暂意识障碍、四肢无力、恶心、呕吐、易激动、步态不稳、共济失调等;重度中毒症状有中毒性脑病,少数患者发生脑水肿,甚至引起突然意识丧失、反射性呼吸停止和化学性肺炎,部分患者出现中毒性精神病症状,严重时可出现类似急性中毒症状;直接吸入呼吸道时,可导致吸入性肺炎			
急救	①皮肤接触:脱去污染衣着,用肥皂水及清水彻底冲洗; ②眼睛接触:立即翻开眼睑,用流动清水冲洗 10min 或用 2%碳酸氢钠溶液冲洗并涂敷硼酸眼膏,就医; ③吸入:迅速脱离现场至空气新鲜处,保暖并休息,呼吸困难时应输氧,呼吸停止时立即进行人工呼吸,就医; ④食入:误服者立即漱口,饮牛奶或植物油,洗胃与灌肠,就医			
防护	工程防护:生产过程密闭,全面通风 个体防护:呼吸系统一般不需要特殊防护,高浓度时可佩戴自吸过滤式防毒面具 眼睛防护:一般不需要特殊防护,高浓度时可戴安全防护眼镜 身体防护:穿防静电工作服 手防护:戴防苯耐油手套 其他:工作场所禁止吸烟,避免长期接触			

泄漏处理	首先切断一切火源,应急人员戴自给正压式呼吸器,穿工作服;尽可能切断泄漏源,将溢漏液收集到有盖容器中,用沙子或惰性吸收剂(例如活性炭)吸收残液并转移到安全场所;对污染地面进行通风,蒸发残余液体并排除蒸气,要防止进入下水道、排洪沟等限制性空间或环境;如大量泄漏,利用围堤收容,然后收集、转移、回收或无害处理后废弃
储运	包装标志:易燃液体;产品包装方法:(Ⅱ)类,铁桶或散装 储运条件:储存于阴凉、通风的仓库或储罐,远离热源、火种,与可燃物、有机物、氧化剂隔离储运;运输途中应防曝晒、防高温,中途停留时应远离火种、热源、高温区;装运车辆排气管必须配备阻火设施,禁止使用易产生火花的机械设备和工具装卸;运输车、船必须彻底清洗,并不得装运其他物品;船运输时配装位置应远离卧室、厨房,并与船舱、电源、火源等部位隔离;公路运输时应按规定路线行驶,保持容器密封,配备相应品种和数量的消防器材;罐储时要有防火防爆技术措施,灌装要控制流速(不超过 3m³/s),且有接地装置,防止静电积聚

① PC-TWA 指时间加权平均容许浓度。

② PC-STEL 指短时间接触容许浓度。

③ LC50 指由动物实验得出的呼吸道吸入半致死量。

　　汽油不仅是易燃、易爆物质,而且汽油蒸气对人体有毒害作用。汽油蒸气的职业危害主要来自所含的芳香烃及不饱和烃的毒性。虽然天然汽油中不含烯烃,芳香烃含量较少,其他理化性质也与原油加工得到的汽油有所差别,但其毒性同样不容忽视。汽油为麻醉性毒物,对皮肤、黏膜有刺激性。大量吸入汽油蒸气会引起麻醉症状,出现兴奋、酒醉样,步态不稳并有恶心、呕吐等,如吸入大量高浓度的汽油蒸气会很快出现昏迷。长期吸入汽油蒸气可出现头晕、头痛、失眠、乏力、记忆力减退、易兴奋。有的出现癔症样发作,也称"汽油性癔症"。皮肤长期接触汽油,会出现干燥、皲裂、角化性皮炎等。

　　(2) 天然气凝液生产和检修安全要求　在《天然气凝液安全规范》(SY/T 5719—2006)中对天然气凝液生产厂(站)或装置的设计、生产、检修、储运、使用等都有明确的安全要求,现将生产和检修时有关安全要求介绍如下。

　　① 天然气凝液生产。天然气凝液的生产装置不应出现跑、冒、滴、漏现象。空气不应进入负压运行的塔、器和管线内。

　　按照《可燃气体检测报警器使用规范》(SY 6503)有关规定,定期检查和调校可燃气体检测报警器,确保准确报警。生产过程中应严格按照操作规程操作,不应超温、超压。应定期对各类阀门进行检查和维护,确保阀门严密,不渗不漏,开关灵活;对仪器、仪表进行监控和维护,确保装置自控、显示系统准确可靠;对用电设备进行检查。

　　装置加热系统应严格执行点火程序,并严格控制燃气(油)压力、空气量及被加热介质的温度。

　　天然气凝液不应排入污水系统中。生产过程中应该对放水点进行检查。对天然气凝液管线易冻部位应伴热保温,装置内天然气凝液因含水冻堵管线时,不应采用明火烘烤。处于寒冷地区的生产装置冬季停工时,冷却水系统应并采取防冻措施。应控制空气冷却器的气体出口温度,避免生成水合物和冰堵塞空气冷却器管程。仪表风系统温度应控制在水露点以上。

　　② 设备检修。检修时应设专(兼)职人员负责检修的安全管理工作。制定切实可行的检修方案,经有关部门批准后方可组织实施。

　　检修人员在进入压力容器内工作前,使用单位应按《压力容器定期检验规则》(TSG R 7001)的要求,做好设备内部清理和置换,达到要求后方可进入。

　　装置停车、置换后,应按检修方案所制定的盲板图加装盲板,盲板应由专人装卸,并做好记录。

容器中硫化亚铁应按照有关要求清除干净，并及时移到装置区外指定地点处理。装置中凝液不应就地排放。

其他有关天然气凝液储运和用户使用安全要求见《天然气凝液安全规范》（SY/T 5719—2006）。

6. 毒气泄漏时的避险与逃生

发生毒气泄漏事故后，现场人员不可恐慌，按照平时应急预案的演习步骤，各司其职，如果现场人员无法控制泄漏，则应迅速报警并选择安全逃生，井然有序地撤离。

逃生时要根据泄漏物质的特性，佩戴相应的个体防护用品，如果现场没有防护用具，也可应急使用湿毛巾或湿衣物捂住口鼻进行逃生。

逃生时要沉着冷静确定风向，根据毒气泄漏位置，向上风向或侧风向转移撤离，也就是要逆风逃生。另外，如果泄漏物质的密度比空气大，则选择往高处逃生，相反，则选择往低处逃生，但切忌在低洼处滞留。

如果事故现场有救护消防人员或专人引导，应服从他们的引导和安排。

有毒气泄漏可能的企业，应该在厂区最高处安装风向标。发生泄漏事故后，风向标可以正确指导逃生方向。企业还应保证每个作业场所至少有 2 个紧急出口，出口和通道要畅通无阻并有明显标志。

【思考题】

1. 如何快速识别各种图标。

2. 如何快速判断天然气中毒。

[拓展与提高]　　天然气火灾、爆炸及硫化氢中毒的典型案例

一、某井天然气地下泄漏与 H_2S 中毒事故

1998 年 3 月 22 日 17 时 35 分，某井钻至深 1869.60m 时发生井涌、井漏，在准备堵漏桥浆及压井泥浆过程中，含硫天然气窜入附近煤洞，导致其中采煤民工 11 人死亡，6 人严重中毒、1 人烧伤的突发性事故。

1. 事故原因

① 对地质情况认识不足。

② 设计、施工环节缺乏环境调查，设计套管下入太浅。

③ 未对关井压力进行控制，关井压力过高导致地表层憋裂，导致天然气窜入煤洞巷道。

④ 施工现场未按设计储备重泥浆。

2. 事故教训

① 在勘定井位时，应对采掘地下资源的工作场所进行详细了解、标定；并制定详细的、可行的防范措施，以避免出现类似的连带事故。

② 钻井系统隐蔽性强，充满不确定性和风险性，在实际施工中应根据已经变化了的底下情况及时做出相应的调整设计。

二、某井天然气地面泄漏事故

2006 年 3 月 25 日，重庆市某井发生天然气泄漏。

该井于 1999 年 11 月开始，2000 年 5 月完工，井深 3404m，日产气 $62.3 \times 10^4 m^3/d$。此次井漏是在实施二次完井作业、准备投入开发的作业过程中发生的，井漏事故情况十分

复杂，是井底井喷、井中管漏及地面泄漏。

一个附近的居民发现距离井场 1km 左右的河面出现了 15cm 高的浊水注，河流渗漏的气体像管涌一样不停地往上冒。经测试，渗漏气体含甲烷，不含硫化氢。

1. 事故原因

深埋的钢管受到硫化氢侵蚀等破坏所致。

2. 事故教训

在勘定井位时，应对采掘地下资源的工作场所进行详细了解、标定；并制定详细的、可行的防范措施，以避免出现类似的事故。

三、集输与处理过程中的天然气爆炸事故

某气田中央处理厂爆炸事故：2005 年 6 月 3 日 15 日 10 分，某气田中央处理厂 6 号脱水、脱烃装置低温分离器在投产运行过程中发生爆炸，其爆炸裂片引发干气聚集器连锁爆炸后发生火灾，事故造成两人死亡，直接经济损失 928.17 万元，停止向送气输气干线供气长达 126h，给下游供气造成了严重影响。

1. 事故原因

① 低温分离器爆炸是在正常操作条件下发生物理爆炸，事故的过程是低温分离器在爆炸泄漏后，其爆炸裂片击穿附近的干气聚结器，导致干气聚结器发生连锁爆炸后着火。

② 焊接缺陷是引起低温分离器开裂的主要原因。

③ 低温分离器采用的复材和基材两种材料的制造工艺存在差异，造成基材产生一定程度的脆化，导致低温分离器发生破裂解体。

④ 制造厂管理松懈。低温分离器属于Ⅱ类压力容器，根据有关规定，明确要求"制造企业必须对产品安全性能负责"，根据实验分析，由于制造厂焊接工艺不完善，制造工艺不成熟，造成焊接缺陷，是导致这次事故的直接原因。

2. 事故教训

① 特大型天然气处理厂一旦发生火灾爆炸事故时，最有效的扑救方式就是快速切断全部气源。切断气源的速度越快，事故的损失就越小。因为发生火灾爆炸事故时，因天然气量大，火灾火势猛烈，热辐射的温度极高，抢险人员根本无法靠近实施扑救。因此，在高压气井设置井下、井口安全阀（紧急切断阀），进站集气管线和外输出站管线设计安装紧急切断阀和紧急放空阀都是十分必要的。

② 在重要的油气处理厂设置独立的 ESD（Emergency Shutdown Device，ESD，紧急停车系统）系统非常必要。在此次事故中，能够在最短的时间内，同时迅速关断井上的气源和全部进站气源，EDS 安全控制系统起了重要的作用。

③ 应依法对易燃易爆装置制定科学、合理且针对性强的应急预案，并组织职工学习与定期演练。在爆炸发生后，主操作手和副操作手迅速启动了正确的应对措施，对凝析油储罐进行喷淋降温，使得处于着火下风口的凝析油储罐没有发生爆炸，与平时经常定期开展应急预案的演练是分不开的。

④ 在出站外 500m 左右处应加设一道手动紧急切断阀。如果有这样一个手动阀，在最短的时间切断气源，站内着火时间就可以大大缩短，事故损失也能大大下降。

⑤ 对于处理量大、压力高的天然气处理厂，应适当加大装置间、中央控制室与装置间等的安全距离。中央控制室邻天然气处理装置的一侧，应设置防爆墙，且不宜开窗。

四、某输气站输气管线腐蚀泄漏爆炸事故

2006 年 1 月 20 日，某输气站输气管线发生泄漏爆炸事故。此次事故共造成 10 人死亡、3 人重伤、47 人轻伤，损坏房屋 21 户 3040m²，输气管线爆炸段长 69.05m。

该站设计日输气量 $950 \times 10^4 m^3/d$，设计压力 3.92MPa，是一座集过滤分离、调压、计量、配气等为一体的大型综合输气站场，值班人员 6 人。事故前的日产量 $50 \times 10^4 m^3/d$，运行压力为 1.5～2.5MPa。事故发生时，该管段的日输气量 $26 \times 10^4 m^3$，压力为 1.0MPa。

2006 年 1 月 20 日 12 时 17 分，该站距工艺装置区约 60m 处，因输气管线螺旋焊缝存在缺陷，在一定的内压作用下被撕裂，导致天然气大量泄漏，泄漏的天然气携带硫化亚铁粉末从裂缝中喷射出来遇空气氧化自燃，引发泄漏天然气管外爆炸（第一次爆炸），因第一次爆炸后的猛烈燃烧，使得管内天然气产生相对负压，造成部分高热空气迅速回流管内与天然气混合，引发第二次爆炸。当班工人立即向输气处调度室报告了事故，同时向镇政府和派出所报告。12 时 20 分左右，在距离工艺装置区约 63m 处，发生了与第二次爆炸机理相同的第三次爆炸。在第一次爆炸发生后，集输站值班宿舍内的职工和家属，在逃生过程中恰遇第三次爆炸，导致多人伤亡。输气管理处在接到事故报告后，输气处调度室立即通知紧急切断干线截断球阀并进行放空。13 时 11 分，放空完毕；13 时 30 分，事故现场大火扑灭；17 时 40 分，临近建构筑物余火被扑灭。

1. 事故原因

① 事故直接原因是管材螺旋焊缝存在缺陷，在内压作用下管道被撕裂，导致大量的天然气泄漏，泄漏的天然气携带硫化亚铁粉末从裂缝中喷射出来遇空气氧化自燃，引发泄漏天然气管外爆炸（第一次爆炸），因第一次爆炸后的猛烈燃烧，引发第二次爆炸及第三次爆炸。

② 事故间接原因主要有：管道运行时间长，疲劳损伤现象突出；管道存在很多先天缺陷；管道外腐蚀严重；管道内发生硫化氢腐蚀，伴有硫化亚铁粉末产生；未设置符合规范要求的安全逃生通道，使得逃生人员伤亡。

2. 事故教训

① 应加强隐患排查和整治工作。

② 应加强输气管线的检查和评价。

③ 加强安全检查和管道巡检。

④ 依法编制与完善事故应急预案，做好演练工作。

五、CNG 典型事故

1995 年，某 CNG 加气站一钢瓶炸裂并飞至 50m 远，由此还引起钢瓶库的 15 只钢瓶发生喷射燃烧，焰柱高达 20 余米。根据调查资料显示，自 1994 年 9 月～1997 年 7 月三年时间里，该省的六个 CNG 加气站先后有 8 个钢瓶发生爆炸事故，此外 2004 年 7 月 10 日在某城市、2004 年 12 月 13 日在另一城市分别发生车用复合材料气瓶爆裂事故。

1. 事故原因

CNG 加气站发生火灾和钢瓶爆炸燃烧主要的直接和间接原因如下。

① 钢瓶材质问题。通过对 CNG 钢瓶的抽样检验和对爆瓶的宏观检查、断口扫描、电子控针和 X 射线质谱分析发现，钢瓶材料的抗拉强度偏高，曲强比偏大，塑性指标偏低，

说明强度高而塑性差；其次，部分钢瓶的有害杂质元素的含量超标；第三是一些钢瓶表面存在气泡、裂纹、结疤、折叠、分层、夹杂、麻点、凹坑及光洁度不够等质量缺陷，难以满足技术要求。

② CH_4 的气体质量存在问题，含水含硫化氢超标，导致钢瓶内壁腐蚀严重。

③ 新建 CNG 充气站的操作人员岗前安全培训和技能培训不够，违反作业规程或安全操作规程，留下隐患。

④ 一些企业安全管理不规范，安全管理措施不到位，事故隐患未能及时排查整改。

2. 事故预防措施

① 在安全设计和安全工艺方面，各种储气规模的 CNG 加气站，都必须选择具有甲级资质的专业设计单位承担工程设计任务，并把储气井作为加气站的设计重点。

② 以预防 CNG 加气站火灾爆炸事故的具体消防技术措施作为重点，在站址选点布局、建筑消防措施（安全距离、耐火等级、建筑构造、通风排气、建筑防爆等）、电气消防措施（电气设备的选择和安全控制、电气防爆、自动报警装置、防静电、防雷等）、消防给水的类型和容量以及常规消防器材等的配置等内容上，依据安全生产法律、法规和标准规范的要求依法建站，严格按照"三同时"进行加气站项目的设计、施工、竣工验收和投入生产。

③ 为了确保 CNG 加气站储气装置的长期、安全、稳定的运行，在生产工艺上，必须严格把好"三脱"（脱硫、脱水、脱烃）关，从源头上控制和减少储气设备遭受腐蚀的侵害和事故危害。

④ CNG 经营企业必须强化内部安全管理，企业经营者对安全管理、安全技术及资金负责制，建立健全各项规章制度和消防组织，按照规定配足消防器材和设施，做到定期检查和巡查，对火灾隐患尤其是重大火灾隐患，要做到及时发现，及时整改。加强对重点部位如瓶库及压缩机房的安全管理和监护。管理人员和操作人员要经过严格的岗位安全培训，并经过考试合格并持证上岗。

六、LNG 事故案例

1944 年，美国俄亥俄州克利夫兰市的一个 LNG 调峰站的储罐失效发生泄漏事故，溢出 120 万加仑（相当于 $4542m^3$）的液化天然气。由于防护堤不能满足要求而被淹没，液化天然气进入街道和下水道。液化天然气在下水道汽化引起爆炸，将古力盖抛向空中，下水管线炸裂。部分低温天然气渗透到附近住宅的地下室，又被热水管上的点火器引爆，将房屋炸坏。很多人被围困在家中，有些人试图冲出去，但没能脱离燃烧的街道和高温困境。10h 后，火灾才得以控制。此次爆炸波及 14 个街区，136 人丧生，财产损失巨大，其中有 200 辆轿车完全毁坏。

1. 事故原因

美国克利夫兰市 LNG 调峰站爆炸事故原因是钢材的强度和冲击韧性达不到要求。属于选材不当和设计错误。事故发生的一年前，在该罐交付使用期间，靠近罐底产生了一道裂缝，人们没有去调查发生的原因，而是简单进行了修补后又投入运行。

对密闭空间的设计上未能采用泄压措施。采用 3.5 镍钢做内罐的材质，它不适宜低温环境。

2. 事故预防措施

① 虽然LNG是深冷到－162℃的液体，同时具有汽化后天然气的易燃易爆特性，通常被人们认为是非常危险的燃料。但是LNG产业几十年的发展历史上具有良好的安全记录，比汽油、LPG、管道天然气的安全性好。但并非就说它不危险，关键看是否能按照标准和规范去设计、施工、运行及管理。工艺装置安全设计的可靠性是最关键的。

② 必须配备可燃气体检测设备设施。在白天可通过目测的方法来探测可见的天然气蒸气云团，但在晚上就不再适用了。通常需要在容易泄漏的地方置安装大型的可燃气体探测器。当传感器探出蒸气-空气的天然气浓度达到爆炸下限的20％时，就通过报警传到控制室，操作工就能采取相应的控制措施进行处理。当蒸气-空气的探测浓度达到下限的60％时，就会自动地完成全厂停车。

③ 事故切断系统。LNG设施应包括事故切断系统（ESD），在该系统运行时，就会切断或关闭LNG、易燃液体、易燃制冷剂或可燃气体来源，并关闭继续运行将加剧或延长事故的设备。ESD系统具有失效保护设计，当正常控制系统故障或事故时，失效的可能性应该最小。

④ 消防水系统。使用带水位控制器的水幕或手握软管喷水可使LNG蒸气云团改道，避免风将蒸气云团移向会点燃该蒸气团的运行设备，同时水也给蒸气予以降温，使得蒸气云更快地飘散。

在有火灾的地方，为了避免热辐射，一些设备需要水作保护。在处理LNG失火时，推荐使用干粉（最好是碳酸钾）灭火器，任何情况下严禁在LNG储罐储槽的大火中使用水，因为水会使得液化天然气的汽化速率增加而将火焰高度增加6倍，热辐射增大3倍。

⑤ 使用泡沫控制蒸气扩散。泡沫迅速膨胀，可阻止汽化，减少辐射量。

⑥ 人身安全保护。如果要接触低温液体或气体，必须佩戴防护面罩、皮革手套，穿无袋的长裤及高筒靴（把裤脚放在靴外面）、长袖的衣服。在缺氧环境中，需佩戴呼吸设备。面罩要求在低温下不破碎，衣服要求用合成纤维或纤维棉制成，尺寸要宽大以防低温液体溅落衣服上，冻伤皮肤。灭火人员应穿消防人员防火服。

⑦ 低温冻伤的急救。发生冻伤时应该用大量的温水（41～46℃）冲洗皮肤冻伤处，不可使用干燥加热的方法，应将伤员移到温暖的地方（22℃左右）并尽快将伤员送至医院。

习　题

一、填空题

1. 物质燃烧三大要素是＿＿＿＿＿、＿＿＿＿＿、＿＿＿＿＿＿。

2. 燃烧是一种＿＿＿＿＿＿＿，是天然气在点火源的作用下，在空气或氧气中发生的＿＿＿＿＿＿＿。

3. 每立方米（或每千克）天然气燃烧所放出的热量称为天然气的＿＿＿＿＿，简称＿＿＿＿。

4. 灭火分为＿＿＿＿作用灭火和＿＿＿＿作用灭火两大类。

二、选择题

1. 天然气燃烧没有物态的变化，燃烧速度快，放出热量多，因而产生的火焰温度（　　），辐射热（　　），造成的危害性也大。

   A. 高，强　　　　　B. 低，弱　　　　　C. 高，弱　　　　　D. 低，强

2. 天然气中某些组分，如（　　）、（　　）等不仅腐蚀设备，降低设备耐压强度，严重者可导致设备裂隙、漏气，遇火源引起燃烧爆炸事故，而且对人体极为有害。

　　A. H$_2$S，CO　　　　B. CO$_2$，H$_2$　　　　C. N$_2$，NH$_2$

3. 氢爆炸极限是（　　），甲烷爆炸极限 5%～15%。

　　A. 4.0%～74.2%　　B. 4.5%～80.2%　　C. 5.0%～74.2%

三、名词解释

心肺复苏。

四、简答题

1. 灭火的基本方法有哪些？

2. 常用的灭火剂有哪些？灭火原理是什么？各用于扑灭什么类型的火灾？

3. 发现着火时应怎样处理？

4. 扑救天然气凝液装置火灾时应注意什么？

项目三 天然气处理

学习情境一 天然气酸性组分脱除

一、天然气处理工艺

天然气处理是天然气工业中一个十分重要的组成部分，是从油、气井中采出或从矿场分离器分出的天然气在进入输、配管道或送往用户之前必不可少的生产环节。天然气处理是指为使天然气符合商品质量或管道输送要求而采取的工艺过程，诸如脱除酸性气体（即脱除酸性组分如 H_2S、CO_2、有机硫化物如 RSH 等）和其他杂质（水、烃类、固体颗粒等）以及热值调整、硫黄回收和尾气处理（环保要求）等过程。

在我国，还习惯把天然气的脱水、脱酸性气体（或脱硫）、硫黄回收和尾气处理（环保要求）等称之为净化。

由图 3-1 可知，从油、气井来的天然气经过一系列加工与处理过程后，或经输配管道送往城镇用户，或去油、气田内部回注等。图中的相分离、脱酸性气体及硫黄回收等过程均属于天然气处理范畴。至于图中的脱水与天然气凝液回收过程，如其目的是为了控制天然气的水露点和烃露点（露点控制），使其满足管道输送或商品天然气的要求，也应属于天然气处理范畴；如其目的是为了回收乙烷及更重烃类作为产品，则应属于天然气加工范畴。应该说明的是，并非所有油、气井来的天然气都经过如图 3-1 中的各个加工与处理过程。例如，如果天然气中含酸性组分很少，则可不必脱酸性气体而直接脱水；如果天然气中含乙烷及更重烃类很少，则可不必经天然气凝液回收而直接液化生产液化天然气等。

二、天然气酸性气体的脱除方法

由气井井口采出或从矿场分离器分出的天然气除含有水蒸气外，往往还含有一些酸性组分。这些酸性组分一般是硫化氢（H_2S）、二氧化碳（CO_2）、硫化羰（COS）、硫醇（RSH）及二硫化物（RSSR）等，通常也叫酸气或酸性气体（Acid gas）。天然气中最常见的酸性组

分是 H_2S、CO_2、COS，为示区别，本书以下将酸性组分含量超过管输气或商品气质量要求的天然气称为酸性天然气或含硫气（Sour gas）。

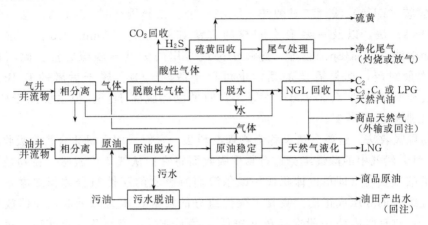

图 3-1　天然气处理与加工示意图

天然气中含有酸性组分时，会造成金属腐蚀，并且污染环境。当天然气用作化工原料时，它们还会引起催化剂中毒，影响产品质量。此外，CO_2 含量过高，会降低天然气的热值。因此，必须严格控制天然气中酸性组分的含量，其允许值视天然气的用途而定。

当天然气中的酸性组分含量超过管输气或商品气质量要求时，必须采用合适的方法脱除后才能管输或成为商品气。从天然气中脱除酸性组分的工艺过程称为脱硫、脱碳，习惯上统称为天然气脱硫。脱硫后的天然气通常称为净气或净化气，而脱出的酸性组分一般还应回收其中的硫元素（硫黄回收）。当回收硫黄后的尾气不符合向大气排放的标准时，还应对尾气进行处理。

对于管输天然气，要求其 H_2S 含量应不大于 $20mg/m^3$。当天然气用作合成氨或合成甲醇原料气时，其硫含量要求小于 $1mg/m^3$。如天然气采用深冷分离的方法回收凝液时，其 CO_2 含量（φ）往往要求很低。因此，对天然气硫含量要求很严的天然气化工厂，或对天然气 CO_2 含量要求很严的天然气加工厂，还应根据需要设置二次脱硫装置。

1. 脱硫方法的分类

目前，国内外报道过的脱硫方法有近百种。这些方法一般可分为间歇法、化学吸收法、物理吸收法、联合吸收法（化学-物理吸收法）、直接转化法，以及在 20 世纪 80 年代工业化的膜分离法等。其中，采用溶液或溶剂作脱硫剂的脱硫方法习惯上又统称为湿法，采用固体作脱硫剂的脱硫方法又统称为干法。

（1）间歇法　间歇法按其脱硫原理又可分为化学反应法与物理吸附法两种，其特点是反应或吸附过程都是间歇进行的。属于前者的有海绵铁法、氧化铁浆液法（Slurri sweet）、锌盐浆法（Chem-sweet）及苛性钠法。由于脱硫剂在使用失效后即废弃掉，因而仅适用于 H_2S 含量很低及流量很小的天然气脱硫。属于后者的有分子筛法，它适用于天然气中酸性组分含量低及同时脱水的场合。海绵铁法及分子筛法因采用固体脱硫剂，故又都属于干法，通常也统称为固体床脱硫法。

（2）化学吸收法　这类方法又称化学溶剂法。它以碱性溶液为吸收溶剂（化学溶剂），与天然气中的酸性组分（主要是 H_2S 和 CO_2）反应生成某种化合物。吸收了酸性组分的富液在温度升高、压力降低时，该化合物又能分解释放出酸性组分。这类方法中最有代表性的是醇胺（烷醇胺）法和碱性盐溶液法。属于前者的有一乙醇胺（MEA）法、二乙醇胺（DEA）法、二甘醇胺（DGA）法、二异丙醇胺（DIPA）法、甲基二乙醇胺（MDEA）法，以及一些有专利权的方法如胺防护（Amine Guam）法、Ucarsol 法、Flexsorb 法和 Gas/Spec 法等，醇胺法是最常用的天然气脱硫方法。此法适用于从天然气中大量脱硫，如果需要的话，也可用于脱除 CO_2。属于后者的有 Benfield 法、Catacarb 法和氨基酸盐（Alkazid）法等，它们虽也能脱除 H_2S，但主要用于脱除 CO_2，在天然气工业中应用不多。

（3）物理吸收法　这类方法又称为物理溶剂法。它们采用有机化合物为吸收溶剂（物理溶剂），对天然气中的酸性组分进行物理吸收而将它们从气体中脱除。在物理吸收过程中，溶剂的酸气负荷（即单位体积或每摩尔溶剂所吸收的酸性组分体积或摩尔量）与原料气中酸性组分的分压成正比。吸收了酸性组分的富剂在压力降低时，随即放出所吸收的酸性组分。物理吸收法一般在高压和较低温度下进行，溶剂酸气负荷高，故适用于酸性组分分压高的天然气脱硫。此外，物理吸收法还具有溶剂不易变质、比热容小、腐蚀性小以及能脱除有机硫化物等优点。由于物理溶剂对天然气中的重烃有较大的溶解度，故不宜用于重烃含量高的原料气，且多数方法因受溶剂再生程度的限制，净化度（即原料气中酸性组分的脱除程度）不如化学吸收法。当净化度要求较高时，则需采用汽提或真空闪蒸等再生方法。

物理吸收法的溶剂通常靠多级闪蒸进行再生，不需蒸汽和其他热源，还可同时使气体脱水。海上采出的天然气需要大量脱除 CO_2 时常常选用这类方法。

（4）联合吸收法　联合吸收法兼有化学吸收和物理吸收两类方法的特点，使用的溶剂是醇胺、物理溶剂和水的混合物，故又称为混合溶液法或化学-物理吸收法。

（5）直接转化法　这类方法以氧化-还原反应为基础，故又称为氧化还原法。此法包括借助于溶液中氧载体的催化作用，把被碱性溶液吸收的 H_2S 氧化为硫，然后鼓入空气，使吸收剂再生，从而使脱硫与硫回收合为一体。直接转化法目前虽在天然气工业中应用不很多，但在焦炉气、水煤气、合成气等气体脱硫及尾气处理方面却有广泛应用。这类方法由于吸收溶剂的硫容量（即单位质量或体积吸收溶剂能够吸收的硫的质量）较低（一般在 0.3g/L以下），故适用于原料气压力较低及处理量不大的场合。

（6）膜分离法　这类方法是 20 世纪 70 年代以来发展起来的一门新的分离技术，它借助于膜在分离过程的选择渗透作用脱除天然气中的酸性组分。目前已工业化的方法有AVIR、Cynara、杜邦（DuPont）、Grace 等法，大多用于从 CO_2 含量很高的天然气中分离 CO_2。

2. 脱硫方法的选择

（1）考虑因素　天然气脱硫方法的选择，不仅对于脱硫过程本身，就是对于下游工艺过程包括硫回收、脱水、天然气液回收以及液烃产品处理等方法的选择都有很大影响。在选择脱硫需要考虑的主要因素有以下几种。

① 天然气中酸性组分的类型和含量。大多数天然气中的酸性组分是 H_2S 和 CO_2，但有的还可能含有 COS、CS_2、RSH 等。只要气体中含有这些组分中的任何一种，就会排除选择某些脱硫方法的可能性。

原料气中酸性组分含量也是一个应着重考虑的因素。有些方法可用来脱除大量的酸性组分，但有些方法却不能把天然气净化到符合管输的要求，还有些方法只适用于酸性组分低的天然气脱硫。

此外，原料气中的 H_2S、CO_2 及 COS、CS_2 和 RSH（即使其含量非常少），不仅对气体脱硫，就是对下游工艺过程都会有显著影响。例如，在天然气液回收过程中 H_2S、CO_2 及其他硫化物将会以各不相同的数量进入液体产品。在回收凝液之前如不从天然气中脱除这些酸性组分，就可能要对液体产品进行处理，以符合产品的质量要求。

② 天然气中的烃类组成。通常，大多数硫黄回收装置采用克劳斯法。克劳斯法生产的硫黄质量对存在于酸气（从酸性天然气中获得的酸性组分）中的烃类特别是重烃十分敏感。因此当有些脱硫方法采用的吸收溶剂会大量溶解烃类时，就可能要对获得的酸气进一步处理。

③ 对脱除酸气后的净化气及对所获得的酸气的要求作为硫黄回收装置的原料气（酸气），其组成是必须考虑的一个因素。如酸气中的 CO_2 浓度大于 80% 时，为了提高原料气中硫的浓度，就应考虑采用选择性脱硫方法的可能性，包括采用多级气体脱硫过程。

④ 对需要脱除的酸性组分的选择性要求。在各种脱硫方法中，对脱硫剂最重要的一个要求是其选择性。有些方法的脱硫剂对天然气中某一酸性组分的选择性可能很高，而另外一些方法的脱硫剂则无选择性。还有一些脱硫方法，其脱硫剂的选择性受操作条件的影响很大。

⑤ 原料气的处理量。有些脱硫方法适用于处理量大的原料气脱硫，有些方法只适用于处理量小的原料气脱硫。

⑥ 原料气的温度、压力及净化气所要求的温度、压力。有些脱硫方法不宜在低压下脱硫，而另外一些方法在脱硫温度高于环境温度时会受到不利因素的影响。

⑦ 其他。如对气体脱硫、尾气处理有关的环保要求和规范，以及脱硫装置的投资和操作费用等。

尽管需要考虑的因素很多，但按原料气处理量计的硫潜含量或硫潜量（kg/d）是一个关键因素。与间歇法相比，当原料气的硫潜量大于 45kg/d 时，应优先考虑醇胺法脱硫。虽然目前还没有一种醇胺法能满足所有要求，但由于这类方法技术成熟，脱硫溶剂来源方便，对上述因素有很大的适应性，因而是最重要的一类脱硫方法。据统计，全世界 2000 多套气体脱硫装置中，有半数以上采用醇胺法脱硫。在美国，目前已建成的天然气脱硫装置采用的工艺方法也以醇胺法为主，其次是砜胺法。

近十年来，MDEA 法的应用在美国增长甚快。为了降低能耗，已由单一的 MDEA 法而发展成与 MEA（或 DEA）和环丁砜配制成混合胺法或砜胺（即 Sulfinol-M）法。据统计，20 世纪 90 代后 MDEA 的用量已占醇胺总量的 30% 左右。

（2）选择原则

① 当酸气中 H_2S 和 CO_2 含量不高，CO_2/H_2S（CO_2 与 H_2S 含量之比）≤6，并且同时脱除 H_2S 及 CO_2 时，应考虑采用 MEA 法或混合胺法。

② 当酸气中（CO_2/H_2S）含量≥5，且需选择性脱除 H_2S 时，应采用 MDEA 法或其配方溶液。

③ 酸气中酸性组分分压高、有机硫化物含量高，并且同时脱除 H_2S 及 CO_2 时，应采用 Sulfinol-D 法；如需选择性脱除 H_2S 时，则应采用 Sulfinol-M 法。

④ DGA 法适宜在高寒及沙漠地区采用。

⑤ 酸气中重烃含量较高时，一般宜用醇胺法。

三、醇胺法工艺

早在 20 世纪 30 年代醇胺法就已广泛用于从天然气中脱除酸性组分。最先采用的溶剂是三乙醇胺（TEA），由于它的反应能力和稳定性差，故目前主要采用 MEA、DEA、DIPA、DGA 及 MDEA。醇胺法尤其适用于酸性组分分压低或要求净化气中酸性组分含量低的场合。由于醇胺法使用的吸收溶剂是醇胺的水溶液，溶液中含水可使被吸收的重烃量减至最低程度，故此法非常适用于重烃含量高的天然气脱硫。有些醇胺溶液还具有在 CO_2 存在下选择性脱除 H_2S 的能力。醇胺法的缺点是有些醇胺与 COS 或 CS_2 的反应是不可逆的，会造成溶剂降解损失，故不宜用于 COS 或 CS_2 含量高的天然气脱硫。醇胺还具有腐蚀性，与原料气中的 H_2S、CO_2 等会造成设备腐蚀。此外，醇胺作为脱硫溶剂，其富液在汽提时要加热，不仅能耗较高，而且在高温下汽提时会降解，故损耗也较大。

1. 醇胺与 H_2S、CO_2 的主要化学反应

醇胺类化合物分子结构的特点是其中至少有一个羟基和一个氨基。羟基可降低化合物的蒸气压，并能增加化合物在水中的溶解度，因而可以配制成水溶液；而氨基则使化合物水溶液呈碱性，以促进其对酸性组分的吸收。醇胺与 H_2S、CO_2 的主要反应均为可逆反应。当酸性组分分压高和温度低时，反应向右侧进行，贫醇胺溶液（贫液）从原料气中吸收酸性组分（正反应），并且放热；而在酸性组分分压低或温度高时，反应向左侧进行，从富醇胺溶液（富液）中将酸性组分释放出来，使溶液得到再生（逆反应），并且吸热。在脱硫装置中，正反应通常在吸收塔内进行，而逆反应则在汽提塔（也称再生塔）内进行。

$$2RNH_2（或 R_2NH, R_3N）+H_2S \Longleftrightarrow (RNH_3)_2S[或(R_2NH_2)_2S,(R_3NH)_2S] \quad (3-1)$$

$$2R_2R'N+CO_2+H_2O \Longleftrightarrow (R_2R'NH)_2CO_3 \quad\quad\quad\quad (3-2)$$

2. 醇胺性能比较

用于气体脱硫的醇胺溶液及其他一些溶液的主要性质和典型操作条件见表 3-1。

近年来，还有一些新的脱硫溶剂用于天然气脱硫。例如，联碳（Union Carbide）公司胺防护法使用的一些脱硫溶剂，就是由 MEA、DEA 与缓蚀剂复配而成。由于这些溶液浓度较高（例如，MEAw＝30％，DEAw＝50％），故溶液的循环量和再生时的能耗都可大大减少。Dow 化学公司 Gas/Spec 法和 Union Carbide 公司 Ucarsol 法使用的另一些脱硫溶剂则是以 MDEA 为主，复配有其他醇胺、缓冲剂、缓蚀剂、促进剂及消泡剂，可以控制溶剂与 H_2S、CO_2 的反应程度和速率。这些有专利权的溶剂可用于诸如选择性脱除 H_2S，在深度脱除或不深度脱除 H_2S 的情况下脱除一部分或大部分 CO_2，以及脱除 COS 等。

此外，埃克森（Exxon）公司在 20 世纪 80 年代所研制的 Flexsorb 溶剂是空间位阻胺。通过它的空间位阻效应和碱性来控制胺与 CO_2 的反应。目前已有很多型号的空间位阻胺，分别用于不同情况下的天然气脱硫。

3. 醇氨法工艺流程与设备

（1）工艺流程　醇胺法脱硫的典型工艺流程见图 3-2。由图 3-2 可知，采用的主要设备是吸收塔、汽提塔、换热和分离设备等。尽管有些吸收塔采用多股进料，但对不同醇胺溶液来讲其基本流程相同。

表 3-1　气体脱硫溶液的主要性质和典型操作条件

工艺方法		MEA	DEA	DGA	DIPA	MDEA	混合溶液	Selexol	K₂CO₃
醇胺类型		伯醇胺	仲醇胺	伯醇胺	仲醇胺	叔醇胺	叔醇胺	—	—
反应性		强	中等	中等	中等	中等	中等	—	—
稳定性		较好	好	较好	好	好	好	好	较好
对烃类的吸收能力		弱	中等	强	中等	中等	强	强	无
蒸发损失		高	中等	高	中等	低	低	低	无
对 H_2S 选择性		无	无	无	有	有	有	有	无
脱硫、有机硫能力		弱	弱	中等	弱	弱	强	强	—
腐蚀性		强	中等	中等	弱	弱	弱	弱	弱
起泡性		弱	弱	弱	中等	强	强	—	—
价格		低	低	中等	低	中等	高	高	低
降解性	H_2S	无	无	无	无	无	无	无	无
	CO_2	轻	轻	轻	轻	微	微	无	无
	COS	有	较轻	轻	轻	较轻	无	无	无
溶液浓度/%		15~20	20~25	45~65	30~40	40~55	50~80	100	25~35
酸气负荷	mol 酸气/mol 溶液	0.3~0.4	0.5~0.6	0.3~0.4	0.3~0.4	0.3~0.45	0.3~0.4	—	—
	m³ 酸气/m³ 溶液							—	—
溶液循环量/(m³ 溶液/mol 酸气)		0.38~0.62	0.23~0.47	0.19~0.28		0.25~0.42	0.25~0.42		
蒸汽消耗/(kg/m³ 溶液)		120~144	108~132	132~156		108~132	96~132	无	72~96
重沸器温度/℃		116	118	127	124	121	121		
溶液凝点/℃		−9.5	−6.7	−40	−8.9	−31.7	−28.9		
反应器/(kJ/kg 酸气)	H_2S	1440	1280	1570	—	1165	1165		
	CO_2	1535	1465	1980	—	1395	1395		

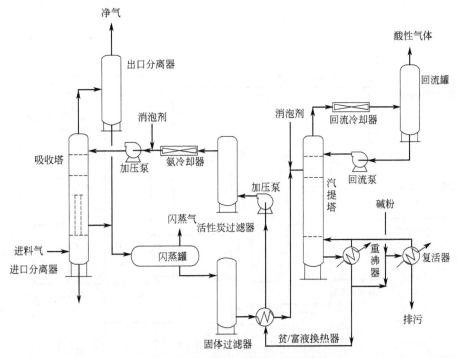

图 3-2　醇胺法脱硫的典型工艺流程图

图 3-2 中，进料气经进口分离器除去游离的液体及夹带的固体杂质后进入吸收塔的底部。与由塔顶部自上而下流动的醇胺溶液逆流接触，脱除其中的酸性组分。离开吸收塔顶部的是净化气，经出口分离器除去气流中可能携带的溶液液滴后出装置。由于从吸收塔得到的净化气是被水汽饱和的，因此在管输或作为商品气之前通常都要脱水。

由吸收塔底部流出的富液先进入闪蒸罐，以脱除被醇胺溶液吸收的烃类。然后，富液再经过滤器后进贫/富液换热器，利用热贫液将其加热后进入在低压下运行的汽提塔上部，使一部分酸气在汽提塔顶部塔板上从富液中闪蒸出来。随着溶液在塔内自上而下流至底部，溶液中其余的 H_2S、CO_2 就会被在重沸器中加热汽化的气体（主要是水蒸气）进一步汽提出来。因此，离开汽提塔底部的是贫液，只含有少量未汽提出来的残余酸性气体。此贫液经过贫/富液换热器及溶液冷却器冷却，温度降至比进料气进吸收塔的温度高 $5\sim6$℃（使其温度保持在进料气露点温度以上），然后进入吸收塔内循环使用。

从富液中汽提出来的酸气和水蒸气离开汽提塔顶，经冷凝器进行冷凝和冷却。冷凝水作为回流返回汽提塔顶。由回流罐分出的酸气根据其组成和流量，或送往硫黄回收装置，或压缩后回注地层以提高原油采收率，或送往火炬等。

图 3-3 是采用 BASF 公司的活化 MDEA（αMDEA）分流法脱碳工艺流程。该流程采用两股醇胺溶液在不同位置进入吸收塔，即半贫液进入塔的中部，而贫液则进入塔的顶部。从低压闪蒸罐底部流出的是未完全汽提好的半贫液，将其送到酸性组分浓度较高的吸收塔中部。从吸收塔顶部进入的贫液则与酸性组分浓度很低的气流接触，使净化气中的酸性组分含量降低到所要求的指标。离开吸收塔底部的富液先适当降压闪蒸，继而又在更低压力下闪蒸，同时还用汽提塔塔顶来的气体进行汽提，离开低压闪蒸罐顶部的气体即为所脱除的酸性气体。此流程的优点是装置处理量可以提高，汽提的能耗较少，主要用于天然气及合成气脱碳。

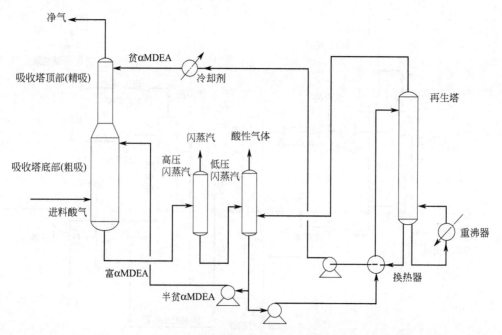

图 3-3　分流的醇胺法工艺流程图

（2）主要设备

① 吸收系统。高压吸收系统由进口分离器、吸收塔（接触器）和出口分离器等组成。吸收塔可为填料塔或板式塔，板式塔常用浮阀塔板。

② 汽提（或再生）系统。汽提系统由富液闪蒸罐、贫/富液换热器、汽提塔、重沸器、塔顶冷凝器、溶液冷却器及泵等组成。此外，对于伯醇胺等还需要有复活器。

a. 汽提塔。与吸收塔相似，可为填料塔或板式塔，通常在富液进料口下面约有 20 块塔板，用以从溶液中将 H_2S、CO_2 汽提出来。在进料口上面也有几块塔板，用于降低溶剂的蒸发损失。

汽提蒸汽量取决于所要求的贫液质量、醇胺类型和塔高。蒸汽耗量大致为 0.12～0.18t/t 溶液。小型汽提塔的重沸器可采用直接燃烧加热炉（火管炉）。火管表面热流率为 20.5～26.8W/m^2，以保持管壁温度低于 150℃。大型汽提塔的重沸器可采用水蒸气或热油作热源。重沸器的热负荷包括：将酸性醇胺溶液加热至沸点的热量；将醇胺与酸性气体生成的化合物分解的热量；将回流液（冷凝水）汽化的热量；加热补充水的热量；重沸器及汽提塔的热损失。通常，还要考虑 15%～20% 的安全余量。

汽提塔塔顶排出气体中水蒸气摩尔数与酸气摩尔数之比称为该塔的回流比。水蒸气经塔顶冷凝器冷凝冷却为水后送回塔顶作回流。含饱和水蒸气的酸气去硫黄回收装置或灼烧后放空。对于伯醇胺和低 CO_2/H_2S 比的酸性气体，回流比为 3；对于叔醇胺和高 CO_2/H_2S 比的酸性气体，回流比为 1.2。为保证下游克劳斯硫黄回收装置硫黄产品质量，汽提塔塔顶排出的酸性气体中烃类含量不应超过 2%。

b. 贫/富液换热器。贫/富液换热器一般采用管壳式和板框式换热器。富液走管程，为减轻设备腐蚀和减少富液中酸性组分的解吸，富液出换热器的温度不应过高。此外，富液进换热器的流速也应限制在 0.6～1.2m/s。贫液冷却器的作用是将换热后的贫液温度进一步降低，一般采用管壳式换热器或空气冷却器。采用管壳式换热器时贫液走壳程，冷却水走管程。

c. 富液闪蒸罐。富液中溶解有烃类时容易起泡，酸气中含有过多的烃类还会影响克劳斯硫黄回收装置的硫黄质量。为使富液进汽提塔前尽可能地解吸出溶解的烃类，可设置一个或几个闪蒸罐，通常采用卧式罐，闪蒸（即解吸）出的烃类作为燃料气用。当闪蒸气中含有 H_2S 时，可用贫液来吸收。闪蒸压力愈低，闪蒸温度愈高，闪蒸效果愈好，目前吸收塔运行压力为 4～6MPa，闪蒸罐的压力为 0.5MPa。对于两相分离（原料气为贫气，吸收压力低，富液中只有甲烷、乙烷），溶液在罐内停留时间为 10～15min；对于三相分离（原料气为富气，吸收压力高，富液中还溶有较重烃类），溶液在罐内停留时间为 20～30min。

d. 复活器。复活器是使降解的醇胺尽可能复活，使热稳定的盐类释放出游离醇胺，并除去不能复活的降解产物。MEA 等伯醇胺由于沸点低，可采用半连续蒸馏的方法，将汽提塔重沸器出口的一部分贫液送至复活器内加热复活。通常是向复活器中加入 2/3 的贫液和 1/3 的强碱（$w=10\%$ 的氢氧化钠或碳酸钠溶液），加热后使醇胺和水由复活器中蒸出。为防止热降解发生，复活器温度升至 149℃ 时加热停止，降温后，再将复活器中剩余的残渣（固体颗粒、溶解的盐和降解产物等）除去。

四、其他脱除方法

目前国内外采用的气体脱硫方法有近百种，除主要采用醇胺法外，还有其他一些方法。例如，间歇法中有海绵铁法、分子筛法，化学吸收法中有碱性盐溶液法和近年来开发的空位

阻胺法，物理吸收法中有 Selexol 等法，联合吸收法主要是砜胺法，直接转化法中有 Lo-Cat
法、改良 A、D、A（Stretford）法等，以及 20 世纪 80 年代后发展起来的膜分离法等。这
里仅重点介绍一些常用或有代表性的脱硫方法。

1. 砜胺法（Sulfinol 法）

砜胺法或 Sulfinol 法属于联合吸收法，它的脱硫溶液由环丁砜（物理溶剂）和醇（DI-
PA 或 MDEA 等化学溶剂）复配而成，兼有物理吸收法和化学吸收法两者的优点，其操作
条件和脱硫效果大致与相应的醇胺法相当，但物理溶剂的存在使溶液的酸气负荷大大提高，
尤其是当进料气中酸性气体分压高时此法更为适用，此外，此法还可脱除有机硫化物。和其
他物理吸收法类似，此法对重烃尤其是芳香烃也具有较高的溶解能力，因此，应有适当措施
以保证作为硫黄回收装置进料气质量。Sulfinol-D 法（Sulfinol 法）的脱硫溶液由环丁砜与
DIPA 组成，该法自 20 世纪 60 年代工业化以来，目前已有上百套装置在运行。80 年代初期
开发的 Sulfinol-M 法（新 Sulfinol 法）的脱硫溶液由环丁砜与 MDEA 组成，由于溶液中有
MDEA，故对 H_2S 具有良好的选择性，与 MDEA 溶液相比，此溶液更能适应 CO_2 含量很高
的原料气的净化。

2. 空间位阻胺法

1984 年美国埃克森（Exxon）研究与工程公司根据在醇胺中引入某些基团可增加氨基
的空间位阻效应，从而改善醇胺溶剂选择性吸收性能的特点，研制成功了 Flexsorb SE 空间
位阻胺法脱硫溶剂，到 90 年代初，国外已有近 30 多套装置在运行或正在设计与施工中。此
外，尚有用于其他情况的 PS 和 HP 法，以及新近问世的 SE Plus 法。

由于空间位阻胺作为脱硫溶剂具有选择性好、不起泡、性质稳定、对装置腐蚀轻微等一
系列优点，故近年来有一定进展。在国内，四川石油管理局天然气研究院等单位目前也已开
发了空间位阻胺新产品，并通过室内脱硫试验，证实了其选吸性能优于 MDEA，但因产品
成本高，尚未在工业上应用。

3. Selexol 法

Selexol 法属于物理吸收法，其溶剂为聚乙二醇二甲醚的混合物，除用于脱除天然气中
的大量 CO_2 外，还可用来同时脱除 H_2S，该溶剂无毒、沸点高，可采用碳钢设备。

4. 改良 A. D. A 法（Stretford 法或蒽醌/钒酸盐法）

直接转化法（或氧化还原法）是指将 H_2S 在液相中直接氧化为元素硫的气体脱硫方法，
这类脱硫方法已有 60 多年的发展历史，至今仍在工业上使用的方法约有 20 余种。与醇胺法
相比，直接转化法有如下几种优点。

① 净化度高，净气中 H_2S 含量可低于 $5mg/m^3$。

② 在脱硫的同时直接生产元素硫，基本上无气相污染。

③ 多数方法可以选择性脱除 H_2S 而基本上不脱除 CO_2。

④ 操作温度为常温，操作压力为高压或常压。

直接转化法已在焦炉气、水煤气、合成气、克劳斯装置尾气等气体脱硫中广为应用。近
年来也在天然气脱硫中得到推广。20 世纪 60 年代中期由蒽醌法改进而成的改良 A. D. A
（蒽醌二磺酸盐）法是直接转化法中最具有代表性、应用最普遍的方法，到 80 年代中期，国
外在运行、施工或设计中的改良 A. D. A 法装置已超过 150 套。在国内，现有 30 余家中型
氮肥厂使用改良 A. D. A 法脱硫，其中常压和压力装置各约占一半，原料气中 H_2S 含量为
$1\sim10g/m^3$，净化气中 H_2S 含量为 $5\sim20mg/m^3$。溶液硫容量在 $0.2\sim0.3g/L$ 之间。采用的

脱硫溶液为 Na_2CO_3、$NaVO_3$ 和蒽醌二磺酸盐的稀溶液，推荐的脱硫溶液组成主要有两种，见表3-2，组成（Ⅰ）适用于原料气 H_2S 含量高和高压力下操作，组成（Ⅱ）适用于原料气 H_2S 含量低和常压下操作。

表 3-2　几种直接氧化法脱硫溶液的典型组成

工艺方法	总碱度 /(g/L)	Na_2CO_3 /(g/L)	$NaHCO_3$ /(g/L)	A.D.A (g/L)	$NaVO_3$ /(g/L)	$KNaC_4H_4O_6$② /(g/L)	栲胶/ (g/L)	PDS /(g/L)
栲胶法	0.3～0.4	—	—	—	1～1.5	—	2～2.5	—
改良 A.D.A 法（Ⅰ）	1	7～10	60～80	10	5	2	—	—
改良 A.D.A 法（Ⅱ）	0.4	5	25	5	1	1	—	—
PDS 法③	0.2～0.6	—	—	0.01～0.05①	—	—	—	0.001～0.005

① A.D.A 作为助催化剂，也可以不加。
② 酒石酸钾钠。
③ 以酞菁钴硫酸盐为脱硫剂。

【思考题】

如何检测酸性气体组成？

学习情境二　天然气脱水

一、天然气脱水

自地下储集层中采出的天然气及脱硫后的天然气中一般都含水，水是天然气中的杂质之一。对于要求管道输送的天然气，通常必须符合一定的质量要求，其中包括水露点或水含量这项指标，故在管输之前大多需要脱水。此外，在天然气加工过程中由于采用低温，也要求脱除天然气中的水。例如，当采用深冷分离回收天然气液时，为了防止水（以及二氧化碳）在低温下形成水合物固体，堵塞冷箱、膨胀机出口及脱甲烷塔塔顶等低温部位，因而要将天然气中的水脱除，使其露点达到 $-100℃$ 以下。此外，还要求将天然气中的二氧化碳含量脱除至 2% 以下。

天然气脱水的方法有冷却法、吸收法和吸附法等。吸收法采用液体吸收剂（液体干燥）及氯化物盐溶液作脱水吸收剂，常用的液体吸收剂为甘醇类化合物，氯化物盐溶液为氯化钙水溶液。吸附法采用固体吸附剂（固体干燥剂）脱水，常用的脱水吸附剂为氧化铝、硅胶和分子筛。目前，普遍采用吸收法及吸附法脱水。

1. 冷却脱水法

冷却脱水又可分为直接冷却、加压冷却、膨胀制冷冷却和机械制冷冷却四种方法。

（1）直接冷却法　当压力不变时天然气的水含量随温度降低而减少。如果气体温度非常高时。为了某些特定目的，采用直接冷却法有时也是经济的。但是，由于冷却脱水往往不能达到气体露点要求，故常与其他脱水方法结合使用。冷却脱水后的气体温度与此时露点相同，因此，只有使气体温度上升或压力下降，才能使气体的温度高于露点，所以此法的使用受很大限制。当气体压力较低，使用直接冷却法脱水后的气体露点达不到要求，而采用加压冷却或机械制冷冷却又不经济时，则需采用其他脱水方法。

（2）加压冷却法　此法是根据在较高压力下天然气水含量减少的原理，将气体加压冷却使部分水蒸气冷凝，并由压缩机出口冷却器后的气液分离器中排出。但是，这种方法通常也难达到气体露点要求，故也多与其他方法结合使用。例如，国内大部分天然气液回收装置均采用低压伴生气为进料气，为了提高天然气液收率，大多采用压缩与冷却（或冷冻）的方法，即将伴生气先经过多级压缩（一般是2~3级）加压到较高压力，然后冷却至常温再用机械制冷或气体膨胀制冷的方法将气体冷冻至低温，从而获得较高的天然气液收率。在多级压缩过程中，压缩机每级出口的气体经级间冷却器或后冷却器冷却后，都会析出一部分游离水，因而大大减轻了其后脱水设备的负荷。所以，对于这类天然气液回收装置，虽然进料气加压的主要目的是为了提高天然气液收率，但同时也达到使进料气部分脱水的目的。

（3）膨胀制冷冷却法　膨胀制冷冷却法也称低温分离（LTS或LTX）法。此法是利用焦耳-汤姆逊效应使高压气体膨胀制冷获得低温。从而使气体中一部分水蒸气和烃类冷凝析出。这种方法大多用在高压凝析气井井口，将高压井流物从井口压力膨胀至一定压力，膨胀后的温度往往在水合物形成温度以下，所产生的水合物、液态水及凝析油随气流进入一个下部设有加热盘管的低温分离器中，利用加热盘管使水合物融化，而由低温分离器分出的干气通常即可满足管输要求，作为商品气外输。如果气体露点要求较低，或者膨胀后的气体温度较低，还可采用注入乙二醇或二甘醇抑制剂的方法，以抑制水合物的形成。

膨胀制冷冷却法既可从井口高压井流物中脱除较多的水，又能比常温分离法回收更多的烃类，故在一些高压凝析气井井口经常使用。

（4）采用机械制冷（冷剂制冷）的油吸收法或冷凝分离法　目前，油吸收法天然气液回收装置均采用机械制冷，即所谓冷冻吸收法或低温油吸收法。通常，在此法中还将乙二醇或二甘醇注入该装置低温系统的天然气中，以抑制水合物的形成，并在进行天然气脱水的同时也回收了部分液烃，此法与膨胀制冷冷却法相似。

冷凝分离法是利用天然气中各组分沸点不同的特点，在逐级降温过程中，将沸点较高的烃类冷凝液分离出来的一种天然气液回收方法。当采用浅冷分离（天然气冷冻温度在-20~-30℃）时，有的天然气液回收装置也将乙二醇或二甘醇注入低温系统的天然气中。

由此可知，冷却脱水法大多和天然气液回收装置中的其他方法结合使用。

2. 吸收法

吸收脱水是根据吸收原理，采用一种亲水液体与天然气逆流接触，从而脱除气体中的水蒸气。用来脱水的亲水液体称为脱水吸收剂或液体干燥剂（简称干燥剂）。

甘醇法脱水与固体吸附剂法脱水是目前普遍采用的两种天然气脱水方法。对于甘醇法脱水来讲，由于三甘醇脱水露点降大、成本低和运行可靠，在各种甘醇化合物中其经济效益最好，因而在国外广为采用。在我国，由于二甘醇及三甘醇的产量及价格等因素，二甘醇和三甘醇均有采用。当采用三甘醇脱水和固体吸附剂脱水都能满足露点降要求时，采用三甘醇脱水经济效益更好。甘醇法脱水与吸附法脱水相比，有以下几种优点。

① 投资较低。据报道，建设一座处理能力为$28 \times 10^4 m^3/d$天然气的固体吸附剂脱水装置，比三甘醇脱水装置投资高50%，而建设一座处理能力为$140 \times 10^4 m^3/d$天然气的固体吸附剂脱水装置，其投资也约高33%。

② 压降较小。甘醇法脱水的压降为35~70kPa，而固体吸附剂法脱水的压降为70~200kPa。

③ 甘醇法脱水为连续操作，而固体吸附剂法为间歇操作。

④ 采用甘醇法脱水时补充甘醇比较容易，而采用固体吸附剂法脱水时，从吸附塔（干燥器）中更换固体吸附剂费时较长。

⑤ 甘醇脱水装置的甘醇富液再生时，脱除1kg水分所需的热量较少。

⑥ 有些杂质会使固体吸附剂堵塞，但对甘醇脱水装置的操作影响甚小。

⑦ 甘醇脱水装置可将天然气中的水含量降低到 $0.008g/m^3$。如果有贫液汽提柱，利用汽提气进行再生，天然气中的水含量甚至可降低到 $0.004g/m^3$。

甘醇法脱水与吸附法脱水相比，也有如下几种缺点。

① 天然气的露点要求低于 $-32℃$ 时，需要采用汽提法进行再生。

② 甘醇受污染或分解后具有腐蚀性。

吸收法脱水主要用于使天然气露点符合管输要求的场合，一般建在集中处理站（湿气来自周围气井或集气站）、输气首站内或天然气净化厂脱硫装置的下游。

3. 吸附法

吸附法脱水是根据吸附原理，选择某些多孔性固体吸附天然气中的水蒸气。被吸附的水蒸气称为吸附质，吸附水蒸气的固体称为吸附剂或干燥剂。固体吸附剂脱水装置的投资和操作费用比甘醇脱水装置要高，故一般是在甘醇法脱水满足不了天然气露点要求时才采用吸附法脱水。吸附法有以下几种优点。

① 脱水后的干气露点可低至 $-100℃$，相当于水含量为 $0.8mg/m^3$。

② 对进料气压力、温度及流量的变化不敏感。

③ 无严重的腐蚀及起泡。

吸附法有以下几种缺点。

① 由于需要两个或两个以上吸附塔切换操作，故其投资及操作费用较高。

② 压降较大。

③ 天然气中的重烃、H_2S 和 CO_2 等可使固体吸附剂污染。

④ 固体吸附剂颗粒在使用中可产生机械性破碎。

⑤ 再生时消耗的热量较多，在小流量操作时更为显著。

一般说来，除在下述情况之一时推荐采用吸附法脱水外，采用甘醇（TEG）法脱水将是最普遍而且可能是最好的选择。

① 天然气脱水的目的是为了符合管道输送要求，但又不宜采用甘醇法脱水的场合。例如，在海上平台由于波浪起伏会影响吸收塔内甘醇溶液的正常流动，或天然气是酸气等。

② 高压（超临界状态）二氧化碳脱水，因为此时二氧化碳在三甘醇溶液中溶解度很大。

③ 用于冷冻温度低于 $-34℃$ 的天然气加工时的脱水。

④ 同时脱水和烃类以符合水露点和烃露点的要求。

⑤ 从贫气中回收天然气液，此时往往需要采用制冷的方法。

吸附法脱水主要用于天然气凝液回收、天然气液化装置中的天然气深度脱水，防止天然气在低温系统中产生水合物堵塞设备和管道。另外，在压缩天然气（CNG）加气站中为防止 CNG 在高压（通常为 20MPa）下及使用中从高压节流至常压时产生水合物堵塞，也采用吸附法脱水。

二、吸收法脱水

通常，采用甘醇法脱水即可使天然气的露点满足管道输送的要求。甘醇法脱水主要采用二甘醇和三甘醇作脱水吸收剂，根据要求的露点降、甘醇货源情况和天然气组成等进行比较后选择其中的一种。现以广为应用的三甘醇为例，对其脱水工艺及主要设备进行介绍。

1. 工艺流程

如图 3-4 所示为典型的三甘醇脱水装置工艺流程，该装置由高压吸收系统及低压再生系

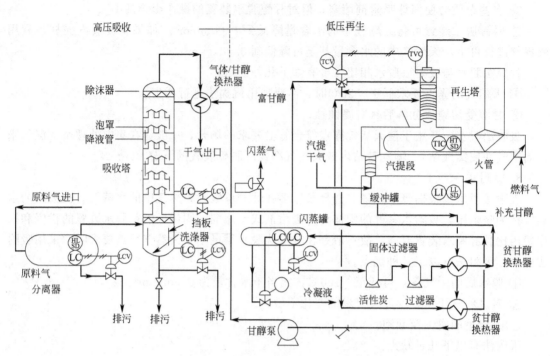

图 3-4　三甘醇脱水装置工艺流程示意图

统两部分组成。由于进入吸收塔的气体中不允许含有游离液体（水与液烃）、化学剂、压缩机润滑油及泥沙等物，所以，湿天然气进入装置后，先经过进口气洗涤器（或分离器）除去游离液体和固体杂质。如果天然气中杂质过多，还要采用过滤分离器。进口气洗涤器顶部设有捕雾器（除沫器），用来脱除出口气体中携带的液滴。

图 3-4 中所示的吸收塔（接触器）为板式塔，通常选用泡帽塔板或浮阀塔板。由进口气洗涤器分出的湿天然气进入吸收塔的底部，向上通过各层塔板，与向下流过各层塔板的甘醇溶液逆向接触时，使气体中的水蒸气被甘醇溶液所吸收。吸收塔顶部也设有捕雾器（除沫器），脱除出口干气中携带的甘醇溶液液滴，减少甘醇损失。离开吸收塔的干气经过气体/贫甘醇换热器（贫甘醇冷却器），用来冷却进入吸收塔的甘醇贫液（贫甘醇），然后，进入管道外输。对于小型脱水装置，气体/贫甘醇换热器也可采用盘管安装在吸收塔顶层塔板与捕雾器之间。

经气体/贫甘醇换热器冷却后的贫甘醇进入吸收塔顶部，由顶层塔板依次经各层塔板流至底层塔板。底层塔板的溢流管上装有液封槽，用以对塔板进行液封。

吸收了天然气中水蒸气的甘醇富液（富甘醇）从吸收塔底部流出，先经高压过滤器（图中未画出）除去由进料气带入的固体杂质，再与再生好的热甘醇贫液（热贫甘醇）换热后进入闪蒸分离器（闪蒸罐），经过低压闪蒸分离，分出被甘醇溶液吸收的烃类气体。这部分气体一般作为再生系统重沸器的燃料，但含硫化氢的闪蒸气则应去火炬灼烧后放空。

从闪蒸分离器底部排出的富甘醇依次经过纤维过滤器（固体过滤器）和活性炭过滤器除去甘醇溶液在吸收塔中吸收与携带过来的少量固体、液烃、化学剂及其他杂质。这些杂质可以引起甘醇溶液起泡、堵塞再生系统的精馏柱（通常是填料柱），还可使重沸器的火管结垢。如果甘醇溶液在吸收塔中吸收的液烃较多，也可采用三相闪蒸分离器将液烃从底部分出。否则，液烃除使甘醇溶液在再生时起泡外，进入再生系统这些液烃最终将由精馏柱顶部排向大气，不仅很不安全，也会增加精馏柱的甘醇损失。

由纤维过滤器和活性炭过滤器来的富甘醇经贫/富甘醇换热器预热后，进入重沸器上部的精馏柱中。精馏柱一般充填填料，例如陶瓷的英特洛克斯（Intalox）填料。富甘醇在精馏柱内向下流入重沸器时，与由重沸器中汽化上升的热甘醇蒸气和水蒸气接触，进行传热与传质。精馏柱顶部装有回流冷凝器（分凝器），以在精馏柱顶部产生部分回流。回流冷凝器可以采用空气冷却，也可以采用冷的富甘醇冷却。从富甘醇中汽化的水蒸气，最后从精馏柱顶部排至大气中。通常，将再生系统的精馏柱、重沸器及装有换热盘管的缓冲罐（相当于图3-4 中的贫甘醇换热器即贫/富甘醇换热器）统称为再生塔或再生器。从精馏柱流入重沸器的富甘醇，在再沸器中被加热到 $177 \sim 204$℃，便充分脱除所吸收的水蒸气，并使甘溶液中的甘醇浓度提浓到 99% 以上。重沸器可以是采用闪蒸气干气作燃料的直接燃烧加热炉（火管），也可以是采用热油或水蒸气作热源的间接加热设备。

为保证再生后的贫甘醇浓度在 99%（质量分数）以上，通常还需向重沸器通入汽提气。汽提气可以是从燃料气出的干气，将其通入重沸器底部或重沸器与缓冲罐之间的溢流管或贫液汽提柱（见图 3-4），用以搅动甘醇溶，使滞留在高黏度甘醇溶液中的水蒸气逸出，同时也降低了水蒸气分压，使多的水蒸气从重沸器和精馏柱中脱除，从而将贫甘醇中的甘醇浓度进行提浓。若天然气要求露点很低（$-73 \sim -95$℃），或气体中含有较多的芳烃时，也可将干燥过的芳烃预热汽化后作为汽提气，通入贫液汽提柱的下方。由精馏柱顶部放空的芳烃蒸气经冷凝后循环使用。为了得到高浓度的贫甘醇，除采用汽提法外，还可采用负压法及共沸法。共沸法采用异辛烷、甲苯等作为共沸剂，干气露点可达 -90℃以下。负压法现已很少使用。

再生好的热贫甘醇由重沸器流经贫/富甘醇换热器等冷交换设备进行冷却。当采用装有换热盘管的缓冲罐时，热贫甘醇则由重沸器的溢流管流入缓冲罐中，与流经缓冲罐内换热盘管的冷富甘醇换热。缓冲罐也起甘醇泵的供液罐作用。离开贫/富甘醇换热器（或缓冲罐）的贫甘醇经甘醇泵加压后去气体/贫甘醇换热器进一步冷却，然后再进入吸收塔顶部循环使用。甘醇泵可以是电动泵，也可以是液动泵或气动泵。当为液动泵时，可用吸收塔塔底来的高压甘醇富液作为液动泵的动力源，甘醇富液通过甘醇泵动力端后再进入闪蒸分离器。

对于含 H_2S 的酸性天然气，当其采用三甘醇脱水时，由于 H_2S 会溶解到甘醇溶液中，不仅导致溶液 pH 值降低，而且也会与三甘醇反应使溶液变质。因此，从甘醇脱水装置吸收塔流出的富甘醇进再生系统前应先进入一个富液汽提塔，用不含硫的净气或其他惰性气汽提。脱除的 H_2S 和吸收塔顶脱水后的酸性天然气汇合后去脱硫装置。

2. 主要设备

由图 3-4 可知，甘醇脱水装置高压吸收系统的主要设备为吸收塔，低压再生系统的主要设备为再生塔。

（1）高压吸收系统主要设备吸收塔　吸收塔通常是由底部的进口气洗涤器（分离器、洗涤器）、中部的吸收段、顶部的气体/贫甘醇换热器及捕雾器组成的一个整体。当进料气较脏且含游离液体较多时，最好将进口气洗涤器与吸收塔分别设置。吸收塔吸收段一般采用泡帽塔板，也可采用浮阀塔板或规整填料。泡帽塔板适用于黏性液体和低液气体的场合，在气体流量较低时不会发生漏液，也不会使塔板上液体排干。最近我国川东矿区引进的 4 套三甘醇脱水装置中有 2 套（$100 \times 10^4 \, m^3/d$）的吸收塔采用 Nutter 浮阀塔板，另 2 套（$50 \times 10^4 \, m^3/d$）的吸收塔采用规整填料。

由于甘醇易于起泡，故板式塔的板间距不应小于 $0.45m$，最好是 $0.6 \sim 0.75m$。吸收塔顶部都设有捕雾器，以除去 $\geqslant 5\mu m$ 的甘醇液滴，使干气中携带的甘醇少于 $0.016 g/m^3$，从而减少甘醇损失。捕雾器到干气出口的间距不应小于吸收塔内径的 0.35 倍。杂质对三甘醇脱水的影响如下。

① 游离水增加了甘醇溶液循环量（以下简称甘醇循环量）、重沸器热负荷及燃料用量。如果造成脱水装置在超负荷下运行，甘醇就可能从吸收塔和再生塔的精馏柱顶部被气流携带出去。

② 溶于甘醇中的液烃或油（芳香烃或沥青胶质）可降低甘醇溶液的脱水能力，并使甘醇溶液起泡。不溶于甘醇溶液的液烃或油也会堵塞塔板，使重沸器的传热表面结焦，以及造成溶液黏度增加。

③ 携带的盐水（随天然气一起采出的地层水）中溶解有很多盐类。盐水溶于甘醇后可使碳钢，尤其可使不锈钢产生腐蚀。盐水沉积在重沸器火管表面上，还可使火管表面产生热斑（或局部过热）甚至烧穿。

④ 井下化学剂诸如缓蚀剂、酸化及压裂液等均可使甘醇溶液起泡，并具有腐蚀性。如果沉积在重沸器火管表面上，也可使火管表面产生热斑。

⑤ 固体杂质诸如泥沙及铁锈或 FeS 等腐蚀产物，它们可促使甘醇溶液起泡，使阀门及泵受到侵蚀，并可堵塞塔板或填料。

由此可见，进口气洗涤器是甘醇脱水装置的一个十分重要的设备。很多处理量较大的甘醇脱水装置都在吸收塔之前设有进口气洗涤器甚至还有过滤分离器。进口气洗涤器的尺寸应按最大气体流量的 125% 来设计，并应配有高液位停车的自控设施。

（2）再生系统主要设备再生塔　甘醇溶液的再生深度主要取决于重沸器的温度，如要得到浓度更高的贫甘醇则应采用汽提等方法。通常采用控制精馏柱顶部温度的方法可使柱顶放空的甘醇损失减少至最低值。参数对再生深度的影响如下所述。

① 重沸器温度。离开重沸器的贫甘醇浓度与重沸器温度和压力有关。由于重沸器一般均在常压下操作，所以贫三甘醇浓度只是随着重沸器温度增加而增加。温度大于 204℃ 时三甘醇溶液分解速率明显增加，故重沸器的温度范围一般为 177～204℃（如为二甘醇溶液，不应超过 162℃）。

② 汽提气。当采用汽提法再生三甘醇溶液时，如汽提气直接通入重沸器中（此时，三甘醇重沸器下面的理论板数 $N_b = 0$），贫三甘醇浓度可达 99.6%（w）。如采用贫液汽提柱，在重沸器和缓冲罐之间的溢流管（高 0.6～1.2m）内充填有 Intalox 填料或鲍尔环，汽提气一般从汽提柱下方通入，见图 3-4。此时，从重沸器来的贫甘醇在贫液汽提柱内与汽提气流动充分接触，不仅可使汽提气量减少，而且还使贫甘醇浓度高达 99.9%（w）以上。

③ 精馏柱温度。精馏柱顶的温度可通过调节柱顶回流量使其保持在 99℃ 左右，柱顶温度低于 93℃ 时，由于水蒸气冷凝量过多，壁柱内产生液泛，甚至将液体从塔顶吹出；柱顶温度超过 104℃ 时，甘醇蒸气会从塔顶排出如果采用汽提法，柱顶温度可降低至 88℃。

3. 甘醇质量在脱水装置操作中的重要性

在甘醇脱水装置操作中经常发生的问题是甘醇损失过大和设备腐蚀。进料气中含有液体和固体杂质、甘醇操作中氧化或降解变质、甘醇泵泄漏和设备尺寸设计缺陷等，都是甘醇损失过大和设备腐蚀的原因。例如，进料气中含有某些液体及固体杂质，当其进入吸收塔后会污染甘醇，增加起泡倾向，使塔顶出现严重雾沫夹带，造成甘醇大量损失，严重时还会使吸收塔产生液泛等。因此，除在腐蚀严重的设备或部位采用耐腐蚀材料外，在操作中采取相应措施，避免甘醇受到污染，是防止或减缓甘醇损失过大和设备腐蚀的重要内容。

（1）保持甘醇洁净　防止或减缓甘醇损失过大和设备腐蚀的关键是保持甘醇洁净。实际上，甘醇在使用过程中将会受到各种污染，产生这些污染的原因和解决办法如下所述。

① 氧气串入系统。甘醇脱水系统中含有氧气时会使甘醇氧化变质，生成腐蚀性有机酸，故应严防氧气串入系统。甘醇储罐没有采用惰性气体密封、甘醇泵泄漏以及进料气中可能含氧都会使氧气进入系统。为此，甘醇储罐的上部空间应该采用微正压的干气或氮气密封；当甘醇泵出现泄漏时应该及时检修，杜绝泄漏。有时，也可向脱水系统中注入抗氧化剂（例如乙醇胺），其量为 $1\sim2g/L$ 甘醇。

② 降解。富甘醇在再生时如果温度过高会降解（热降解）变质。因此，当采用三甘醇脱水时，重沸器温度应低于 $204℃$，火管传热表面的热流密度则应小于 $25kW/m^2$。同时，还应定期对火管传热表面上由油污和盐类沉积引起的热斑进行检查并及时清扫。

③ pH 值降低。当天然气中含有硫化氢或二氧化碳时，通常应先脱硫，后脱水。但当含硫化氢或二氧化碳的酸性天然气要经过管道送至距离较远的脱硫厂时，由于酸性天然气在管输中可能有游离水产生，也可以先脱水后脱硫。如果酸性天然气先脱水，用来脱水的甘醇就会呈现酸性并具有严重的腐蚀性，故尤其要重视酸性天然气脱水装置的腐蚀问题。

甘醇热降解或氧化变质（氧化降解），以及硫化氢和二氧化碳溶解在甘醇中反应所生的腐蚀性酸性化合物，可通过加入硼砂、三乙醇胺、化合物癸酸钠（NaCap）等碱性化合物来中和。其中，NaCap 不仅是控制甘醇溶液 pH 值的缓冲剂，而且也可起到缓蚀剂、消泡剂及破乳剂的作用。但是，这些碱性化合物加入量过多就会析出沉淀，产生淤渣，故加入速度要慢，加入量要少，例如，胺的加入量为 $0.30kg/m^3$ 甘醇。当用碱性化合物对甘醇溶液进行中和时，甘醇过滤器需要经常切换，以除去过滤器中积累的淤渣。此外，在操作中还要定期检测甘醇的 pH 值，当 pH 值大于 9 时，甘醇溶液也容易起泡和乳化。

④ 盐污染。盐分沉积在重沸器火管表面可以产生热斑并使火管烧穿。当甘醇中盐含量大于 0.0025%（w）时，就应将甘醇排放掉并对装置进行清扫。为了从甘醇中除去盐分，还可以建废甘醇复活设施或离子交换树脂床层，生成的水应先经过一个过滤分离器分出，以防止其进入吸收塔内。

⑤ 液烃。液烃可能是由进料气携带过来的，也可能是由于贫甘醇进塔温度比出塔干气低，使气体中重烃冷凝析出的，或可能是由甘醇吸收下来的。通常，可采用进口气洗涤器，保持贫甘醇进塔温度比出塔干气高 $6℃$，合理设计三相闪蒸分离器的尺寸以及采用活性炭过滤器等措施，使液烃对甘醇的污染减少至最低程度。液烃如随富甘醇进入再生系统，将会在精馏柱内向下流入重沸器内并迅速汽化，造成大量甘醇被气体从柱顶带出。在寒冷地区，为防止因吸收塔壁散热损失过大引起进料气在塔内冷凝，应将吸收塔保温或设置在室内。

⑥ 淤渣。进料气所携带的尘土、泥沙、管道污垢、储集层岩石细屑及硫化铁和氧化铁等腐蚀产物，如未经过进口气洗涤器脱除，就会进入吸收塔内的甘醇中。这些固体杂质与焦油状烃类合在一起，最后会沉淀出来并形成具有磨损性的黑色黏稠状物。它们不仅会使甘醇泵和其他设备受到侵蚀，引起吸收塔塔板及精馏柱的填料堵塞，还会沉积在重沸器火管传热表面产生热斑。因此，不论是富甘醇还是贫甘醇都要进行过滤，以使其中的固体杂质含量小于 0.01%（w）。

⑦ 起泡。甘醇起泡有物理上的原因和化学上的原因。吸收塔内气体流速过高是甘醇起泡的物理原因；甘醇被固体杂质、盐分、缓蚀剂和液烃污染，则是其起泡的化学原因。

天然气进入吸收塔之前先在入口气洗涤器中脱除液体和固体杂质，将甘醇进行过滤，提高气体和贫甘醇进塔温度使其高于气体中重烃的露点，都是防止甘醇起泡的重要措施。此外，也可注入消泡剂防止甘醇溶液起泡。目前可用作消泡剂的物质很多，但必须通过实验确定其效果和用量。常用的消泡剂有含硅的破乳剂、高分子醇类及乙烯和丙烯的嵌段聚合物等。注入消泡剂虽可防止甘醇起泡，但最好的方法还是采取措施，排除起泡的原因。含硅的破乳剂价格较高，在重沸器中还会发生分解，反而加速甘醇起泡，因此，应确保将其用量控制在有效范围内。

（2）甘醇质量的最佳值　甘醇脱水装置在操作中除应定期对贫、富甘醇取样分析外，如果怀疑甘醇受到污染，还应立即取样分析，如有必要，还应对甘醇组成进行分析。复活后的甘醇在重新使用之前必须进行检验。新补充的甘醇也应对其质量进行检验。补充的新鲜甘醇推荐其三甘醇浓度大于99%（w），其余为乙二醇、二甘醇及四甘醇，pH值则应在7～8。甘醇溶液受到污染后应检测气泡倾向并注入合适的消泡剂，直到找出污染原因并将其排除之后再停注消泡剂。

正常操作期间，甘醇脱水装置的三甘醇损失量一般不大于15mg/m³天然气，二甘醇损失量一般不大于22mg/m³天然气。

三、吸附法脱水

吸附法脱水是指气体采用固体吸附剂脱水，故也称为固体吸附剂脱水。吸附是指气体或液体与多孔的固体颗粒表面相接触，气体或液体与固体表面分子之间相互作用而停留在固体表面上，使气体或液体分子在固体表面上浓度增大的现象。被吸附的气体或液体称为吸附质，吸附气体或液体的固体称为吸附剂（当吸附质是水蒸气或水时，此固体吸附剂又称为固体干燥剂，简称干燥剂）。根据气体或液体与固体表面之间的作用力不同，可将吸附分为物理吸附和化学吸附两类。

物理吸附是由流体中吸附质分子与固体吸附剂表面之间的范德华力引起的，吸附过程类似与气体凝结的物理过程。这一类吸附的特征是吸附质与吸附剂不发生化学反应，吸附速度很快，瞬间即可达到相平衡。物理吸附放出的热量较少，通常与气体凝聚热相当。物理吸附可以是单分子层吸附，也可以是多分子层吸附。当体系压力降低或温度升高时，被吸附的气体可以很容易地从固体表面脱附，而不改变气体原来的性状，故吸附与脱附是可逆过程。工业上利用这种可逆性，通过改变操作条件使吸附质脱附，达到使吸附剂再生、回收或分离吸附质的目的。

化学吸附是吸附质与固体吸附剂表面的未饱和化学键（或电价键）力作用的结果。这一类吸附所需的活化能大，所以吸附热也大，与化学反应热有同样的数量级。化学吸附具有选择性，而且吸附速度较慢，需要较长时间才能达到平衡。化学吸附是单分子层吸附，而且这种吸附往往是不可逆的，要很高的温度才能脱附，脱附出来的气体又往往已发生化学变化，不再具有原来的性状。

由于物理吸附过程是可逆的，故可通过改变温度和压力的方法改变平衡方向，达到吸附剂再生（即使吸附质从吸附剂表面脱附）的目的。因为用于天然气脱水和脱硫化物的吸附过程多为物理吸附，故本章以下仅介绍气体的物理吸附过程。

固体吸附剂的吸附容量（当吸附质是水蒸气时，又称为湿容量）与被吸附气体的特性和分压、固体吸附剂的特性、比表面积和空隙率以及吸附温度等有关。吸附质与吸附剂表面之间的分子引力主要决定于气体和固体表面的特性，故吸附容量（通常用kg吸附质/100kg吸附剂表示）可因吸附质-吸附剂体系不同而有很大差别。所以，尽管吸附剂可以吸附多种不同的气体，但不同吸附剂对不同吸附质的吸附容量（吸附活性、吸附能力）往往有很大差别，亦即不同吸附剂对不同吸附质具有选择性吸附作用。因此，可利用吸附过程这一特点，使流体与固体吸附剂表面接触，流体中吸附容量较大的一种或几种组分被选择性地吸附在固体表面上，从而达到与流体中其他组分分离的目的。目前，在天然气处理与加工过程中，固体吸附剂除可用于天然气净化（即用于天然气脱水和脱硫化物）外，还可用于从天然气中回收液烃。

1. 脱水吸附剂的选择

虽然所有固体表面对于流体或多或少具有物理吸附作用，但是用于天然气脱水的固体吸附剂（以下也简称干燥剂）应具有以下几种特性。

① 必须是多孔性的、具有较大吸附表面积的物质。用于天然气净化的吸附剂比表面积一般都在 $500\sim800m^2/g$，比表面积越大，其吸附容量（或湿容量）越大。

② 对流体中的不同组分具有选择性吸附作用，亦即对要脱除的组分具有较高的吸附容量。

③ 具有较高的吸附传质速度，在瞬间即可达到相间平衡。

④ 能简便而经济地再生，且在使用过程中能保持较高的吸附容量，使用寿命长。

⑤ 工业用的吸附剂通常是颗粒状的。为了适应工业应用的要求，吸附剂颗粒在大小、强度、几何形状等方面应具有一定的特性。例如，颗粒大小适度而且均匀，同时具有很高的机械强度以防止破碎和产生粉尘（粉化）等。

⑥ 具有较大的堆积密度。

⑦ 有良好的化学稳定性、热稳定性以及价格便宜、原料充足等。

目前，在天然气脱水中主要使用的吸附剂有活性铝土和活性氧化铝、硅胶及分子筛三大类。通常，应根据工艺要求进行经济比较后，选择合适的吸附剂。

2. 固体吸附剂脱水工艺及设备

（1）固体吸附剂脱水工艺流程　　固体吸附剂脱水适用于干气露点要求较低的场合。在天然气处理与加工过程中，有时是专门设置吸附法脱水装置（当湿气中含酸性组分时，通常是先脱硫）对湿气进行脱水，有时吸附法脱水则是采用深冷分离的天然气液回收装置中的一个组成部分。采用不同吸附剂的天然气脱水工艺流程基本相同，干燥器（吸附塔）都采用固定床。由于吸附剂床层在脱水操作中被水饱和后需要再生，故为了保证装置连续操作至少需要两个干燥器。在两塔（即两个干燥器）流程中，一个干燥器进行脱水，另一个干燥器进行再生（加热和冷却），然后切换操作。在三塔或多塔流程中。切换流程则有所不同。

干燥器再生用气可以是湿气也可以是高压干气或低压干气。采用不同来源再生气的吸附脱水工艺流程如下所述。

① 采用湿气（或进料气）作再生气。吸附脱水工艺流程由脱水（吸附）与再生两部分组成。采用湿气或进料气作再生气的吸附脱水工艺流程如图3-5所示。

湿气一般是经过一个进口气洗涤器或分离器（图中未画出），除去所携带的液体与固体杂质后分为两路：小部分湿气经再生气加热器加热后作为再生气；大部分湿气去干燥器脱水。由于在脱水操作时干燥器内的气速很大，故气体通常是自上而下流过吸附剂床层，这样可以减少高速气流对吸附剂床层的扰动。气体在干燥器内流经固体吸附剂床层时，其中的水蒸气被吸附剂选择性吸附，直至气体中的水含量与所接触的固体吸附剂达到平衡为止，通常，只需要几秒钟就可以达到平衡，由干燥器底部流出的干气出装置外输。

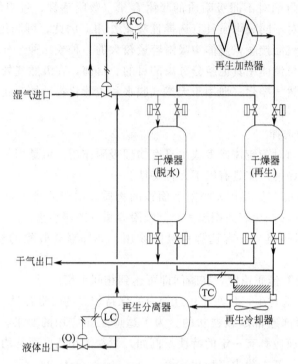

图 3-5　采用湿气再生的吸附脱水工艺流程图

在脱水操作中，干燥器内的吸附剂床层不断吸附气体中的水蒸气直至最后整个床层达到饱和，此时就不能再对湿气进行脱水。因此，在吸附剂床层未达到饱和之前就要进行切换（图中为自动切换），即将湿气改为进入已再生好的另一个干燥器，而刚完成脱水操作的干燥器则改用热再生气进行再生。

再生用的气量一般占进料气的 5%～10%，经再生气加热器加热到 232～315℃ 后进入干燥器。热的再生气将床层加热，并使水从吸附剂上脱附。脱附出来的水蒸气随再生气一起离开吸附剂床层后进入再生气冷却器，大部分水蒸气在冷却器中冷凝下来，并在再生气分离器中除去，分出的再生气与进料湿气汇合后又去进行脱水。加热后的吸附剂床层由于温度较高，在重新进行脱水操作之前必须先用未加热的湿气冷却至一定温度后才能切换。

② 采用干气作再生气。图 3-5 中采用湿气作为再生加热气与冷却气（冷吹气），也可采用脱水后的干气作为再生加热气与冷却气。再生气加热器可以是采用直接燃烧的加热炉，也可以是采用热油、水蒸气或其他热源的间接加热器。由于再生气流量小，流速低，可以自上而下流过干燥器，也可以自下而上流过干燥器。但采用干气作再生气时，最好是自下而上流过干燥器。这样，一方面可以脱除靠近干燥器床层上部被吸附的物质，并使其不流过整个床层，另一方面可以确保与湿进料气最后接触的下部床层得到充分再生，而下部床层的再生效果直接影响流出床层的干气露点。冷却气因与再生加热气用同一气流，故也是下进上出。

采用干气作再生气的吸附脱水工艺流程如图 3-6 所示。图 3-6 中的湿气脱水流程与图 3-5 相同，但是，由干燥器脱水后的干气有一小部分经增压（一般增压 0.28～0.35MPa）与加热后作为再生气去干燥器，使水从吸附剂上脱附。脱附出来的水蒸气随再生气一起离开吸附剂床层后经过再生气冷却器与分离器，将水蒸气冷凝下来的液态水脱除。由于此时分出的气体是湿气，故与进料湿气汇合后又去进行脱水。

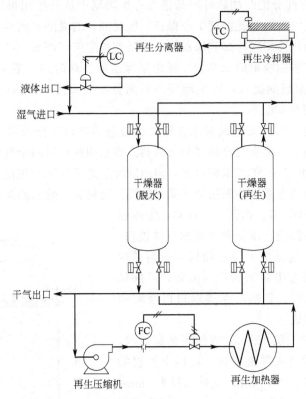

图 3-6 采用干气再生的吸附脱水工艺流程图

除了采用吸附脱水后的干气作为再生气外，还可采用其他来源的干气（例如，采用天装气液回收装置脱甲烷塔塔顶气）作为再生气。这种再生气的压力通常比图 3-6 中的干气压力要低得多，故在这种情况下脱水压力远远高于再生压力。因此，当干燥器完成脱水操作后，先要进行降压，然后再用低压干气进行再生。

（2）工艺参数选择

① 吸附周期。干燥器吸附剂床层的吸附周期（脱水周期）应根据湿气中水含量、床层空塔流速和高径比（不应小于 2.5）、再生能耗、吸附剂寿命等进行综合比较后确定。对于两塔流程，干燥器床层吸附周期一般设计为 8～24h，通常取吸附周期 8～12h。如果进料气中的相对湿度小于 100%。吸附周期可大于 12h。吸附周期长，意味着再生次数较少，吸附剂寿命较长，但因床层较长，投资较高。对压力不高、水含量较大的天然气脱水，为避免干燥器尺寸过大耗用吸附剂过多，吸附周期宜小于等于 8h。

② 湿气进干燥器温度。如前所述，吸附剂的湿容量与吸附温度有关，即湿气进口温度越高，吸附剂的湿容量越小。为保证吸附剂有较高的湿容量，故进床层的湿气温度最高不要超过 50℃。

③ 再生加热与冷却温度。再生加热温度是指吸附剂床层在再生加热时最后达到的最高温度，通常近似取此时再生气出吸附剂床层的温度。再生加热温度越高，再生后吸附剂的湿容量也越高，但其有效使用寿命越短。再生加热温度与再生气进干燥器的温度有关，而再生气进口温度则应根据脱水深度确定。对于分子筛，其值一般为 232～315℃；对于硅胶其值一般为 234～245℃；对于活性氧化铝，介于硅胶与分子筛之间，并接近分子筛之值。

④ 加热与冷却时间分配。加热时间是指在再生周期中从开始用再生气加热吸附剂床层到床层达到最高温度（有时在此温度下还保持一段时间）的时间。同样，冷却时间是指加热完毕的吸附剂从开始用冷却气冷却到床层温度降低到指定值（例如 50℃ 左右）的时间。

对于采用两塔流程的吸附脱水装置，吸附剂床层的加热时间一般是再生周期的 55%～65%。对于 8h 的吸附周期而言，再生周期的时间分配大致是：加热时间 4.5h；冷却时间 3h；备用和切换时间 0.5h。

（3）干燥器结构　固体吸附剂脱水装置的设备包括进口气洗涤器（分离器）、干燥器、过滤器、再生气加热器、再生气冷却器和分离器。当采用脱水后的干气作再生气时，还有再生气压缩机。自 20 世纪 80 年代末期以来，国内陆续引进了几套处理量较大的天然气液回收装置，这些装置中的脱水系统均采用分子筛干燥器。现将其干燥器的结构介绍如下。

干燥器的结构见图 3-7。由图 3-7 可知，干燥器由床层支撑梁和支撑栅板、顶部和底部的气体进口、出口管嘴和分配器（这是由于脱水和再生分别是两股物流从两个方向通过吸附剂床层，因此，顶部和底部都是气体进出口）、装料口和排料口以及取样口、温度计插孔等组成。

在支撑栅板上有一层 10～20 目的不锈钢滤网，防止分子筛或瓷球随进入气流下沉。滤网上放置的瓷球共二层，上层高 50～75mm，瓷球直径为 6mm；下层高 50～75mm，瓷球直径为 12mm，支撑栅板下的支撑梁应能承受住床层的静载荷（吸附剂等的重量）及动载荷（气体流动压降）。

分配器（有时还有挡板）的作用是使进入干燥器的气体（尤其是从顶部进入的湿气，其流量很大）以径向、低速流向吸附剂床层。床层顶部也放置有瓷球，高 100～150mm，瓷球直径为 12～50mm。瓷球层下面是一层起支托作用的不锈钢浮动滤网。这

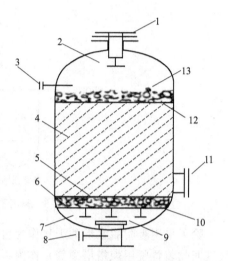

图 3-7　干燥器结构示意图

1—入口喷嘴、装料口；2,9—挡板；3,8—取样口及温度计插孔；4—分子筛；5,13—陶瓷球或石板；6—滤网；7—支撑梁；10—支撑栅；11—排料口；12—浮动滤网

层瓷球的作用主要是改善进口气流的分布并防止因涡流引起吸附剂的移动与破碎。

由于吸附剂床层在再生时温度较高，故干燥器需要进行保温。器壁外保温比较容易，但内保温可以降低大约 30% 的再生能耗。然而，一旦内保温的衬里发生龟裂，湿气就会走短路而不经过床层。

干燥器的吸附剂床层中装填有吸附剂。吸附剂的大小和形状应根据吸附质不同而异。对于天然气脱水，可采用 3～8mm 的球状分子筛。

干燥器的尺寸会影响吸附剂床层压降，一般情况下，对于气体吸附来讲，其最小床层高-径比为 2.5∶1。

3. 吸附法在酸性天然气脱水中的应用

用吸附法净化酸性天然气，可以同时脱除天然气中的水和酸性组分（二氧化碳和硫化物）。活性铝土含有氧化铁，遇到天然气中硫化氢会生成硫化铁，因而迅速失去活性并使颗粒粉碎。铝土中含铁量越高，硫化氢对其影响越大。

酸性天然气吸附法脱水装置工艺流程见图 3-8。由于进料气中含有 COS 和 H_2S，故关键

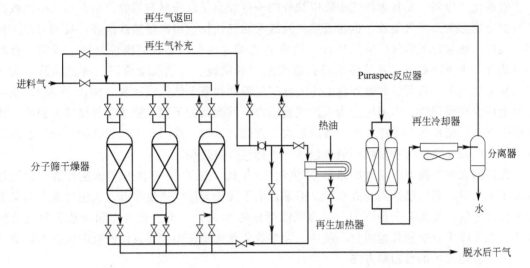

图 3-8　SAGE 天然气厂酸性天然气分子筛脱水工艺流程示意图

问题之一是将这种固定床工艺用于从气体及液体产品中选择性脱除 COS 和 H_2S，从而提高操作灵性和降低投资。

图中的进料气在海上平台已脱水至 $48g/10^3 m^3$ 天然气，然后用管道送至 SAGE 天然气厂，再用分子筛脱水至 $16g/10^3 m^3$ 天然气。由于进料气中含有 COS 和 H_2S，故在脱水装置中采用了可最大程度减少 COS 生成的 Cosmin 105A 分子筛。分子筛床层在再生周期加热过程中，先是 COS 和 H_2S 大量脱附，然后是水大量脱附。大量脱附的 COS 和 H_2S 会使再生气中的 COS 和 H_2S 在某段时间内出现高峰值。由于再生气还要返回进料气中再处理，因而会使这段时间内大量出现的 COS 和 H_2S 聚集在下游装置回收的天然气液中，并使商品气和天然气液处理系统均需按此高峰值的浓度进行设计。

为了防止加热过程中离开干燥器的再生气中出现 COS 和 H_2S 的高峰值，该脱水装置再生系统采用了两个并联的固定床反应器。每个固定床顶部装有 COS 水解催化剂，下部则是 H_2S 吸附剂。加热过程中再生气流经分子筛干燥器的温度及流量应精心设计，以尽量降低 H_2S 和 COS 的峰值，并在水分大量脱附之前将硫化物从分子筛上脱附出来。这样，可保证反应器的吸附剂床层始终在再生气露点以上操作，从而避免水蒸气冷凝带来的危害。

这些设备现已安全运行很长时间，H_2S 和 COS 的浓度（χ）变化小于 1×10^{-6}。一个很有意思的特点是，在分子筛床层再生周期加热过程中，反应器内 H_2S 吸附剂对硫化物的吸附容量达到了最大值。提高温度可促进硫化物移向吸附剂晶格，因而又在吸附剂表面出现新鲜的活化中心。

【思考题】

1. 天然气中水的危害。

2. 用框图叙述天然气脱水工艺。

学习情境三　轻烃回收

如前所述，天然气（尤其是伴生气及凝析气）中除含有甲烷外，还含有一定量的乙烷、丙烷、丁烷、戊烷以及更重烃类。为了满足商品气或管输气对烃露点的质量要求，或为了获得宝贵的化工原料，需将天然气中除甲烷外的一些烃类予以分离与回收。由天然气中回收的液烃混合物称为天然气凝液，也称天然气液或天然气液体，简称凝液或液烃，我国习惯上称其为轻烃。通常，天然气凝液（NGL）中含有乙烷、丙烷、丁烷、戊烷及更重烃类，有时还可能含有少量非烃类，其具体组成根据天然气的组成、天然气凝液回收的目的及方法而异。从天然气中回收凝液的过程称之为天然气凝液回收或天然气液回收（NGL 回收），我国习惯上称为轻烃回收，本书统称为天然气液回收。回收到的天然气液或是直接作为商品，或是根据有关商品质量要求进一步分离成乙烷、丙烷、丁烷（或丙、丁烷混合物）及天然汽油等产品。因此，天然气液回收一般也包括了天然气分离过程。

我国的天然气液回收装置始建于 20 世纪 60 年代，到了 80 年代有了迅速发展。就天然气加工率来讲，我国已达到先进水平。但是，由于我国天然气产量很低，天然气液产品又主要来自伴生气，故其总产量不大，仅为原油产量的 0.5％～1％。此外，除少数天然气液回收装置规模较大及个别装置回收乙烷外，大多数装置规模较小，而且仅回收丙烷以上烃类。

一、轻烃回收的目的和方法

天然气液回收是天然气处理与加工中一个十分重要而又常见的过程。然而，并不是在任何情况下进行天然气液回收都是经济合理的，它取决于天然气的类型和数量、天然气液回收的目的、方法及产品价格等，特别是取决于那些可以冷凝回收的天然气组分是作为液体产品还是作为商品气中组分时的经济效益比较。

1. 天然气类型对天然气液回收的影响

我国习惯上将天然气分成气藏气、伴生气和凝析气三种类型。天然气类型不同，其组成也有很大差别。换句话说，天然气类型主要决定了天然气中可以冷凝回收的烃类组成和数量。气藏气主要由甲烷组成，乙烷及更重烃类含量很少。因此，只是气体中乙烷及更重烃类成为产品高于其在商品气中的经济效益时，一般才考虑进行天然气液回收。伴生气通常含有很多可以冷凝回收的烃类，为了满足商品气或管输气对烃露点和热值的要求，同时也为了获得一定数量的液烃产品，故必须进行天然气液回收。凝析气中一般含有较多的戊烷以上重烃类，当其压力降低至相包络区的露点线以下时，就会出现反凝析现象。反凝析是由于两组分体系的临界点、临界冷凝温度及临界冷凝压力点并不重合，在临界点附近引起了一种奇怪的反凝析（倒退冷凝、反常冷凝）现象，即在临界点附近的相包络区内，等压下升高温度时可以析出液体，而等温下降低压力时则会使蒸汽冷凝。因此，在凝析气田开采过程中，储层中的凝析气由井底经生产管柱流向井口时，由于压力、温度降低就会有凝析油析出，故需在井场或加工厂中进行相分离，以回收析出的油。如果分离出的气体还要经过压缩回注到储层中，由于气体中仍含有不少可以冷凝回收的烃类，也应进行天然气液回收，从而额外获得一定数量的液烃。

2. 天然气液回收的目的

从天然气中回收液烃的目的是生产管输气；满足商品气的质量要求；最大程度地回收天然气液。

（1）生产管输气　对于在海上或内陆边远地区生产的天然气来讲，为了满足管输气质量要求，有时需就地初步处理，然后再经过管道输送至天然气加工厂进一步加工。如果天然气在管输中有液烃析出，将会带来以下问题。

① 当压降相同时，两相流动所需的管道直径比单相流动要大。

② 当两相流体到达目的地时，必须设置段塞捕集器以保护下游的设备。

为了预防管输中有液烃析出，可考虑采用下述几种方法。

① 只适度地回收天然气液，使天然气的烃露点满足管输要求，以保证天然气在管道中输送时为单相流动，因此，此法也叫做露点控制。

② 将天然气压缩至临界冷凝压力以上冷却后再用管道输送，从而防止在管输中形成两相流动，即所谓密相输送。此法所需管道直径较小，但管壁较厚，而且压缩能耗很高。

③ 采用两相流动输送天然气。

在上述三种方法中，前两种方法投资及运行费用都较高，故应对其进行综合比较后从中选择最为经济合理的一种方法。

(2) 满足商品气的质量要求　为了满足商品气的质量要求，需对从井口采出或从矿场分离器分出的天然气进行下述处理与加工。

① 脱水以满足商品气对水露点的要求。如天然气需经压缩才能达到管输压力时，通常是先经压缩机后冷却器与分离器脱除游离水，再用甘醇脱水法等脱除其余的水分，这样，可以降低甘醇脱水的负荷与成本。

② 如天然气中的酸性组分（H_2S 及 CO_2）含量较多时，则需脱除这些酸性组分。

③ 当商品气的质量要求中有烃露点这项指标时，还需进行天然气液回收。如果天然气中可以冷凝回收的烃类很少，只需适度回收天然气液进行露点控制即可；如果天然气中氮气等不可燃组分含量较多，则应保留一定量的较重烃类以满足商品气的热值要求；如果可以冷凝回收的烃类成为液体产品比作为商品气中的组分具有更好的经济效益时，则应在满足商品气最低热值要求的前提下，最大程度地回收天然气液。因此，天然气液回收的深度不仅取决于天然气的组成（乙烷和更重烃类以及氮气等不可燃组分的含量），还取决于商品气对热值和烃露点的要求等因素。

(3) 最大程度地回收天然气液　在下述几种情况下需要最大程度地回收天然气液。

① 在从伴生气中回收液烃的同时，需要尽可能地增加原油产量。换句话说，将伴生气中回收到的液烃送回原油中时价值更高。

② 加工凝析气的目的是回收液烃，而回收液烃后的残余气则需回注到储层中以保持储层压力。

③ 从天然气液回收过程中得到的液烃产品比其作为商品气中的组分时价值更高，因而使得天然气液回收具有良好的经济效益。

当从天然气中最大程度地回收天然气液时，即是残余气中只有甲烷，通常也能满足商品气的热值要求。但是，在很多天然气中都含有氮气及二氧化碳等不可燃组分，因此，为了满足商品气的热值要求，还需要在残余气中保留一定数量的乙烷。如果丙烷等较重烃类成为液体产品时具有更高价值，则在回收天然气液时应将丙烷及更重烃类基本上全部回收，而对乙烷只进行部分回收。

由此可知，由于回收凝液的目的不同，对凝液的组成及收率要求也有不同。因此，我国习惯上又根据是否回收乙烷而将天然气液回收装置分为两类：一类以回收乙烷及更重烃类（C_2^+）为目的；另一类则以回收丙烷及更重烃类（C_3^+）为目的。由此可知，只适度回收天然气液以控制烃露点为目的的装置，一般均属后者。

3. 天然气液回收方法

天然气液回收可在油、气田矿场进行，也可以在天然气加工厂、气体回注厂中进行。回收方法基本上可分为吸附法、油吸收法和冷凝分离法三种。

（1）吸附法　吸附法系利用固体吸附剂（如活性炭）对各种烃类的吸附容量不同，从而使天然气中一些组分得以分离的方法。在北美，有时用这种方法从湿气中回收较重的烃类，且多用于处理量较小（小于 $57 \times 10^4 \, \text{m}^3/\text{d}$）及较重烃类含量较少的天然气，也可用来同时从天然气中脱水及回收重烃，使天然气的水露点及烃露点都符合管输的要求。

吸附法的优点是装置比较简单，不需特殊材料和设备，投资较少；缺点是需要几个吸附塔切换操作，产品的局限性大，加之能耗较大，成本较高，燃料气消耗约为所处理气量的 5%（油吸收法一般在 1% 以下），因而目前应用较少。在北美，一般只是在油、气田开采初期或在井口附近，对天然气液收率要求不高（例如进行露点控制）的场合下才使用。

（2）油吸收法　此法系利用不同烃类在吸收油中溶解度不同，从而使天然气中各个组分得以分离。吸收油一般采用石脑油、煤油或柴油，其相对分子质量为 $100 \sim 200$。吸收油相对分子质量越小，天然气液收率越高，但吸收油蒸发损失越大。因此，当要求乙烷收率较高时，一般才采用相对分子质量较小的吸收油。

按照吸收温度不同，油吸收法又可分为常温、中温和低温油吸收法（冷冻油吸收法）三种。常温油吸收的温度一般为 30℃ 左右，以回收 C_3^+ 为主要目的；中温油吸收的温度一般为 $-20℃$ 以上，C_3 收率为 40% 左右；低温油吸收的温度在 $-40℃$ 左右，C_3 收率一般为 80% ～ 90%，C_2 收率一般为 35% ～ 50%。

油吸收法主要设备有吸收塔、富油稳定塔和富油蒸馏塔。如为低温油吸收法，还需增加制冷系统。在吸收塔内，吸收油与天然气逆流接触，将气体中大部分丙烷、丁烷及戊烷以上烃类吸收下来。从吸收塔底部流出的富吸收油（简称富油）进入富油稳定塔中，脱出不需要回收的轻组分如甲烷等，然后在富油蒸馏塔中将富油中所吸收的乙烷、丙烷、丁烷及戊烷以上烃类从塔顶蒸出。从富油蒸馏塔底流出的贫吸收油（简称贫油）经冷却后去吸收塔循环使用。如为低温油吸收法，则还需将原料气与贫油分别冷冻后再进入吸收塔中。

油吸收法是 20 世纪五六十年代广为使用的一种天然气液回收方法，尤其是在 20 世纪 60 年代初期以前低温油吸收法一直占主导地位。此法优点是系统压降小，允许采用碳钢，对原料气预处理没有严格要求，单套装置处理量较大（最大可达 $2800 \times 10^4 \, \text{m}^3/\text{d}$）。但是，由于油吸收法投资和操作费用较高，因而在 70 年代以后已逐渐被更加经济与先进的冷凝分离法所取代。

（3）冷凝分离法　冷凝分离法是利用在一定压力下天然气中各组分的挥发度不同，将天然气冷却至露点温度以下，得到一部分富含较重烃类的天然气液，并使其与气体分离的过程。分离出的天然气液又往往利用精馏的方法进一步分离成所需要的液烃产品。通常，这种冷凝分离过程又是在几个不同温度等级下完成的。

此法的特点是需要向气体提供足够的冷量使其降温。按照提供冷量的制冷系统不同，冷凝分离法可分为冷剂制冷法、直接膨胀制冷法和联合制冷法三种。

① 冷剂制冷法。冷剂制冷法也称为外加冷源法（外冷法），它是由独立设置的冷剂制冷系统向原料气提供冷量，其制冷能力与原料气无直接关系。根据原料气的压力、组成及天然气液的回收深度，冷剂（制冷剂或制冷工质）可以分别是氨、丙烷及乙烷，也可以是乙烷、丙烷等烃类混合物，而后者又称为混合冷剂（混合制冷剂）。制冷循环可以是单级或多级串联，也可以是阶式制冷（覆叠式制冷）循环。采用丙烷作冷剂的冷凝分离法天然气液回收原理流程见图 3-9。

在下列情况下可采用冷剂制冷法。

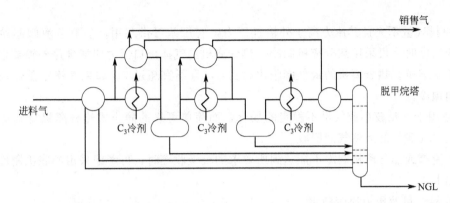

图 3-9 采用丙烷作冷剂的冷凝分离法 NGL 回收原理流程图

a. 以控制外输气露点为主，并同时回收部分凝液的装置。通常，原料气的冷冻温度应低于外输气所要求的露点温度 5℃以上。

b. 原料气较富，但其压力和外输气压力之间没有足够压差可供利用，或为回收凝液必须将原料气适当增压，所增压力和外输气压力之间没有压差可供利用，而且采用冷剂制冷又可经济地达到所要求的凝液收率。

冷剂选用的主要依据是原料气的冷冻温度和制冷系统单位制冷量所耗的功率，并应考虑以下因素：

a. 氨适用于原料气冷冻温度高于－25～－30℃时的工况。

b. 丙烷适用于原料气冷冻温度高于－35～－40℃时的工况。

c. 以乙烷、丙烷为主的混合冷剂适用于原料气冷冻温度低于－35～－40℃时的工况。

d. 能使用凝液作冷剂的场合应优先使用凝液。

② 直接膨胀制冷法。直接膨胀制冷法也称膨胀制冷法或自制冷法（自冷法），此法不另外设置独立的制冷系统，原料气降温所需的冷量由气体直接经过串接在该系统中的各种类型膨胀制冷设备来提供，因此，制冷能力直接取决于气体的压力、组成、膨胀比及膨胀制冷设备的热力学效率等。常用的膨胀制冷设备有节流阀（也称焦耳-汤姆逊阀）、透平膨胀机及热分离机等。

在下述情况下可考虑采用节流阀制冷。

a. 压力很高的气藏气（一般在 10MPa 或更高），特别是其压力会随开采过程逐渐递减时，应首先考虑采用节流阀制冷。节流后的压力应满足输气要求，不再另设增压压缩机。如气源压力不够高或已递减到不足以获得所要求低温时，可采用冷剂预冷。

b. 气源压力较高，或适宜的冷凝分离压力高于干气外输压力，仅靠节流阀制冷也能获得所需的低温，或气量较小不适合用膨胀机制冷时，可采用节流阀制冷。如气体中重烃较多，靠节流阀制冷不能满足冷量要求时，可采用冷剂预冷。

c. 原料气与外输气有压差可供利用，但因原料气较贫故回收凝液的价值不大时，可采用节流阀制冷，仅控制其水露点及烃露点以满足管输要求。若节流后的温度不够低，可采用冷剂预冷。

热分离机是 20 世纪 70 年代由法国 ELF-Bertin 公司研制的一种简易有效的气体膨胀制冷设备，由喷嘴及接受管组成，按结构可分为静止式和转动式两种。自 80 年代末期以来，热分离机已在我国一些天然气液回收装置中得到应用。在下述情况下可考虑采用热分离机制冷。

　　a. 原料气量不大且其压力高于外输气压力，有压差可供利用，但靠节流阀制冷达不到所需要的温度时，可采用热分离机制冷。热分离机的气体出口压力应能满足外输要求，不应再设增压压缩机。热分离机的最佳膨胀比约为 5，且不宜超过 7。如果气体中重烃较多，可采用冷剂预冷。

　　b. 适用于气量较小或气量不稳定的场合，而简单可靠的静止式热分离机特别适用于单井或边远井气藏气的天然气液回收。

　　当节流阀或热分离机制冷不能达到所要求的凝液收率时，可考虑采用膨胀机制冷。其适用情况如下。

　　a. 原料气量及压力比较稳定。

　　b. 气体较贫及凝液收率要求较高。

　　1964 年美国首先将透平膨胀机制冷技术用于天然气液回收过程中。由于此法具有流程简单、操作方便、对原料气组成的变化适应性大、投资低及效率高等优点，因此近二三十年来发展很快，美国新建或改建的天然气液回收装置有 90% 以上采用了透平膨胀机制冷法。

　　③ 联合制冷法。联合制冷法又称为冷剂与直接膨胀联合制冷法。顾名思义，此法是冷剂制冷法与直接膨胀制冷法两者的联合，即冷量来自两部分：一部分由膨胀制冷法提供；一部分则由冷剂制冷法提供。当原料气组成较富，或其压力低于适宜的冷凝分离压力，为了充分、经济地回收天然气液而设置原料气压缩机时，应采用有冷剂预冷的联合制冷法。

　　由于我国的伴生气大多具有组成较富、压力较低的特点，所以自 20 世纪 80 年代以来新建或改建的天然气液回收装置普遍采用膨胀制冷法及有冷剂预冷的联合制冷法，而其中的膨胀制冷设备又以透平膨胀机为主。

　　目前，天然气液回收装置采用的几种主要工艺方法的烃类收率见表 3-3。

表 3-3　烃类收率　　　　　　　　　　　单位：%

方　　法	乙烷	丙烷	丁烷	天然汽油（C_5^+）
吸收法	5	40	75	87
低温油吸收法	15	75	90	95
冷剂制冷法	25	55	93	97
阶式制冷法	70	85	95	100
节流阀制冷法	70	90	97	100
透平膨胀机制冷法	85	97	100	100
马拉法	2～90	2～100	100	100

　　当以回收 C_2^+ 为目的时，可选用的制冷方法是表 3-3 中的下面四种。其中，马拉（Mehra）法的实质是用物理溶剂（例如 N-甲基吡咯烷酮）代替吸收油，将原料气中的 C_2^+ 吸收后，采用抽提蒸馏的工艺获得所需的 C_2^+。乙烷、丙烷的回收率依市场需求情况而定，分别为 2%～90% 和 2%～100%，这种灵活性是透平膨胀机制冷法所不能比拟的。

　　需要指出的是，由于天然气的压力、组成及要求的液烃收率不同，因此，天然气液回收中的冷凝分离温度也有不同。根据天然气在冷冻分离系统中的最低冷冻温度，通常又将冷凝分离法分为浅冷分离与深冷分离两种。浅冷分离的冷冻温度一般在 −20～−35℃，而深冷分离的冷冻温度一般均低于 −45℃，最低达 −100℃ 以下。

二、制冷方法

采用冷凝分离法回收天然气液的特点之一是需要向原料气提供足够的冷量，使其降温至露点以下（即进入两相区）部分冷凝，而向原料气提供冷量的任务则是通过制冷系统来实现的。因此，冷凝分离法通常又是按照制冷方法不同来分类的。所谓制冷（致冷）是指利用人工方法制造低温（低于环境温度）的技术。制冷方法主要有以下三种。

① 利用物质相变（如融化、蒸发、升华）的吸热效应实现制冷。

② 利用气体膨胀的冷效应实现制冷。

③ 利用半导体的热电效应实现制冷。

在天然气液回收过程中广泛应用液体蒸发和气体膨胀来实现制冷。液体蒸发实现制冷称作蒸气制冷。蒸气制冷又可分为蒸气压缩式（机械压缩式）、蒸气喷射式和吸收式三种类型，目前多采用蒸气压缩式。气体膨胀制冷目前广泛采用透平膨胀机制冷，也有采用节流阀制冷和热分离机制冷的。

在我国天然气工业中，通常也将采用制冷方法使天然气温度降至低温的冷却过程称作冷冻，以示与温度降至常温的冷却过程区别。严格地讲，它与制冷工程中冷冻的含义不是完全相同的。

从投资来看，氨吸收制冷系统一般可与蒸气压缩制冷系统竞争，而操作费用则取决于所用热源和冷却介质（水或空气）在经济上的竞争力。氨吸收制冷系统对热源的温度要求不高，一般不超过200℃，故可直接利用工业余热等低温热能，节约大量电能。整个系统由于运动部件少，故运行时噪声小，能适应工况变化，运行稳定。但是，它的冷却负荷一般比蒸气压缩制冷系统大一倍左右。因此，在有余热可以利用以及冷却费用较低的地区，可考虑采用氨吸收制冷系统，而且以在大型天然气液回收装置上应用为主。

1. 蒸气压缩制冷

蒸气压缩制冷也称作机械压缩制冷或简称压缩制冷，是天然气液回收过程中最常采用的制冷方法之一。

（1）压缩制冷循环热力学分析　为了制冷，可以选择一种沸点低于环境温度的液体使其蒸发（即汽化）。例如，选用液烷在蒸发器内于常压下汽化，则可获得大约－40℃的低温。在蒸发器中液态丙烷被待冷却的工艺流体（如天然气）加热汽化，而工艺流体则被冷冻降温。然后，将汽化的丙烷压缩到一定压力，经冷却使其冷凝，冷凝后的丙烷再膨胀到常压下汽化，由此构成由压缩、冷凝、膨胀、蒸发组成的单级膨胀的压缩制冷循环。如果循环中的各个过程都是无损失的理想过程，则此单级制冷循环与理想热机的卡诺循环相反，称为逆卡诺循环或理想制冷循环。

由于各种损失的存在，带节流膨胀的实际单级压缩制冷循环的制冷系数总是低于逆卡诺循环的制冷系数。理想制冷循环所消耗的功与实际制冷循环所消耗的功之比，称为实际制冷循环的热力学效率。

由上可知，工业上采用的压缩制冷系统是用机械对冷剂蒸气进行压缩的一种实际制冷循环系统，由制冷压缩机、冷凝器、节流阀（或称膨胀阀）、蒸发器（或称冷冻器）等设备组成。压缩制冷系统按冷剂不同可分为丙烷制冷系统、氟里昂制冷系统、氨制冷系统和其他冷剂（如混合冷剂）制冷系统；按压缩级数又有单级和多级（通常为双级）之分。此外，还有分别使用不同冷剂的两个以上单级或多级压缩制冷系统覆叠而成的阶式制冷系统（覆叠制冷系统）。

在压缩制冷系统中，压缩机将蒸发器来的低压冷剂饱和蒸气压缩为高压、高温的过热蒸气后进入冷凝器，用水或空气作为冷却介质使其冷凝为高压饱和液体，再经节流阀节流变为低压液体（同时也有部分液体蒸发），使其蒸发温度相应下降，然后进入蒸发器中蒸发吸热，从而使工艺流体冷冻降温。吸热后的低压冷剂饱和蒸气重返压缩机入口，进行下一个循环。因此，压缩制冷系统包括压缩、冷凝、节流及蒸发四个过程，冷剂在系统中经过这四个过程，完成一个制冷循环，并将热量从低温传到高温，从而达到制冷的目的。

（2）冷剂的选择　如果工艺流体所需冷冻温度高于$-25\sim-35℃$时，一般选用丙烷、氨或氟利昂作为冷剂。如果采用深冷分离时，则应选用乙烷、乙烯、甲烷或混合烃类作为冷剂。通常任何一种冷剂的实际使用温度下限是其常压沸点（即正常沸点）。为了降低压缩机的能耗，蒸发器中的冷剂最好在高于当地的大气压力下蒸发。一般来讲，当压缩机的入口压力大约小于$0.2MPa$（绝）时其功率就会明显增加。

氟利昂是以往广为采用的一种冷剂，它使用起来很安全，但相同制冷量时所需要的功率比丙烷和氨多。此外，由于它的蒸气压比氨和丙烷低，因而压缩机的压缩比相应也低。当使用氟利昂时，要绝对保证制冷系统中不含水分。氟利昂渗透性较强，补充氟利昂时操作费用很高。值得强调的是，由于氟利昂蒸气会破坏大气上空的臭氧层，因此今后它们的应用将会日趋减少并最后禁止应用。

（3）冷剂的纯度　用作冷剂的丙烷中往往含有少量的乙烷与异丁烷。由于这些杂质尤其是乙烷对压缩机的功率有一定的影响，故应对丙烷中的乙烷含量加以限制。Blackburn 等人曾对含有不同数量乙烷、异丁烷的丙烷制冷系统中压缩机功率进行了计算，其结果见表 3-4。

表 3-4　压缩机功率

丙烷冷剂组成 $x/\%$			压缩机功率/kW
乙烷	丙烷	异丁烷	
2.0	97.5	0.5	194
4.0	95.5	0.5	199
2.0	96.5	1.5	196

（4）蒸发温度对压缩制冷费用的影响　由于透平膨胀机具有流量大、体积小、冷损少、结构简单、通流部分无机械摩擦件、不污染制冷介质（即压缩气体）、不需润滑、调节性能好、安全可靠等优点，故自 20 世纪 60 年代以来已在天然气液回收及天然气液化等加工装置中广泛用作制冷机械。

2. 透平膨胀机制冷

透平膨胀机是一种输出功率使压缩气体膨胀而压力降低和能量减少的原动机。通常，人们又把其中输出功率且压缩气体为水蒸气或燃气的这一类透平膨胀机另外称为蒸汽轮机或燃气轮机（例如催化裂化装置中的烟气轮机即属此类），而只把输出功率且压缩气体为空气、天然气等，利用气体能量减少获得低温实现制冷目的的这一类称为透平膨胀机（涡轮膨胀机）。

向心反作用式透平膨胀机的工作过程基本上是离心压缩机的反过程。从能量转换的观点来看，透平膨胀机是作为一种原动机来驱动它的制动器高速旋转，由于膨胀机工作轮中的气体对工作轮做功，使工作轮出口气体的压力和焓值降低（即产生焓降），从而把气体的能量转换为机械功输出并传递给制动器接收，以转换为其他形式能量的一种高速旋转机械。

3. 节流阀膨胀制冷

当气体有可供利用的压力能，而且不需很低的冷冻温度时，采用节流阀（也称焦耳-汤姆逊阀）膨胀制冷是一种比较简单的制冷方法。当进入节流阀的气流温度很低时节流效应尤为显著。

（1）节流　节流过程的主要特征在管道中连续流动的压缩流体通过孔口或阀门时，由于局部阻力使流体压力显著下降，这种现象称之为节流。工程上的实际节流过程，由于流体经过孔口、阀门时流速快、时间短，来不及与外界进行热交换，可近似看作是绝热节流。如果在节流过程中，流体与外界既无热交换及轴功交换（即不对外做功），又无宏观位能与动能变化，则节流前后流体比焓不变，此时即为等焓节流。天然气流经节流阀的膨胀过程可近似看作是等焓节流。

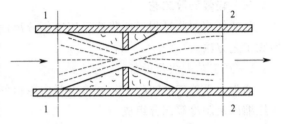

图 3-10　节流过程的示意图

图 3-10 为节流过程的示意图。流体在接近孔口时，截面积很快缩小，流速迅速增加。流体经过孔口后，由于截面积很快扩大，流速又迅速降低。如果流体由截面 1-1 流到截面 2-2 的节流过程中，与外界没有热交换及轴功交换，由绝热稳定流动能量平衡方程：

$$h_1 + \frac{v_1^2}{2g} + z_1 = h_2 + \frac{v_2^2}{2g} + z_2 \tag{3-3}$$

式中　h_1，h_2——流体在截面 1-1 和截面 2-2 的比焓，kJ/kg（换算为 m）；

　　　v_1，v_2——流体在截面 1-1 和截面 2-2 的平均速度，m/s；

　　　z_1，z_2——流体在截面 1-1 和截面 2-2 的水平高度，m；

　　　　g——重力加速度，m/s²。

在通常情况下，动能与位能变化不大，且其值与比焓相比又极小，故式（3-3）中的动能、位能变化可忽略不计，因而可得：

$$h_1 - h_2 = 0 \tag{3-4}$$

式（3-4）说明绝热节流前后流体比焓相等，这是节流过程的主要特征。由于节流过程中摩擦与涡流产生的热量不可能完全转变为其他形式的能量，因此，节流过程是不可逆过程，过程进行时流体比熵随之增加。

（2）节流效应　由于理想气体的焓值只是温度的函数，故理想气体节流前后温度不变。对于实际气体，其比焓是温度和压力的函数，故实际气体节流前后的温度一般将发生变化，这一现象称之为节流效应或焦耳-汤姆逊效应（简称焦-汤效应）。

由此可见，等熵膨胀的制冷量比节流膨胀大，其差值等于膨胀机对外做的功。

综上所述，对于气体绝热膨胀过程无论是从温度效应还是从制冷量来讲，等熵膨胀都比节流膨胀要好，而且可以回收膨胀功，因而可提高制冷循环的经济性。

从实用角度看，两者有以下区别。

① 节流过程用节流阀，结构简单，操作方便；等熵膨胀过程用膨胀机，结构复杂。

② 膨胀机中实际上为多变过程，因而所得到的温度效应及制冷量比等熵过程的理论值小。

③ 节流阀可以在气液两相区内工作，即节流阀出口可以允许有很大的带液量，而膨胀机出口允许的带液量有一定限度。

因此，节流膨胀和等熵膨胀两个过程的应用范围应根据具体条件而定。在制冷系统中，液体冷剂的膨胀过程均采用节流膨胀，而气体冷剂的膨胀既可采用等熵膨胀，也可采用节流膨胀。由于气体节流膨胀只需结构简单的节流阀即可，故在一些高压气藏气的低温分离装置中仍然采用。此外，在温度较低尤其是在两相区中，μ_s 与 μ_h 相差甚小，膨胀机的结构及运行尚存在一定问题，故在天然气加工装置中常采用气体节流膨胀作为最低温度等级的制冷方法。

三、轻烃回收工艺

天然气液回收过程目前普遍采用冷凝分离法，故本节只介绍采用冷凝分离法的天然气液回收工艺方法。

（一）工艺方法及设备

通常，天然气液回收工艺方法主要由原料气预处理、压缩、冷凝分离、凝液分馏、干气再压缩以及制冷等部分组成。

1. 原料气预处理

原料气预处理的目的是脱除原料气中携带的油、游离水和泥砂等杂质，以及脱除原料气中的水蒸气和酸性组分等。当采用浅冷分离工艺时，只要原料气中二氧化碳含量不影响商品天然气的质量要求，就可不必脱除原料气中的二氧化碳。但当采用深冷分离工艺时，由于二氧化碳会在低温下形成固体，堵塞管线或设备，故应将其含量脱除到允许范围之内。脱水设施应设置在气体可能产生水合物的部位之前。流程中有原料气压缩机时，可根据具体情况经过比较后，将脱水设施设置在压缩机的级间或末级之后。当需要脱除原料气中的酸性组分时，一般是先脱酸性组分再脱水。

2. 原料气压缩

对于高压原料气（例如高压气藏气），进入装置后即可直接进行预处理和冷凝分离。但当原料气为低压伴生气时，由于压力通常仅为 0.1～0.3MPa，为了提高天然气的冷凝率（即天然气液的数量与原料气总量之比，一般以摩尔分数表示），以及干气要求在较高的压力下外输时，通常都要将原料气增压至适宜的冷凝分离压力后再进行冷凝分离。当采用膨胀机制冷时，为了达到所要求的冷冻温度，膨胀机进、出口压力必须有一定的膨胀比，因而也应保证膨胀机入口气流的压力。原料气增压后的压力，应根据原料气的组成、要求的液烃收率（回收的凝液中某烃类或某产品的数量和原料气中该烃类或该产品组分数量之比，一般以摩尔分数表示），结合适宜的冷凝分离压力和干气外输压力，进行综合比较后确定。

原料气压缩通常都与冷却脱水结合一起进行，即压缩后的原料气冷却至常温后将会析出一部分游离水与液烃，分离出游离水与液烃后的气体再进一步进行脱水与冷冻，从而减少脱水与制冷系统的负荷。

3. 冷凝分离

（1）多级冷凝与分离　经过预处理和增压后的原料气，在某一压力下经过一系列的冷却与冷冻设备，不断降温与部分冷凝，并在气液分离器中进行气、液分离。由平衡冷凝原理可知，凝液中含有较多的重组分，而气体中则含有较多的轻组分。当原料气采用压缩机增压，或者采用透平膨胀机制冷时，这种冷凝分离过程通常是在不同压力与温度等级下分几次进行的。由各级分离器分出的凝液，通常是按其组成、温度、压力和流量等，分别送至凝液分馏系统的不同部位进行分馏，也可直接作为产品出装置。

采用多级分离的原因如下。

① 可以合理利用制冷系统不同温度等级的冷量。当原料气中含有较多的丙烷、丁烷、戊烷及更重烃类时，增压后采用较高温度等级的冷量即可将相当一部分丙烷、丁烷及几乎全部戊烷及更重烃类冷凝，但所需冷量一般较多。如果要使原料气中的一部分乙烷及大部分丙烷冷凝，则需要较低温度等级的冷量。而且，通常是先将前面冷凝下来的凝液分出，故进一步冷冻降温时所需的冷量也往往较少。如前所述，采用冷剂压缩制冷时制冷温度越低，获得单位制冷量所需能耗及运行费用越高。当原料气为低压伴生气时，采用透平膨胀机制冷也是如此。如果采用冷剂与膨胀机联合制冷，冷剂（丙烷、氨等）压缩制冷可以经济地提供较多的冷量，但其温度等级较高，而膨胀机制冷仅在制冷温度等级较低时能耗相对较少，但提供的冷量也较少，正好与上述要求相适应。因此，可以先采用冷剂预冷，在较高的温度等级（例如，低于 $-25 \sim -35℃$）下将较重烃类冷凝与分离出来，再用膨胀机制冷，在较低的温度等级（例如，低于 $-80 \sim -90℃$）下使一部分乙烷及大部分丙烷冷凝与分离。由于已将预冷时析出的凝液分出，使膨胀机入口的气流变贫，不仅减少了膨胀机出口物流的带液量，而且有利于降低膨胀机的制冷温度，使乙烷、丙烷的冷凝率增加。

② 可以使原料气初步分离。多级冷凝分离实质上可近似看成是原料气的多次平衡冷凝过程。因此，原料气经过多级冷凝分离后已获得了初步分离，分出的各级凝液在组成上也有一定差别。前几级冷凝分离分出的凝液中含重组分较多，后几级冷凝分离分出的凝液中含轻组分较多，这样，就可根据凝液的组成、温度、压力、流量等，分别将它们送至凝液分馏系统的不同部位。由分馏塔中分离过程的热力学分析可知，分馏塔塔顶与塔底温差越大，则用于分离的能耗也越大，塔顶与塔底温差的大小决定于被分离组分的相平衡关系和塔顶、塔底的组成。在凝液分馏系统中，脱甲烷塔塔顶与塔底的温差和浓度（甲烷含量）差都较大。塔底物流中含有比乙烷更重的烃类较多时，必然温度就越高。如果塔底温度高到接近或高于环境温度，则该塔的冷量在塔底就无法回收。因此，当装置以回收 C_2^+ 为目的，原料气为低压伴生气并采用压缩机增压时，如果压缩机级间及末级出口气体冷却与分离后的凝液中甲烷含量很少，可将其直接作为脱乙烷塔或其后分馏塔的进料。对于以后各级冷凝分离所获得的凝液，由于含有较多的甲烷，则应将其送至脱甲烷塔进行分离，这样既可以使脱甲烷塔实现多股进料，又可明显降低脱甲烷塔塔底温度，使塔顶与塔底温差变小。而且，还可使脱乙烷塔实现两股进料（另一股进料为脱甲烷塔塔底物流），降低塔的能耗，因此，可以达到较好的节能效果。此外，在多级冷凝分离过程中先分离出的凝液含重组分较多，温度较高；后分离出的凝液含轻组分较多，温度较低。脱甲烷塔和其他分馏塔一样，塔内温度自下而上逐渐降低，塔内各级板上气液相物流中的轻组分浓度则是从塔底到塔顶不断增加。因此，送至脱甲烷塔的各级低温凝液，可按其组成、温度不同，以多股进料的形式分别进入塔内浓度与温度相对应的部位，这等于在塔外先进行了初步分离。这样既可减少塔内气液相物流传热和传质的推动力，降低塔内分离过程的能耗，提高其热力学效率，又可合理利用不同温度等级低温凝液的冷量，减少由塔顶冷凝器所要提供的外回流量，从而减少塔顶需用温度等级更低的冷剂提供的冷量。如果将透平膨胀机出口物流分离出的温度等级最低的凝液（通常是将膨胀机出口低温气液混合物流直接进塔顶）作为塔顶进料，并且选好塔的运行压力，适当采用塔侧重沸器（中间重沸器），就可利用塔顶及塔侧低温进料代替塔顶外回流，利用塔侧重沸器代替塔底重沸器，从而使脱甲烷塔所需能耗大大减少。

③ 工艺流程组织的需要。当原料气为低压伴生气并采用多级压缩机增压时，级间及末级出口的气体必须按照压力高低、是否经过干燥器脱水等分别冷却与分离。如果采用透平膨

胀机制冷，经过预冷后的物流在进入膨胀机前也必须先进行气液分离，将预冷中析出的凝液分出。气体在膨胀机中膨胀降温时，又会析出一部分凝液。有的装置是将膨胀机出口物流进行气液分离后，再将分出的低温凝液送至脱甲烷塔（如装置以回收 C_3^+ 为目的，则为脱乙烷塔）塔顶，但更多的装置则是将膨胀机出口的气液混合物流直接送至脱甲烷塔（或脱乙烷塔）直径较大的塔顶空间进行气液分离。然而，多级冷凝分离的级数越多，设备及配套设施就越多，因而投资就会越高，故应根据原料气组成、装置规模、投资及能耗等进行综合比较后，确定合适的分离级数与塔的进料股数。分离级数一般以 2～5 为宜。当装置中有脱甲烷塔时，该塔的进料股数多为 2～4 股；当装置中只有脱乙烷塔和其后的分馏塔时，脱乙烷塔的进料股数多为 1～3 股。

（2）适宜的冷凝分离压力与温度　当原料气为低压伴生气时，为了提高天然气液的冷凝率及满足干气外输的要求，需将原料气进行增压与冷冻。在确定原料气增压后的压力及冷冻后的温度时，首先要考虑在较低的投资及运行费用下获得所要求的凝液冷凝率及收率。因此，当原料气组成及进装置压力已知时，应在冷凝计算的基础上，根据工艺流程、干气外输压力、凝液或产品收率和要求，以及装置的投资和运行费用等因素确定适宜的冷凝分离压力与温度。

这里所说的适宜冷凝分离压力与温度，对于只采用冷剂制冷的装置，一般是指气体在蒸发器中冷冻后的适宜压力与温度；对于采用膨胀机制冷或冷剂与膨胀机联合制冷的装置，一般是指气体在进入膨胀机之前的最后一级气液分离器的适宜压力与温度。

① 适宜冷凝分离压力的确定。同一组成的原料气在不同冷凝压力和温度下，各组分的冷凝率及物流的总冷凝率是不同的。不同组成的原料气在同一冷凝压力和温度下，各组分的冷凝率及物流的总冷凝率也是不同的。为了确定适宜的冷凝分离压力与温度，应该进行平衡冷凝计算。

通常是先根据经验值规定几个温度等级。通过平衡冷凝计算数据绘制出在不同温度下乙烷（或丙烷）的冷凝率与冷凝压力之间的冷凝曲线。一般提高冷凝压力，被回收组分的冷凝率也在增加，但当压力提高到一定程度后，其冷凝率的增加率却在变慢。而且，随着压力增加，组分间的相对挥发度变小，分离效果变差，因此，压力过高是不合适的。根据冷凝率增加率显著变慢时的压力值，即可初步确定为适宜的冷凝分离压力。如该压力值与凝液分馏系统第一个分馏塔的操作压力基本相同时，可考虑略高于该塔的压力，以便使凝液直接自流进塔。

② 适宜冷凝分离温度的确定。冷凝分离压力初步确定后，就可确定冷凝温度。在初步确定的冷凝压力下，通过平衡冷凝计算绘制出原料气中各组分及总冷凝率与冷凝温度之间的冷凝曲线。图 3-11 是两组不同组成原料气在同一压力下的冷凝曲线。由图可知，随着冷凝温度降低，丙烷（或乙烷）的冷凝率不断增加。但是，当温度降低到某一值后，丙烷（或乙烷）冷凝率的增加率迅速变慢，而乙烷（或甲烷）等更轻组分的冷凝率却在迅速增加。这样不仅要耗费较多的冷量来冷凝乙烷（或甲烷）等更轻组分，而且在凝液分馏系统还必须耗费较多的热量将它们由凝液中脱出，既增加了分馏塔的负荷，又造成了能量上的浪费，因此，通常应选定此时的温度为适宜的冷凝分离温度。如果还要求丙烷（或乙烷）有较高的冷凝率和收率，势必需要更低的冷凝温度或更高的冷凝压力，使投资及运行费用增加较多，在经济上很不合理。

由图 3-11 还可看出，当冷凝压力一定时，适宜的冷凝分离温度和原料气的组成也有很

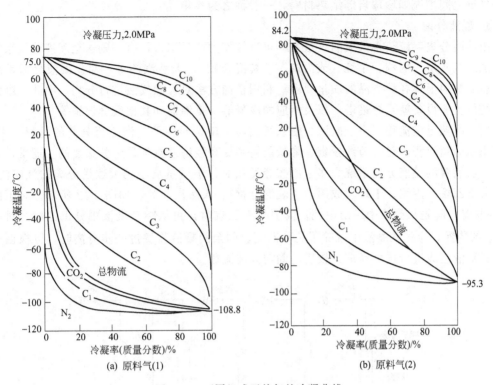

图 3-11　不同组成天然气的冷凝曲线

大关系。当原料气中重组分含量较多 [图 3-11(b)] 时，此温度一般较高，反之则较低，因此，组成不同的原料气其适宜冷凝分离温度也应有所不同。

在进行平衡冷凝计算中，由于原料气在达到最终的冷凝压力和温度之前已经过多次冷凝分离，气体组成也在不断变化，因此，应根据计算过程中原料气组成的变化情况进行复核。当原料气的压力高于适宜的冷凝分离压力，或适宜的冷凝分离压力高于干气外输压力时，可采用膨胀制冷法。如只用膨胀制冷法达不到适宜的冷凝温度时，应采用冷剂预冷。对于高压原料气，还要注意此压力与温度应远离（通常是压力宜低于）临界点值，以免气、液相密度相近，分离困难，导致进膨胀机气流中带液过多，或当压力与温度略有变化，分离效果就会有很大差异，致使实际运行很难控制。

③ 低温换热设备。冷凝分离系统中一般都有很多换热设备，这些换热设备除了采用管壳式、螺旋板式换热器外，在低温下运行时大多采用板翅式换热器。板翅式换热器可作为气/气、气/液、液/液换热器，也可用作冷凝器或蒸发器，可用于逆流、并流和错流的情况，而且在同一设备内可允许 2～9 股物流之间的换热。

蒸发器是冷剂进行蒸发制冷的主要换热设备。板翅式蒸发器的冷端温差一般应在 3～5℃，管壳式蒸发器的冷端温差一般应在 5～7℃。蒸发器中冷、热流的对数平均温差宜小于10～15℃。当对数平均温差偏大时，应考虑采用分级制冷的方法。换热器中冷、热流的对数平均温差也宜小于 15～20℃。在组织冷凝分离系统的低温换热流程时，应使冷流和热流的换热温度比较接近，换热设备的对数平均温差和冷端温差值也应符合上述所要求的数据。由于低温设备温度低，极易散冷，故通常均把板翅式换热器、低温气液分离器及低温调节阀等，根据它们在工艺流程中的不同位置包装在一个或几个矩形箱子里，然后在箱内壁及低温设备外壁之间填充如珍珠岩等绝热材料，一般称之为冷箱。

4. 凝液分馏

由冷凝分离系统获得的天然气液有些可直接作为产品销售，有些则送至凝液分馏系统进一步加工成乙烷、丙烷、丁烷（或丙烷、丁烷混合物）、天然汽油等产品。凝液分馏系统的作用就是按照上述各种产品的质量要求，利用精馏方法对天然气液进行分离，因此，凝液分馏系统的主要设备就是分馏塔，以及相应的冷凝器、重沸器和其他配套设施等。

（1）凝液分馏流程 由于凝液分馏系统实质上就是对天然气液进行分离的过程，因此，合理组织分离流程，对于节约投资、降低能耗和提高经济效益都是十分重要的。通常，天然气液回收装置的凝液分馏系统大多采用按烃类相对分子质量从小到大逐塔分离的顺序流程，依次分出乙烷、丙烷、丁烷（或丙、丁烷混合物）、天然汽油等，如图 3-12 所示。对于回收 C_2^+ 的装置，应先从凝液中脱出甲烷；需要生产乙烷时，再从剩余凝液中分出乙烷。对于回收 C_3^+ 的装置，应先从凝液中脱除甲烷和乙烷。剩余的凝液需要进一步分离时，可根据产品要求、凝液组成进行技术经济比较后，确定分离流程。

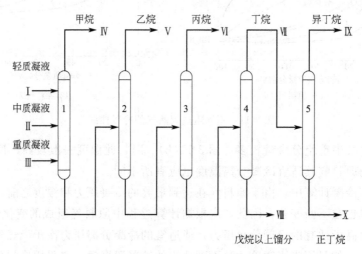

图 3-12 凝液分馏顺序流程图

采用凝液分馏顺序流程的原因如下。

① 可以合理利用低温凝液冷量。凝液分馏系统中的脱甲烷塔全塔通常均在低温下运行，是各分馏塔中温度最低、投资最多和能耗最大的一个塔，此外，脱乙烷塔的塔顶部位一般也在低温下运行。当装置以回收 C_3^+ 为目的时，脱甲烷塔对保证乙烷的收率起着决定性作用，而且它的冷量消耗在凝液分馏系统中占绝大多数比例。当装置以回收 C_3^+ 为目的时，脱乙烷塔对保证丙烷的收率也起着决定性作用。因此，采用如图 3-12 所示的凝液分馏顺序流程，将冷凝分离系统来的各级低温凝液以多股进料形式直接进入脱甲烷（或脱乙烷）塔，既可合理利用低温凝液的冷量，减少脱甲烷（或脱乙烷）塔的冷量消耗，又可降低塔的负荷。

② 可以减少分馏塔的负荷及热量消耗。在如图 3-12 所示的凝液分馏顺序流程中，除脱甲烷塔进料为冷凝分离系统来的各级低温凝液外，脱乙烷塔、脱丙烷塔和脱丁烷塔的进料均为前一个分馏塔塔底来的剩余凝液。由于按照凝液中烃类相对分子质量从小到大逐塔分离，故各塔的负荷及相应的冷凝器和重沸器的热负荷都较小。而且，除脱甲烷塔塔底温度通常为

低温外，其他各塔塔底温度均高于常温，因而重沸器所需的热量也较小。

(2) 塔侧换热器　一般的精馏，只在分馏塔两端（塔顶和塔底）对塔内物流进行冷却和加热，属于常规精馏，而在塔中间对塔内物流进行冷却和加热的，则属于非常规精馏或复杂精馏。

通常，分馏塔的温度自下而上逐渐降低，对于塔顶温度低于常温、塔底温度高于常温，而且塔顶、塔底温差较大的分馏塔。如在精馏段设置塔侧冷凝或冷却器（中间冷凝器或冷却器），就可利用比塔顶冷凝器温度等级较高的冷剂作为冷源，以代替一部分塔顶原来用的温度等级较低冷剂提供的冷量，故可降低能耗。同理，在提馏段设置塔侧重沸器（中间重沸器），就可利用比塔底重沸器温度等级较低的物流作为热源，也可降低能耗。对于脱甲烷塔，由于其塔底温度低于常温，因此塔底重沸器本身就是回收冷量的设备，此时如在提馏段适当位置设置塔侧重沸器，就可回收温度等级比塔底更低的冷量。

由于脱甲烷塔全塔通常在低温下运行，而且塔顶、塔底温差较大，如果设置塔侧冷凝器（或冷却器）和塔侧重沸器，就会显著降低能耗。天然气液回收装置中的脱甲烷塔，一般是将冷凝分离系统获得的各级低温凝液以多股进料形式分别进入精馏段的相应部位（尤其是将透平膨胀机出口物流分离出来的低温凝液或将膨胀机出口低温混合相物料作为塔顶进料），同样也可起到塔侧冷凝器（或冷却器）那样的效果。此外，由于脱甲烷塔提馏段的温度比初步预冷后的原料气温度还低，故可用此原料气作为塔侧重沸器的热源，既回收了脱甲烷塔的冷量，又降低了塔底重沸器的能耗，甚至可以取消塔底重沸器。必须再次强调的是，利用复杂精馏塔来提高塔内分离过程的热力学效率，不是靠降低塔的总热负荷，而是借助所用冷量和热量温度等级不同而实现的。从提高塔的热力学效率来看，带有塔侧换热器的复杂精馏更适合于塔顶、塔底温差较大的分馏塔。由于这时冷量或热量的温度等级差别较大，故设置塔侧冷凝器和塔侧重沸器的效果更好，因此，凝液分馏系统中的脱甲烷塔多采用之（塔侧重沸器一般为1～2台）。

(3) 分馏塔的运行压力　脱甲烷塔是将凝液中甲烷和乙烷进行分离的精馏设备。由塔顶馏出的气体中主要组分是甲烷，此外还有少量乙烷。如果凝液中溶有氮气和二氧化碳，则大多数氮气和相当一部分二氧化碳也将从脱甲烷塔塔顶馏出。选择脱甲烷塔的压力是一个十分关键的问题，它会影响到原料气压缩机、膨胀机和干气再压缩机的投资及操作费用，塔顶乙烷损失、塔顶冷凝器所用冷剂的温度等级和负荷，塔侧及塔底重沸器所能回收冷量的温度等级和负荷，以及凝液分馏系统的操作费用等。

当脱甲烷塔进料组成和乙烷收率一定时，塔顶温度随塔的压力降低而降低。如果要求塔顶的乙烷损失更少，则在相同塔压下所需的塔顶温度更低。因此，从避免采用过低温度等级的冷量考虑，应尽量采用较高的运行压力，而且，运行温度过低，对塔的材质要求也更高。

但是，随着塔压增加，甲烷对乙烷的相对挥发度降低，当塔板数一定时，要保证一定的分离要求，就必须增加回流比，或者保持回流比恒定而增加塔板数。而且，塔压增加后无论是保持回流比恒定还是增加回流比，都会使塔的热力学效率降低，能耗增加。在对上述因素综合考虑之后，脱甲烷塔不宜采用较高的压力，此外，由于塔压较低，低压下塔内物流的冷量也可通过塔侧重沸器和塔底重沸器回收，降低整个装置的能耗。如果是以低压伴生气为原料气，采用压缩机增压且干气外输压力要求不高时，脱甲烷塔就更应采用较低压力。

通常，脱甲烷塔压力为 0.7～3.2MPa。当脱甲烷塔运行压力高于 3.0MPa 时，称之为高压脱甲烷塔；当脱甲烷塔运行压力低于 0.8MPa 时，称之为低压脱甲烷塔；脱甲烷塔运行压力介于高压与低压之间时，称之为中压脱甲烷塔。

对于回收乙烷的装置，脱乙烷塔及其后各塔的运行压力应根据塔顶产品的要求、状态（气相或液相）及塔顶冷凝器或分凝器冷却介质的温度来确定。对于脱丙烷塔、脱丁烷塔（或脱丙烷、丁烷塔），塔顶温度宜比冷却介质温度高 10～20℃，产品的冷凝温度最高不应超过 50℃。

（4）回流比及进料状态对分馏塔能耗的影响　回流比会影响分馏塔塔板数、热负荷及产品纯度等。当产品纯度一定时，降低回流比会使塔板数增加，但由重沸器提供的热负荷及由冷凝器取走的热负荷减少，故会提高塔的热力学效率。

当装置以回收 C_2^+ 为目的时，凝液分馏系统中的脱甲烷塔回流占系统冷量消耗的比例相当大。如分离要求相同，回流比越大，塔板数虽可减少，但所需冷量也越大，因此，对脱甲烷塔一类的低温分馏塔，回流比要严格限制。即使对在常温以上运行的脱丙烷塔、脱丁烷塔（或脱丙烷、丁烷塔），回流比也不宜过大。

塔的进料状态一般以进料中液相所占的分率 q 来表示。在凝液分馏系统中，大部分能量消耗在脱甲烷塔等低温分馏塔上，因此，合理选择这些塔的进料状态对于降低能耗是十分重要的。邹仁鋆对高温精馏和低温精馏时进料状态 q 值对相对操作费用的影响进行了分析。高温精馏时，塔底用低压蒸汽加热，塔顶用冷却水冷凝；低温精馏时，塔底用 0℃ 丙烯蒸气加热以回收冷量，而塔顶用 −100℃ 液态乙烯蒸发制冷。分析表明，对于低温分馏塔（塔顶温度＜塔底温度＜常温）应尽量采用饱和液体甚至过冷液体；对于高温分馏塔（塔底温度＞塔顶温度＞常温，例如脱丙烷塔、脱丁烷塔），在高浓度进料（D/F 值较大，D 和 F 分别为塔顶产品与进料的摩尔流量）时，应适当降低进料的 q 值，即提高进料温度，而在低浓度进料（D/F 值较小）时，应尽量采用较高的 q 值。对于在中等温度范围运行的分馏塔（塔底温度＞常温＞塔顶温度，例如塔顶在低温下运行的脱乙烷塔），以及热源、冷剂的相对价格有较大变动或有余热可以利用的场合，则应根据具体情况综合比较后，才能确定最佳的进料状态。

（5）分馏塔的选型　塔型的选择应考虑处理量、操作范围、塔板效率、投资和压力降等因素，一般可选用填料塔或直径较大（大于 1.5m）的分馏塔，也可选用浮阀塔。填料宜选用规整填料，如金属板波纹填料，这种填料效率高、压降小、通量大，具有良好的传质性能，是一种高效填料，它在较大直径的塔内等板高度仍为 0.2～0.3m，其缺点是价格较高。采用金属板波纹填料时，喷淋密度一般不小于 5m^3/(m^2·h)，气相动能因子宜为 0.7～2kg$^{0.5}$/(m$^{0.5}$·s)。当选用浮阀塔时，由于凝液在塔内不易起泡，塔内降液管中液体停留时间取 3～3.5s 即可。

凝液分馏系统中各塔的典型工艺参数见表 3-5，表中数据并非设计值，只是以往采用的典型数据。实际选用时取决于很多因素，诸如进料组成、能耗及投资等。

表 3-5　典型的分馏塔工艺参数

塔名	操作压力/MPa	实际塔板数/块	回流比[1]	回流比[2]	塔效率/%
脱甲烷塔	1.38～2.76	18～26	顶部进料	顶部进料	45～60
脱乙烷塔	2.59～3.10	25～35	0.9～2.0	0.6～1.0	50～70
脱丙烷塔	1.65～1.86	30～40	1.8～3.5	0.9～1.1	80～90
脱丁烷塔	0.48～0.62	25～35	1.2～1.5	0.8～0.9	85～95
丁烷分离塔	0.55～0.69	60～80	6.0～14.0	3.0～3.5	90～110
凝液稳定塔	0.69～2.76	16～24	顶部进料	顶部进料	40～60

[1] 回流量与塔顶产品量之比，mol/mol。

[2] 回流量与进料量之比，m^3/m^3。

5. 干气再压缩

当采用透平膨胀机制冷时，由膨胀机出口物流分离出来的干气或由脱甲烷塔（或脱乙烷塔）塔顶馏出的干气压力一般可满足管输要求。但是，有时即使经过膨胀机驱动的压缩机增压后，其压力仍不能满足外输要求时，则还要设置再压缩机，将干气增压至所需之值。干气再压缩机的选择原则与原料气压缩机相同。

6. 制冷

制冷系统的作用是向需要冷冻至低温的原料气及分馏塔塔顶冷凝器提供冷量。当装置采用冷剂制冷法时，由单独的制冷系统提供冷量。当采用膨胀制冷法时，所需冷量是由原料气或分离出凝液后的气体直接经过工艺过程中各种膨胀制备来提供。此时，制冷系统与冷凝分离系统在工艺过程中结合为一体。

如果原料中 C_3^+ 烃类含量较多，装置以回收 C_3^+ 烃类为目的，且对丙烷的收率要求不高（例如丙烷收率低于 65%～70%）时，通常大多采用浅冷分离工艺，此时，一般仅用冷剂制冷法（冷剂为丙烷、氨等）即可。如果对丙烷的收率要求较高（例如，丙烷收率高于 75%～80%），或以回收 C_2^+ 烃类为目的时，此时就要采用深冷分离工艺，选用透平膨胀机制冷法、冷剂与膨胀联合制冷法或混合冷剂制冷法。

当以低压伴生气为原料气时，如果原料气先经压缩再进行冷凝分离，并采用冷剂与膨胀机联合制冷，此时由于透平膨胀机制冷的压力能也来自原料气压缩机，故应根据原料气的组成及产品收率，选用适宜的冷凝分离温度与压力，以及合适的冷剂制冷与膨胀机制冷的冷量分配。

膨胀机在两相区内运行时，虽然获得的冷量有限，但其制冷温度等级很低（例如，可低于 -80～-90℃）。冷剂制冷法（冷剂为丙烷、氨等）虽可提供较多的冷量，但其制冷温度等级较高（例如，一般在 -25～-30℃）。因此，也要对冷剂制冷和膨胀机制冷提供冷量的温度等级、数量和能耗，以及膨胀机的运行状况和提供冷量的方式等予以综合考虑，以确定选用何种制冷方法。

（二）工艺方法的选择

1. 选择工艺方法时考虑的主要因素

由于天然气液回收有许多工艺方法，每种方法都有自己的特点，因此，正确选择合适的工艺方法是十分必要的。通常，在选择工艺方法时需要考虑原料气处理量、原料气组成和压力、烃类产品（例如乙烷、丙烷等）的收率、干气外输压力和其他技术经济等因素。

（1）原料气处理量　一般说来，低温油吸收法不适用于处理量大的装置，而采用冷剂制冷和透平膨胀机制冷的冷凝分离法则适用于任何处理量的天然气液回收装置。

（2）原料气组成和压力　原料气组成和压力对选择工艺方法的影响有如下几种。

① 原料气组成。原料气中的杂质如二氧化碳、硫化氢含量以及比乙烷更重烃类的含量，对工艺方法的选择均有很大的影响。

原料气中二氧化碳、硫化氢等杂质含量对于选择脱除这些杂质的预处理方法，以及确定在天然气液回收装置低温部位中防止固体二氧化碳形成的操作条件都是十分重要的。如果原料气中含有大量比乙烷更重的烃类，则在冷凝分离系统中需要更多的冷量，因此，就要选择能耗较低的工艺方法。

a. 由于原料气中二氧化碳的相对挥发度介于甲烷和乙烷之间，故需脱除二氧化碳以符合商品气或商品乙烷的质量要求。如果装置所要求的乙烷收率很高，原料气则必须冷冻至

−90℃左右，这样，当原料气中二氧化碳含量较高时，还应脱除二氧化碳以防其在低温部位形成固体。大多数情况下是在原料气预处理系统中脱除二氧化碳，然而有时也可从商品乙烷中脱除二氧化碳。

b. 由于原料气中的硫化氢将会分布到干气、商品乙烷和商品丙烷中，为了符合这些产品的质量要求也需脱除原料气中的硫化氢。

c. 脱水的目的是为了防止在装置的低温部位由于生成水合物而堵塞设备和管线。脱水方法的选择取决于工艺过程中的最低操作温度、脱水后气体的露点（或水含量）要求以及投资和运行费用等。

d. 天然气液回收装置的低温换热设备常常选用铝合金制的板翅式换热器。如果原料气中含有汞，汞会与铝反应生成汞齐，与一般腐蚀不同，汞齐的生成速度很快（例如在几天之内），并会引起板翅式换热器的泄漏。一般采用活性炭、Hg SIV 吸附剂来脱除原料气中的汞。

e. 当原料气中的氧含量大约超过 10×10^{-6} （φ）时，将会对分子筛干燥剂带来不利影响。这是因为在分子筛床层再生过程中原料气中的微量氧在分子筛的催化作用下可与烃类发生反应，生成水和二氧化碳，从而增加了再生后分子筛中的残留水量，影响分子筛的脱水性能。降低再生温度则是一种有效的预防措施。

② 原料气压力。由于原料气压力直接关系到原料气压缩机功率的大小，因此，原料气压力也是影响天然气液回收装置经济性的一个重要因素。

③ 商品乙烷及丙烷的收率装置所要求的商品乙烷及丙烷收率高低，对工艺方法的选择有很大的影响。几种常见的工艺方法可能达到的烃类产品收率见表 3-6。

表 3-6　烃类产品收率与工艺方法的关系

工艺方法	低温油吸收	丙烷制冷	乙烷/丙烷阶式制冷	混合冷剂制冷	透平膨胀机制冷
丙烷收率[①]/%	90	90	98	98	98
乙烷收率[①]/%	60	50	85	92	92

① 可能达到的最高值。

④ 干气外输压力。干气或销售气的外输压力是影响装置能耗及原料气压力的一个重要因素。此外，原料气与干气之间可利用的压差对工艺方法的选择也有很大的影响，它将决定在装置中是采用原料气预压缩还是干气再压缩。

⑤ 其他技术经济因素。选择工艺方法取决于很多因素，如果有两、三种工艺方法均可选用时，应根据产品价格、公用设施、劳动力费用等进行全面、详细的比较，从中选择最佳的工艺方法。

2. 工艺方法选择

选择工艺方法时需要考虑的因素很多，在不同条件下选择的工艺方法也往往不同。因此，需要根据具体条件进行技术经济论证之后才能得出明确的结论。例如，当以回收 C_2^+ 为目的时，对于低温油吸收法、阶式制冷法及透平膨胀机制冷法这三种制冷方法，国外曾发表过很多对比数据，说法不一，只能作为参考。但是，从装置投资来看，膨胀机制冷法则是最低的，而且，只要其制冷温度处于热力学效率较高的范围内，即使干气需要再压缩到膨胀前的气体压力，其能耗与热力学效率较高的阶式制冷法相比，差别也不是太大。因此，从发展趋势来看，膨胀机制冷法应作为优先考虑的工艺方法。

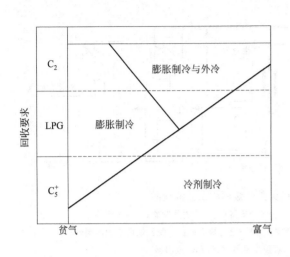

图 3-13 三种制冷法对比（1）

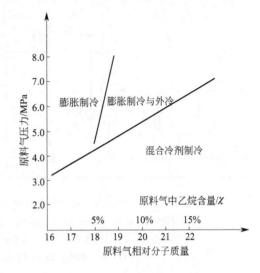

图 3-14 三种制冷法对比（2）

对于以回收 C_3^+ 为目的的小型天然气液回收装置，可先根据原料气（通常是伴生气）组成的贫富参照图 3-13 初步选择相应的工艺方法。当干气外输压力接近原料气压力，不仅回收乙烷而且要求丙烷收率达 90％左右时也可先参照图 3-14 初步选择相应的工艺方法。

需要说明的是，当装置所要求的乙烷收率高于 90％时，投资及操作费用就会明显增加。原因如下。

① 需要增加膨胀机的级数（即增加膨胀比）以获得更低的温度等级，因而就要相应提高原料气的压力。不论是提高原料气集气管网的压力等级，还是在装置中增加原料气压缩机，都会使投资及操作费用增加。

② 原料气压力提高后，使装置中设备、管线等压力等级也提高，投资也随之增加。

③ 由于制冷温度降低，用于低温部位的钢材等用量及投资也相应增加。

因此，要求过高的乙烷收率在经济上并不合算。一般认为，当以回收 C_2^+ 为目的时，乙烷收率在 50％～90％是比较合适的，但是，无论何种情况都应进行综合比较后确定最佳的乙烷或丙烷收率。

3. 以回收 C_3^+ 烃类为目的天然气液回收装置工艺流程

（1）采用冷剂制冷法的浅冷分离工艺流程　当原料气中 C_3^+ 烃类含量较多，天然气液回收装置又是以回收 C_3^+ 烃类为目的，且对丙烷的收率要求不高时，通常多采用浅冷分离工艺。对于只是为了控制天然气的烃露点（生产管输气），而对烃类收率没有特殊要求的"露点控制"装置，一般也都采用浅冷分离工艺。在我国及北美，这一方法多用于加工 C_3^+ 含量较多的伴生气，处理量为 $(2～20)×10^4 m^3/d$ 不等。

图 3-15 为我国采用冷剂制冷法的天然气液回收装置的典型工艺流程图。进装置的原料气为低压伴生气，压力一般为 0.1～0.3MPa，先在原料气分离器中除去游离的油、水和其他杂质，然后去压缩机增压。由于装置规模较小，原料气中 C_3^+ 烃类较多，一般选用两级往复式压缩机，将原料气增压到 1.6～2.4MPa。增压后的原料气用水冷却至常温，然后经过气/气换热器（也称贫富气换热器）预冷后进入冷剂蒸发器（图中冷剂为氨），将原料气冷冻至 -15～-25℃，此时原料气中较重烃类冷凝为液体，气液混合物送至低温分离器内进行分离。分出的干气主要成分是甲烷、乙烷，凝液主要成分是 C_3^+ 烃类，也有一定数量的乙烷。

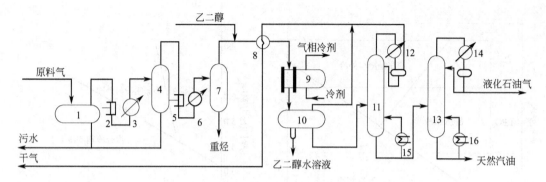

图 3-15　采用冷剂制冷法的天然气液回收工艺流程图

1—原料气分离器；2,5—原料气压缩机；3,6—水冷却器；4—冷剂蒸发器；7—分离器；
8—气/气换热器；9—冷剂蒸发器；10—低温分离器；11—脱乙烷塔；12—脱乙烷塔塔顶冷凝器；
13—脱丁烷塔；14—脱丁烷塔塔顶冷凝器；15,16—重沸器

各级凝液混合一起或分别进入脱乙烷塔中脱除乙烷及更轻组分，塔底油则进入稳定塔（或脱丙、丁烷塔）。稳定塔从塔顶脱除的丙、丁烷即为油气田液化石油气，塔底则为稳定后的天然汽油（我国习惯称为稳定轻烃）。如装置还要求生产丙烷，则另需增加一个脱丙烷塔。为预防水合物的形成，一般采用乙二醇或二甘醇作为水合物抑制剂，在原料气进入低温部位之前注入并在低温分离器底部回收，再生后循环使用。

国内这些采用浅冷分离工艺的装置，大多采用氨压缩制冷或透平膨胀机制冷法，也有一些采用氨吸收制冷法。国外多采用丙烷、氟利昂压缩制冷、节流膨胀制冷或透平膨胀机制冷法，但以冷剂制冷法居多。

（2）采用透平膨胀机制冷法的工艺流程　对于高压气藏气，当其压力高于外输压力，有足够压差可供利用，而且压力及气量比较稳定时，由于组成较贫，往往只采用透平膨胀机制冷法即可满足凝液回收要求。我国四川石油管理局的 4 套天然气回收装置即全部采用这种方法，其中，川西北矿区的一套天然气液回收装置原料气处理量为 $30 \times 10^4 \, m^3/d$，压力为 3.60MPa，温度为 14℃，该装置采用单级径-轴流向心反作用式透平膨胀机制冷，干气外输压力为 1.64MPa，最低制冷温度为 -87℃，丙烷收率约为 66%（χ），丙、丁烷产量为 11t/d，C_5^+ 产量为 4.5t/d。

（3）采用冷剂与膨胀机联合制冷法的工艺流程　对于丙烷收率要求较高、原料气较富或其压力低于适宜冷凝分离压力而设置压缩机的天然气液回收装置，大多采用冷剂与膨胀机联合制冷法，冷剂为丙烷或氨。现以国内胜利油田某装置采用的氨冷与透平膨胀机制冷相结合的工艺流程介绍如下。

① 设计条件。装置原料气处理量为 $50 \times 10^4 \, m^3/d$，原料气为伴生气，其组成见表 3-7。最低制冷温度为 $-85 \sim -90$℃，丙烷收率为 80%～85%，液烃产量为 110～130t/d。

表 3-7　胜利油田某联合制冷法装置的原料气组成（质量分数）

组分	N_2	CO_2	C_1	C_2	C_3	iC_4	nC_4	iC_5	nC_5	C_6	C_7	合计
组成/%	0.02	0.53	87.25	3.78	3.74	0.81	2.31	0.82	0.65	0.06	0.03	100.0

由表 3-7 可知，该原料气中 C_3^+ 含量约为 $250g/m^3$，属于富气，但与我国各油田生产的伴生气相比，还是较贫的原料气。由于原料气中丙烷、丁烷含量为 6.86%，经计算仅采用

透平膨胀机制冷所得冷量尚不能满足要求,故还需采用外加冷源(冷剂为氨)联合制冷。

② 工艺流程。该装置采用的工艺流程如图 3-16 所示。自集输系统来的伴生气经压缩机 1 增压至 4.0MPa 经水冷器 2 冷却后进入分水器 3,除去气体中的游离水、机械杂质及可能携带的原油,然后去分子筛干燥器 4 脱除其中的微量水。干燥后的气体经过滤器 5 后,依次流过板翅式换热器 6、7,氨蒸发器 8,板翅式换热器 11,温度自 40℃冷冻到 −50℃左右,并有大量凝液析出。经一级凝液分离器 12 分离后,凝液自分离器底部进入板翅式换热器 11 复热后去脱乙烷塔 17 的中部;自一级凝液分离器分出的气体去透平膨胀机 14,压力由 3.7MPa 膨胀后降至 1.6MPa,温度降至 −85~−90℃。膨胀后的气液混合物进入分离器 13 进行气液分离,分出的凝液用泵 15 送入脱乙烷塔 17 的顶部,分出的气体则为干气,经板翅式换热器 16、11、7 回收冷量后再由膨胀机驱动的增压机 10 增压(逆升压流程)后进入输气管道。脱乙烷塔 17 顶部馏出的气体经板翅式换热器 16 冷却后进入二级凝液分离器 13 的下部,以便回收一部分丙烷。自脱乙烷塔底部得到的凝液,经液化气塔(脱丁烷塔)20 脱出丙、丁烷作为液化石油气,液化气塔 20 底部所得产品为天然汽油。如有必要,还可将液化石油气经丁烷塔 26 分为丙烷和高含丁烷的液化石油气,或丁烷和高含丙烷的液化石油气。

脱乙烷塔压力为 1.6MPa,塔顶温度为 −45℃,塔底温度为 72℃。液化气塔压力为

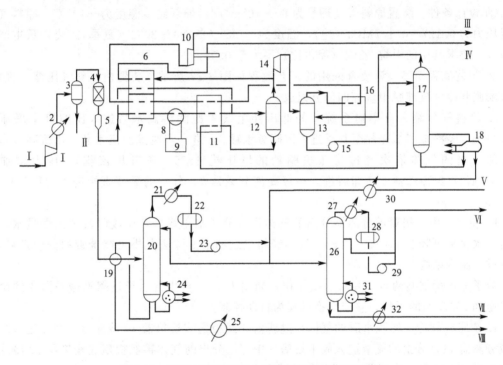

图 3-16 某氨与膨胀机联合制冷法装置的工艺流程图

1—原料气压缩机;2—水冷却器;3—分水器;4—分子筛干燥器;5—过滤器;6,7,11,16—
板翅式换热器;8—氨蒸发器;9—氨循环制冷系统;10—膨胀机驱动的增压机;12—第一凝液分离
器;13—第二凝液分离器;14—透平膨胀机;15—凝液泵;17—脱乙烷塔;18—脱乙烷塔塔底重沸
器;19—换热器;20—脱丁烷(液化气)塔;21—塔顶冷凝器;22—脱丁烷塔塔顶部回流罐;23—
液化气回流泵;24—液化气塔底重沸器;25—天然汽油冷却器;26—丁烷塔;27—丁烷塔塔顶冷凝器;
28—丁烷塔回流罐;29—丁烷塔回流泵;30—液化气冷却器;31—丁烷塔塔底重沸器;32—丁烷冷却器

I—原料气;II—冷凝水;III—干气;IV—低压干气;V—液化气;VI—高含丙
烷液化气;VII—丁烷;VIII—天然汽油级凝液

1.4MPa，塔顶温度为 70℃，塔底温度为 133℃。丁烷塔压力为 1.5MPa，塔顶温度为 49℃，塔底温度为 85℃。所有产品出装置前都被冷却或升温至 25～45℃。

4. 以回收 C_2^+ 产品为目的的天然气液回收装置工艺流程

当天然气液回收装置以回收 C_2^+ 烃类为目的时，均需采用深冷分离工艺。根据制冷系统不同，目前常用的工艺方法主要有阶式制冷法、膨胀机制冷法及冷剂和膨胀机联合制冷法。对于无外加冷源（辅助冷源）的膨胀机制冷法，根据原料气压力、组成和烃类收率不同，又可分为单级膨胀机制冷和两级膨胀制冷。采用膨胀机制冷法时，常将干气再压缩后进入输气管道。当原料气中 C_2^+ 烃类较多（例如高于 190mL/m³ 原料气），且要求 C_2^+ 收率较高时，如采用膨胀机制冷，则必须增设外冷源，才能满足冷量要求。通常多采用丙烷预冷，但个别装置也有采用丙烷-乙烷阶式制冷，将原料气预冷至 -60℃ 以下时再进入膨胀机。当有丙烷预冷时，如采用两级膨胀制冷，则可进一步提高 C_2^+ 的收率。

(1) 采用两级透平膨胀机制冷法装置工艺流程 我国大庆油田在 20 世纪 80 年代中期从 Linde 公司引进的两套 $60 \times 10^4 m^3/d$ 的天然气液回收装置均采用两级透平膨胀机制冷法。原料气为伴生气，制冷温度一般为 -90～-100℃，乙烷收率为 85%，每套装置混合液烃产量为 $5 \times 10^4 t/a$。

① 设计条件。装置原料气处理量为 $60 \times 10^4 m^3/d$，最低制冷温度为 -105℃。原料气进装置压力为 0.127～0.147MPa（绝），温度为 -5℃（冬季）～20℃（夏季）。装置只生产混合液烃，要求其中的甲烷/乙烷（摩尔比）不大于 0.03。

② 工艺流程简述。该装置采用的工艺流程如图 3-17 所示。装置由原料气压缩、脱水、两级膨胀制冷和凝液脱甲烷等四部分组成。

a. 原料气压缩。自集输系统来的低压伴生气 I 脱除游离水后进入压缩机 I 增压至 2.76MPa，经冷却器 2 冷却至常温进入沉降分水罐 3，进一步脱除游离水 II。由沉降分水罐 3 顶部分出的气体依次经过膨胀机驱动的增压机 4、5（正升压流程），压力增加到 5.17MPa，再经冷却器 6 冷却后进入一级凝液分离器 7，分出的凝液直接进入脱甲烷塔 15 的底部。

b. 脱水。由一级凝液分离器分出的气体进入分子筛干燥器 8 中脱除其中的微量水，脱水后，水含量可降至 1×10^{-6}（φ），气体经粉尘过滤器 9 除去其中可能携带的分子筛粉末，然后进入制冷系统。

分子筛干燥器共两台，并联切换操作，周期为 8h。再生气为经过燃气透平回收的余热加热至 300℃ 左右的干气，整个切换过程为自动控制。

c. 膨胀机制冷。经脱水后的气体自过滤器 9 经板翅式换热器 10 冷冻至 -23℃ 进入二级凝液分离器 11，分出的凝液进入脱甲烷塔的中部，分出的气体再经板翅式换热器 12 冷冻至 -56℃ 后去三级凝液分离器 13 进行气液分离。

由三级凝液分离器 13 分出的凝液经板翅式换热器 12 进入脱甲烷塔的顶部，分出的气体经一级透平膨胀机 14 膨胀至 1.73MPa，温度降至 -97～-100℃，然后此气液混合物直接进入脱甲烷塔 15 的顶部偏下部位，自脱甲烷塔顶部分出的干气经板翅式换热器 12、10 复热至 28℃ 后进入二级透平膨胀机 16，压力自 1.70MPa 降至 0.45MPa，温度降至 -34～-53℃，再经板翅式换热器 10 复热至 12～28℃ 后外输。

d. 混合凝液脱甲烷。由于该装置只生产混合液烃，故只设脱甲烷塔，塔顶温度为 -97～-100℃，塔底不设重沸器，塔中部则有塔侧冷却器和重沸器，分别由板翅式换热器 12 和

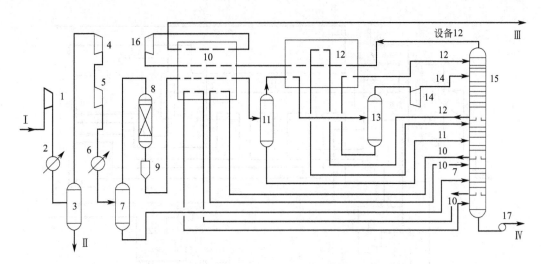

图 3-17 采用两级透平膨胀机制冷法装置工艺流程

1—油田气压缩机；2—冷却器；3—沉降分水罐；4—膨胀机驱动的增压机一；5—膨胀机驱动的增压机二；

6—冷却器；7—凝液分离器一；8—分子筛干燥器；9—粉尘过滤器；10—多股流板翅式换热器一；

11—凝液分离器二；12—多股流板翅式换热器二；13—凝液分离器三；14—透平膨胀机一；

15—脱甲烷塔；16—透平膨胀机二；17—混合轻烃泵

Ⅰ—油田气；Ⅱ—脱出水；Ⅲ—干气；Ⅳ—混合烃

10 提供冷量和热量。脱甲烷后的混合液烃由塔底经泵 17 增压后送出装置。

（2）采用冷剂（丙烷）与透平膨胀机联合制冷法装置工艺流程　我国辽河油田在 20 世纪 80 年代后期从日本挥发油公司（JGC）引进的 $120 \times 10^4 \mathrm{m^3/d}$ 天然气液回收装置，采用丙烷制冷与透平膨胀机制冷相结合的工艺方法，产品有乙烷、丙烷、液化石油气和天然汽油。

① 设计条件。装置原料气处理量为 $120 \times 10^4 \mathrm{m^3/d}$，原料气为伴生气，其组成见表 3-8，最低制冷温度为 $-117℃$，乙烷收率为 85%。原料气进装置压力为 0.5MPa，温度为 35℃。

表 3-8　辽河油田某丙烷与膨胀机联合制冷法装置的原料气组成Ⅲ（质量分数）

组分	N_2	CO_2	C_1	C_2	C_3	iC_4	nC_4	iC_5	nC_5	C_6	C_7^+	合计
组成/%	0.33	0.03	87.53	6.20	2.74	0.62	1.22	0.36	0.30	0.21	0.46	100.0

② 产品质量要求。乙烷（气体）、丙烷、液化石油气和天然汽油的质量要求如下。

a. 乙烷（气体）：纯度为 97%（w），其中甲烷小于 1%（w），丙烷小于 1%（w），二氧化碳小于 3%（w）；水露点低于 $-40℃$。

b. 液化石油气：丙、丁烷纯度为 96%（w），其中 C_5^+ 小于 3%（w），乙烷及更轻组分小于 1%（w），二氧化碳小于 3%（w）；水露点低于 $-40℃$。

c. 天然汽油：丁烷小于 1%（w）。

③ 工艺流程简述。该装置采用的工艺流程见图 3-18 所示。自集输系统来的伴生气Ⅰ，经冷却、分水、过滤后，在 0.5MPa、35℃ 下进入压缩机 1，该压缩机为燃气透平驱动的两级离心式压缩机，第一级出口压力为 1.6MPa，第二级出口压力为 3.4MPa，级间有水冷却器及凝液分离器。二级压缩后的气体经水冷却器 2 冷却后去重烃分离器 3，分出游离水和重烃Ⅱ，气体去分子筛干燥器 4。

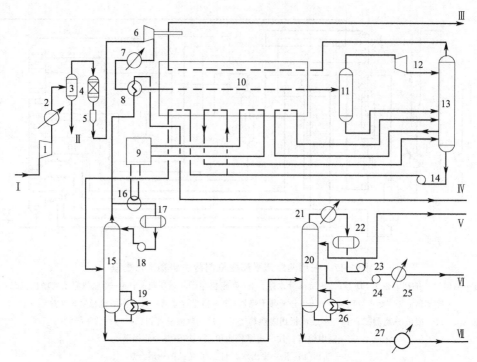

图 3-18　采用冷剂（丙烷）与透平膨胀机联合制冷法装置工艺流程图

1—原料气压缩机；2—水冷却器；3—重烃分离器；4—分子筛干燥器；5—粉尘过滤器；6—膨胀机
驱动的增压机；7—增压机后冷却器；8—乙烷原料气换热器；9—丙烷循环制冷系统；10—六股流板
翅式换热器（冷箱）；11—凝液分离器；12—透平膨胀机；13—脱甲烷塔；14—脱甲烷塔塔底泵；
15—脱乙烷塔；16—脱乙烷塔顶部冷凝器；17—脱乙烷塔塔顶回流罐；18—脱乙烷塔回流泵；
19—脱乙烷塔塔底部重沸器；20—脱丁烷塔；21—脱丁烷塔塔顶部冷凝器；22—脱丁烷塔顶部
回流罐；23—脱丁烷塔回流泵；24—脱乙烷塔中部液化石油气抽出泵；25—泵 24 出口液化
石油气冷却器；26—脱丁烷塔底部重沸器；27—天然汽油冷却器

Ⅰ—原料气；Ⅱ—分出的重烃和水分；Ⅲ—干气；Ⅳ—乙烷；

Ⅴ—丙烷；Ⅵ—液化石油气；Ⅶ—天然汽油

　　气体在压缩前、级间和压缩后冷却分出的液体全部送入一个三相分离器（图中未画出）。顶部分出的气体作为余热锅炉燃料，中部分出的重烃去脱乙烷塔底部，底部分出的游离水去污水处理系统。

　　干燥器 4（内装 4A 分子筛）可将气体中的水脱除至 1×10^{-6}（φ），干燥器有 2 台，切换操作，再生气采用干气Ⅲ，经余热锅炉加热到 290℃ 后去再生，再生后的气体自干燥器顶部流出，经冷却、分水后，由再生气压缩机压缩送入干气Ⅲ中外输。

　　脱水后的气体经过过滤器 5 滤掉分子筛粉尘后，先经膨胀机驱动的增压机（正升压流程）压缩到 4.5MPa，再经水冷却器 7 和换热器 8 进入板翅式换热器（冷箱）10 冷冻至 −63℃，然后去凝液分离器 11 进行气液分离。

　　自凝液分离器 11 底部分出的凝液进入脱甲烷塔 13 的中部，顶部分出的气体进入透平膨胀机，压力降至 0.8MPa，温度降至 −117℃，然后去脱甲烷塔 13 的顶部进行气液分离，分出的凝液作为塔顶进料，塔顶温度为 −112℃。由脱甲烷塔塔顶馏出的气体经板翅式换热器 10 复热后作为该装置的干气产品Ⅲ外输。

　　由脱甲烷塔 13 引出的侧线液体经板翅式换热器 10 升温重沸后返回塔的中部。底部的液体经泵 14 增压后分为两路进入板翅式换热器 10，一路升温重沸后仍返回塔底，另一路升温后送入脱乙烷塔 15 的中部。

脱乙烷塔 15 操作压力为 2.05MPa，塔顶馏出的气体乙烷分为两路，一路经换热器 8 复热到接近常温后作为乙烷气体产品 Ⅳ 外输；另一路经丙烷制冷系统 9 在冷凝器 16 中冷凝为液体进入回流罐 17，再用泵 18 送入塔 15 顶部作为塔顶回流。塔 15 底部设有重沸器 19，塔底馏出物靠本身压力进入脱丁烷塔 20 的中部。

脱丁烷塔 20 操作压力为 1.5MPa，塔顶馏出的气体丙烷经冷凝器 21 冷凝后进入回流罐 22，用泵 23 增压后分为两路，一路作为塔 20 的塔顶回流，另一路即为丙烷产品 Ⅴ。丙烷产品既可作为本装置的冷剂，又可将其混入液化石油气 Ⅵ 中，或直接出装置。

由塔 20 侧线引出的液体是丙、丁烷混合物，用泵 24 增压后经冷却器 25 冷至常温后即为液化石油气产品 Ⅵ。

脱丁烷塔 20 底部馏出物分为两路，一路经重沸器 26 加热后返回塔底；另一路经冷却器 27 冷却后即为天然汽油产品 Ⅶ。

该装置的冷剂制冷系统 9 利用自产丙烷产品 Ⅴ 作为冷剂，设有两个制冷温度等级，一个温度等级是 $-33℃$，用于原料气在板翅式换热器 10 中的冷冻；另一个温度等级为 $-17℃$，用于脱乙烷塔顶部乙烷气体在冷凝器 16 中的冷凝。

5. 国外天然气液回收工艺的发展概况

自 20 世纪 80 年代以来，国外以节能降耗、提高液烃收率及减少投资为目的，对天然气液回收装置的工艺方法进行了一系列改进，出现了许多新的工艺方法。

（1）膨胀机制冷法工艺的发展

① 气体过冷法（GSP）和液体过冷法（LSP）。1987 年 Ortloff 公司等提出的 GSP 和 LSP 是对单级膨胀机制冷工艺（ISS）和多级膨胀机制冷工艺（MTP）的改进。GSP 是针对较贫气体（C_2^+ 烃类按液态计小于 $400mL/m^3$）；LSP 是针对较富气体（C_2^+ 烃类按液态计大于 $400mL/m^3$）而改进的工艺方法。表 3-9 列出了处理量为 $283×10^4 m^3/d$ 的装置采用 GSP、ISS 和 MTP 等工艺方法的主要指标对比。

表 3-9 ISS、MTP 及 GSP 法主要指标对比

工艺方法	ISS	MTP	GSP
C_2 回收率/%	80.0	85.4	85.8
CO_2 冻结情况	冻结	冻结	不冻结
再压缩功率/kW	6478	4639	3961
制冷压缩功率/kW	225	991	1244
总缩功率/kW	6703	5630	5205

② 直接换热法（DHX）。此法由加拿大埃索资源公司首先提出，并在 Judy Creek 厂的天然气液回收装置实践后结果良好，其工艺流程如图 3-19 所示。

图 3-19 中的 DHX 塔相当于一个吸收塔。该法的实质是将脱乙烷塔回流罐的液烃经过换冷、节流降温后，进入 DHX 塔塔顶，用以吸收低温分离器进塔气体中的 C_3^+ 组分，从而提高 C_3^+ 的收率。装置改造后的实践表明，在不回收乙烷的情况下，将常规的膨胀机制冷法（ISS）装置改造成采用 DHX 工艺后，在相同条件下 C_3^+ 收率可由 72% 提高到 95%，而改造的投资却较少。

（2）冷剂制冷法工艺的发展 与传统的单组分冷剂或阶式制冷法相比，混合冷剂制冷

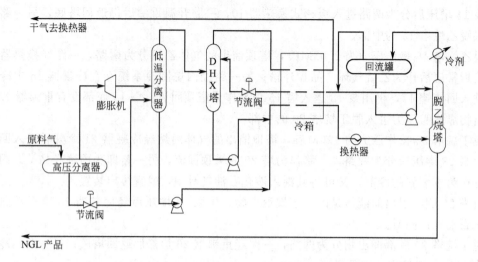

图 3-19　直接换热法（DHX）工艺流程图

（MRC）法采用的冷剂可根据冷冻温度的高低，配制冷剂的组分与组成，一般是以乙烷、丙烷为主。当压力一定时，混合冷剂在一个温度范围内随着温度逐渐升高而逐步汽化，因而在换热器中与待冷冻的天然气的传热温差很小，故其效率很高。当原料气与外输干气压差甚小，或在原料气较富的情况下，采用混合冷剂制冷法的工艺更为有利。

图 3-20 为 Costain. Petrocar-bon 公司采用的 PetroFlux 法工艺流程图。与常规透平的膨胀机制冷法（ISS）（图 3-21）相比，该法具有下述特点。

① 在膨胀机制冷法中，高压天然气经膨胀机制冷后压力降低。如商品气要求较高压力，则需将膨胀后的低压干气再压缩，故其能耗是相当可观的。PetroFlux 法压降较小，原料气经加工后可获得较高压力的商品气，并可利用中、低压天然气为原料气，得到较高的天然气液收率。

② 回流换热器的运行压力高于透平膨胀机制冷法中稳定塔的压力，因而提高了制冷温度，降低了能耗。

③ PetroFlux 法中换热器的传热温差普遍比透平膨胀机制冷法中换热器的传热温差要小得多，因而明显提高了换热系统的㶲效率。

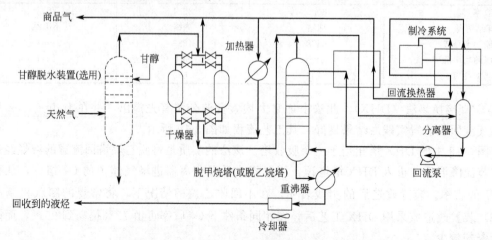

图 3-20　PetroFlux 法工艺流程图

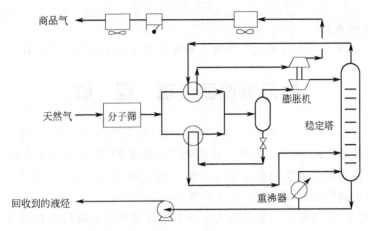

图 3-21　常规透平膨胀机制冷法工艺流程图

（3）油吸收法工艺的发展　马拉（Mehra）法是近年来发展的一种油吸收法的改进工艺，其实质是用物理溶剂（例如 N-甲基吡咯烷酮）代替吸收油，吸收原料气中的 C_2^+ 或 C_3^+ 组分后采用闪蒸或汽提的方法获得所需的乙烷、丙烷等。马拉法借助于所采用的特定溶剂，采用不同的操作参数，可回收 C_2^+、C_3^+、C_4^+ 或 C_5^+ 等。例如，乙烷和丙烷的收率可分别为 2%～90%和 2%～100%，依市场需要而定。这种灵活性是只能获得宽馏分凝液的透平膨胀机法所不能比拟的。马拉法又可分为抽提-闪蒸和抽提-汽提两种流程。

① 抽提-闪蒸。其吸收过程与常温油吸收法一样，但抽提塔（吸收塔）塔底富溶剂经减压后进行多级闪蒸，使目的产物从富溶剂中分离出来。通过选择合适的闪蒸条件，在最初的闪蒸过程中先分出某些非回收的组分，并使其循环返回抽提塔，或直接进入外输干气中。汽提塔的作用是保证天然气液中较轻组分的含量合格。

② 抽提-汽提。此流程是对上述抽提-闪蒸流程的改进，其投资和运行费用都可大大降低。原料气进入抽提-汽提塔（吸收蒸出塔或吸收解吸塔）的抽提段（吸收段）中，采用特定的贫溶剂进行吸收，将其中的 C_2^+ 或 C_3^+ 组分回收下来，塔顶干气基本上是甲烷（或甲烷与乙烷）。自抽提段流至汽提段（蒸出段）的富溶剂中除了含有 C_2^+ 或 C_3^+ 组分外，还含有一定数量的甲烷（或甲烷与乙烷）。汽提段底部设有重沸器，将塔底液体部分汽化作为汽提气，在汽提段中将富溶剂中挥发性最大的甲烷（或甲烷与乙烷）几乎全部汽提出来，同时，也有一部分挥发性较小的乙烷（或丙烷）被汽提出来。乙烷（或丙烷）被汽提出来后，在抽提段与贫溶剂接触过程中又被重新吸收，再同富溶剂返回汽提段，在两段中重复进行吸收与汽提。因此，采用吸收和汽提联合操作的抽提-汽提塔，就可保证不致有过多的乙烷（或丙烷）进入塔顶干气，又能保证不致有过多的甲烷（或甲烷与乙烷）进入塔底液体。从而达到使甲烷与 C_2^+（或使甲烷、乙烷与 C_3^+）分离的目的。

由抽提-汽提塔塔底流出的富溶剂进入产品汽提塔。塔顶馏出物即为所需要的天然气液产品，塔底液体则为再生后的贫溶剂，经冷却或冷冻后循环返回抽提-汽提塔塔顶。由此可见，此法的特点是选择良好的物理溶剂，并且靠调节抽提-汽提塔塔底富溶剂的泡点来灵活地选择天然气液产品中较轻组分的含量。马拉法还可与冷剂（丙烷）制冷法结合，采用本法生产的 C_5^+（相对分子质量控制在 70～90）为溶剂，当分别用于回收 C_2^+ 或 C_3^+ 时，C_3^+ 或 C_2^+ 收率均可达 90%。

【思考题】

1. 轻烃回收的意义。

2. 用框图叙述采用冷剂（丙烷）与透平膨胀机联合制冷法的工艺流程。

学习情境四　硫　回　收

天然气中含有 H_2S 时，不仅会污染环境，而且对天然气的生产和利用都有不利影响，故需采取措施脱除其中的 H_2S。此外，从天然气中脱除的 H_2S 又是生产硫黄的重要原料。例如，来自醇胺法等脱硫装置的酸气中含有相当数量的 H_2S，可用来生产优质硫黄，既可使宝贵的硫资源得到综合利用，又可防止环境污染。

直到 20 世纪 70 年代初，主要只是从经济上考虑是否需要进行硫黄回收（制硫）。如果在经济上可行，那就建设硫黄回收装置；如果在经济上不可行，就把脱除的酸气灼烧后放空。但是，随着世界各国对环境保护的要求日益严格，当前把天然气中脱除下来的 H_2S 转化成硫黄，不只是从经济上考虑，更重要的是出于环境保护的需要。例如美国在 1985 年规定，天然气净化厂进料气中硫潜量在 2t/d 以上时就要建硫黄回收装置，并视规模及其他因素决定硫回收率是否达到 99% 以上。

从 H_2S 生产硫黄的方法很多，其中，有些方法是以醇胺法等脱硫装置得到的高浓度 H_2S 的酸气生产硫黄，但不能用来从酸性天然气中脱硫，例如，目前广泛应用的克劳斯（Claus）法即如此。有些方法则是以脱除酸性天然气中的 H_2S 为主要目的，生产的硫黄只不过是所选用工艺流程的副产品，例如，用于天然气脱硫的直接转化法（如改良 A.D.A 法）等即属此类方法。

在天然气中主要以 H_2S 形式存在的硫资源，国外目前几乎全部是以克劳斯法转化为硫黄（即元素硫）而回收的。1991 年全世界从 H_2S 回收硫黄为 2600 万吨，占硫产量 5760 万吨的 45%。其中，从 H_2S 回收的硫黄中有 58% 来自天然气，39% 来自原油。北美是元素硫的最大产地，而美国的硫产量居世界第一，1991 年为 1080 万吨，占世界硫产量的 19%。1993 年我国生产的硫产品折合成元素硫的总产量约为 600 万吨，但其中 533 万吨来自黄铁矿，而从原油及天然气中回收的元素硫量仅分别为 6.3 万吨和 9.4 万吨。

一、硫回收基本原理

以前从含 H_2S 的酸气中回收硫黄时主要是采用氧化催化制硫法，通常称之为克劳斯法。经过近一个世纪的发展，克劳斯法已经经历了由最初的直接氧化、将热反应与催化反应分开、使用合成催化剂以及反应向低于硫露点下延续等四个阶段，并已日趋成熟。

1883 年最初采用的克劳斯法是在铝矾土或铁矿石催化剂床层上，用空气中的氧将 H_2S 直接燃烧（氧化）生成元素硫和水，即：

$$2H_2S + O_2 \longrightarrow 2S + 2H_2O \tag{3-5}$$

上述反应是高度放热反应，故反应过程很难控制，反应热又无法回收利用。而且硫黄收率也很低。为了克服这一缺点，1938 年德国 Farben 工业公司对克劳斯法进行了重大改进。这种改进了的克劳斯法（改良克劳斯法）是将 H_2S 的氧化分为热反应段和催化反应段两个阶段。

热反应段，即在反应炉（也称燃烧炉）中将 1/3 体积的 H_2S 燃烧生成 SO_2，并放出大量热量，酸气中的烃类也全部在此阶段中燃烧。

催化反应段，即将热反应中 H_2S 燃烧生成的 SO_2 与酸气中其余 2/3 体积的 H_2S 在催化剂上反应生成元素硫，放出的热量较少。

由图 3-22 可以看出，由于在反应炉后设置余热回收设备（例如余热锅炉），炉内反应放出的热量约有 80% 可以回收。而且催化转化反应器（转化器）的温度也可通过控制进口过程气的温度加以调节，基本上排除了反应器温度难以控制的问题，因而大大提高了装置的处理量。因此，目前克劳斯装置都是采用改良克劳斯法。

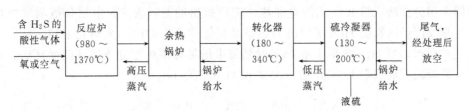

图 3-22　改良克劳斯法示意图（直通法）

1. 反应炉内的高温热反应

以图 3-22 中采用直通法（部分燃烧法）的改良克劳斯法（以下统称克劳斯法）为例，酸气先在反应炉内与空气中的氧进行热反应，其反应温度与酸气的 H_2S 含量有关。

由于酸气除含 H_2S 外还含有 CO_2、N_2 和水蒸气等，来自炼厂气、焦炉气或水煤气的酸气中还可能含有 NH_3 和 HNC 等，故反应炉内实际发生的反应非常复杂，但主要的反应为：

$$2H_2S+3O_2 =\!=\!= 2SO_2+2H_2O \qquad \Delta H=-518.9kJ \qquad (3\text{-}6)$$

$$2H_2S+SO_2 =\!=\!= \frac{3}{x}S_x+2H_2O \qquad \Delta H=-96.1kJ \qquad (3\text{-}7)$$

其总反应为：

$$3H_2S+\frac{3}{2}SO_2 =\!=\!= \frac{3}{x}S_x+3H_2O \qquad \Delta H=-615.0kJ \qquad (3\text{-}8)$$

通常，克劳斯装置进料气中含有饱和水蒸气，H_2S 含量为 30%～80%，烃类含量为 0.5%～1.5%，其余主要为 CO_2。对于这样组成的进料气来讲，克劳斯法反应炉的温度在 980～1370℃。在此温度下生成的元素硫分子形态主要是 S_2，而且生成 S_2 的克劳斯反应是轻度吸热反应，即：

$$2H_2S+SO_2 =\!=\!= \frac{3}{2}S_2+2H_2O \qquad \Delta H=47.45kJ \qquad (3\text{-}9)$$

2. 催化转化反应器内的低温催化反应

催化反应是在转化器内的催化剂床层上按反应式（3-1）进行的。从化学平衡来讲，反应温度越低则转化率越高。然而，当反应温度低于硫露点值后，会有大量液硫沉积在催化剂表面而使之失活，故催化转化反应的温度一般控制在 180～340℃。但是，20 世纪 70 年代后低温克劳斯法则是在低于硫露点温度下进行克劳斯反应，是可以把硫黄回收和尾气处理结合的新工艺，本章将在以后介绍。

由反应式（3-5）可知，克劳斯法的主要优点是催化反应段放出的反应热大大降低，因而有利于反应温度的控制。

二、工艺流程与设备

1. 工艺方法选择

克劳斯装置包括热反应、余热回收、硫冷凝、再热及催化反应等部分。由这些部分可以组成各种不同的克劳斯法硫黄回收工艺，从而处理不同 H_2S 含量的进料气。目前，常用的工艺方法有直通法（部分燃烧法）、分流法、硫循环法及直接氧化法等，其原理流程如图 3-23 所示。不同工艺方法的主要区别在于保持热平衡的方法不同。在这几种工艺方法的基础上，又根据预热、补充燃料气等措施的不同，派生出各种不同的变型工艺方法，其适用范围见表 3-10。

由表 3-10 可知，当进料气中 H_2S 含量大于 55% 时采用直通法，H_2S 含量在 15% ～ 55% 之间采用分流法或带有预热的直通法。应该指出的是，表 3-9 中划分范围并非是严格的，关键是反应炉内燃烧 H_2S 所放出的热量必须维持反应炉内的火焰处于稳定状态，否则将无法正常运行。当 H_2S 含量小于 15% 时则需采用带有预热的分流法、硫循环法、直接氧化法以及其他的方法（如 Lo-Cat 法、改良 A. D. A 法等）。

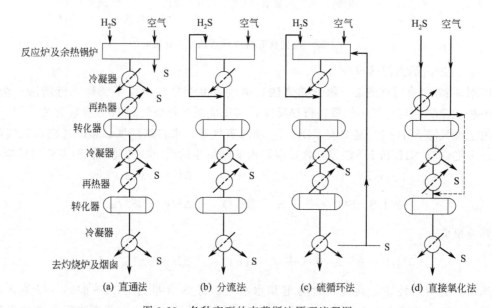

图 3-23　各种变型的克劳斯法原理流程图

表 3-10　各种变型的克劳斯法

进料气中 H_2S 含量/%	推荐的工艺方法
55～100	直通法
30～55	直通法或带有酸气和空气预热的直通法
15～30	分流法或带有进料和空气预热的直通法
10～15	带有酸气和空气预热的分流法
5～10	采用燃料气或带有酸气和空气预热的分流法或直接氧化法、硫循环法
<5	硫循环法或变型的直接氧化法，或其他硫黄回收方法

2. 工艺流程

（1）直通法　直通法也称部分燃烧法，该法的特点是全部进料气都进入反应炉，而按照化学计量配给的空气仅供进料气中全部烃类及供进料气中 1/3 体积的 H_2S 燃烧，即使进料气中的 H_2S 部分燃烧生成 SO_2，从而保证过程气中 H_2S 与 SO_2 的摩尔比为 2。反应炉内虽无催化剂，但 H_2S 仍能有效地转化为硫蒸气，其转化率随反应炉的温度和压力不同而异。实践表明，在反应炉所能达到的高温下，炉内 H_2S 转化率一般可达 60% ～ 75%。其余的 H_2S 将继续在转化器内按反应式(3-7)进行催化反应。通过部分燃烧和两级催化转化，直通法克劳斯装置的总转化率可达 95% 以上。

图 3-24 即为以一部分酸气为燃料，采用在线加热炉进行再热的直通法三级硫黄回收装置工艺流程图。反应炉中的温度可高达 $1100 \sim 1600 ℃$，由于温度高，副反应十分复杂，会生成少量的 COS 和 CS_2 等，故风气比（即空气量与酸气量的比值）和操作条件是影响硫收率的关键。

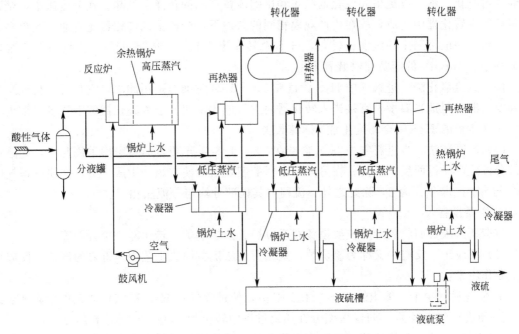

图 3-24 直通法三级硫黄回收工艺流程图

从反应炉出来含有硫蒸气的高温燃烧产物进入余热锅炉回收热量。一部分进料气作为再热器（在线加热炉）的燃料，通过燃烧将一级硫冷凝器出来的过程气再热，使其在进入转化器之前达到所需的反应温度。

再热后的过程气流过一级转化器反应后，接着进入二级硫冷凝器，经冷却后除去液硫。排出液硫后的气体去二级再热器，再热至所需的温度后进入二级转化器，使 H_2S 和 SO_2 进一步转化成元素硫。由二级转化器出来的气流进入三级硫冷凝器并除去液硫。排除液硫后的气体去三级再热器，再热后进入三级转化器，使 H_2S 和 SO_2 最大程度地转化成元素硫。由三级转化器出来的过程气进入四级硫冷凝器冷却，以除去最后生成的硫。脱除液硫后的尾气因仍含有 H_2S、SO_2、COS、CS_2 和硫蒸气等含硫化合物，经灼烧后向大气排放，或去尾气处理装置进一步处理。各级硫冷凝器分出的液硫流入液硫槽，经各种方法成型为固体后即为硫黄产品，也可直接以液硫状态外输。

从硫黄回收的观点来看，直通法的总硫收率是最高的。

（2）分流法 当进料气中 H_2S 含量在 $15\% \sim 30\%$ 时，采用直通法难以使反应炉内燃烧稳定，此时就应使用分流法。

在分流法中，由于进料气中 H_2S 含量较低，燃烧反应热不足以使整个进料气温度升高到令人满意的程度，故先只使 1/3 进料气进入反应炉，与按照化学计量配给的空气混合，使进料气中的 H_2S 和烃类燃烧，H_2S 按反应式（3-2）全部反应生成 SO_2。反应炉的温度通常只达 1000 ℃ 左右。燃烧后的气体中要求没有过剩氧存在，因为氧的存在对制硫不利。因此，与直通法一样，反应炉的风气比和操作条件是影响硫收率的关键。

从反应炉出来的含有 SO_2 的高温气体，经余热锅炉回收热量后，与其余的 2/3 进料气混合，使其达到一级转化器所要求的入口温度后进入一级转化器，以后的流程与直通法相同。

在分流法中，有 2/3 的进料气不经过反应炉直接进入转化器，故要求进料气中不得含有重烃和有机化合物，以免引起催化剂结焦和影响硫黄产品的色泽和气味。在分流法中，全部元素硫都在转化器中生成，故在生产规模相同的条件下，分流法的转化器比直通法大得多。

分流法一般都采用两级催化转化，H_2S 总转化率大致为 89%～92%，比较适合于规模不大（小于 10t/d）的硫黄回收装置采用。

（3）直接氧化法　进料气中 H_2S 含量在 5%～10% 时推荐采用此法，它是将进料气预热后和空气混合至适当温度，直接进入转化器内进行催化反应。进入转化器的空气量仍按进料气中 1/3 体积的 H_2S 完全燃烧生成 SO_2 来配给。

（4）硫循环法　当进料气中 H_2S 含量在 5%～10% 甚至更低时可考虑采用此法，它是将一部分液硫产品返回反应炉内，在另一个专门的燃烧器中使其燃烧生成 SO_2，并使过程气中 H_2S 与 SO_2 的摩尔比为 2，除此之外，流程中其他部分均与分流法相似。

3. 主要设备

克劳斯法硫黄回收装置的主要设备有反应炉、余热锅炉、转化器、冷凝器等。

（1）反应炉　反应炉又称为燃烧炉，是克劳斯法硫黄回收工艺中最重要的设备。反应炉的主要作用是：

① 使进料气中 1/3 体积的 H_2S 转化为 SO_2，使过程气中 H_2S 和 SO_2 的摩尔比保持为 2；
② 使进料气中烃类、NH_3 等组分在燃烧过程中转化为 CO_2、N_2 等惰性组分。

（2）余热锅炉　余热锅炉以往称为废热锅炉，其作用是通过产生高压蒸汽从反应炉出口的高温气流中回收热量，并使过程气的温度降至下游设备所要求的温度。余热锅炉高温气流入口侧管束的管口内应加陶瓷保护套管，入口侧管板上应加耐火保护层。通常小型克劳斯装置的反应炉和余热锅炉组合为一个整体。对于大型克劳斯装置（大于 30t/d），采用与余热锅炉分开的外反应炉更为经济。

余热锅炉有釜式和自然循环式两种型式，采用卧式安装以保证将全部管路浸没在水中。

（3）转化器　转化器的作用是使过程气中的 H_2S 和 SO_2 在其催化剂床层上继续反应生成元素硫，同时也使过程气中的 COS、CS_2 等有机硫化物在催化剂床层上水解为 H_2S 和 CO_2。

目前，克劳斯装置常用的转化器类似一个卧式圆柱体，气体顶进底出。考虑到压力降，转化器内催化剂床层厚度一般为 0.9～1.5m。规模较大的装置，每个转化器为一个单独的容器，但规模较小（100t/d 以下）的装置，大多是采用纵向或径向隔板把一个容器分为数个转化器；规模大于 800t 的装置也有采用立式的。

转化器的空速一般在 1000～2000h^{-1}（对过程气而言）。通常各级转化器都采用相同的空速。由于一级转化器进口过程气中反应物的浓度比下游转化器要高 5～25 倍，故即使对过程气而言空速相同，但对反应物而言其在下游转化器中的实际空速要比一级转化器低很多。

（4）硫冷凝器　硫冷凝器的作用是把克劳斯反应生成的硫蒸气冷凝为液硫而除去，同时回收过程气的热量。目前，几乎全部采用卧式管壳式冷凝器，安装时应放在系统最低处，而且大多数倾斜度为 1%～2%。回收的热量用来发生低压蒸汽或预热锅炉给水。几个冷凝器可以分别设置，也可以把产生蒸汽压力相同的冷凝器组合在一个壳体内。

气-液分离器安装在硫冷凝器的下游，以便从过程气中分出液硫，并从排出管放出。分离器可以与硫冷凝器组合成一个整体，也可以是一个单独的容器，并可设置金属丝网捕雾器或碰撞板，以减少出口气流中夹带的液硫量，通常按空塔气速为 $6.1 \sim 9.1 m/s$ 来确定分离器尺寸。

(5) 捕集器 捕集器的作用是从末级冷凝器出口气流中进一步回收液硫和硫雾。某些工业装置的实践表明，采用捕集器后可使硫产量提高 2%。近年来大多数工业装置的捕集器采用金属丝网型，当气速为 $1.5 \sim 4.1 m/s$ 时，平均捕集效率可达 97% 以上，尾气中硫雾含量约为 $0.56 g/m^3$。

(6) 尾气灼烧炉 由于 H_2S 毒性远比 SO_2 大，一般不允许直接排放，故采用尾气灼烧炉将尾气中的含硫化合物转化为 SO_2 后再排放。

三、操作条件分析

1. 热反应（燃烧）

在直通法克劳斯装置中，进入反应炉内的酸性气体与按照化学计量配给的空气进行燃烧，空气由鼓风机送入炉内。根据下游是否建有尾气处理装置，燃烧过程的压力控制在 $20 \sim 97 kPa$。

在燃烧过程中由于有副反应发生，生成 H_2、CO、COS 及 CS_2 等产物。其中，H_2S 裂解似乎是生成 H_2 的最可能的原因，而 CO、COS 及 CS_2 的生成量则与进料气中的 CO_2 和烃类数量有关。重烃、NH_3 及氰化物在还原气氛中很难燃烧完全，重烃可能只是部分燃烧并生成焦炭或焦油状含碳物质，这些物质很容易被下游转化器中的催化剂吸附而使催化剂失活，并影响硫的色泽。NH_3 及氰化物可以燃烧生成 NO，而 NO 对 SO_2 氧化生成 SO_3 的反应有催化作用，生成的 SO_3 可造成催化剂的硫酸盐化，还可引起转化器、硫冷凝器等的严重腐蚀。未燃烧的 NH_3 则可生成铵盐，使转化器、硫冷凝器及液硫排除管堵塞。当进料气中含有 NH_3 与氰化物时，有时可采用专门的两级燃烧的燃烧器或一个单独的燃烧器，以确保燃烧完全。

进料气中 H_2S 含量过低时，火焰就难以保持稳定，保持燃烧稳定的最低火焰温度大约是 980℃。当进料气中 H_2S 含量过低时，常采用分流法、硫循环法及直接氧化法等，但是，这些方法的进料气中全部或部分烃类、NH_3 及氰化物等，未经燃烧即进入一级转化器中，将会引起重烃生成焦炭等含碳物质和 NH_3，生成铵盐，从而导致催化剂失活和设备堵塞。防止这些问题发生同时又可改善火焰稳定性的办法是将空气或进料气预热，以及采用富氧燃烧工艺等。水蒸气、热油或热气体加热的换热器及明火加热炉均可用来预热燃烧用的空气或进料气，空气及进料气一般预热到 $230 \sim 260℃$。改善火焰稳定性的方法还有向进料气中掺入燃料气以及采用氧气或富氧空气进行燃烧等。

2. 余热回收

大多数克劳斯装置采用火管式余热锅炉，产生的蒸汽压力一般在 $1.03 \sim 3.45 MPa$。余热锅炉出口温度通常应高于过程气硫露点温度，然而有时也会出现硫冷凝，尤其是在负荷不足，以及准备从过程气中排放这些硫（或者通过管道由下游的设备排放这些硫）时更是如此。也可以采用其他方法来冷却高温过程气，例如，采用甘醇水溶液、氨液、循环冷却水（不汽化）以及油浴等。在当地缺乏优质的锅炉给水，或者生产的蒸汽无法利用时，采用上述一种冷却介质时的优点就更为明显。

有些小型克劳斯装置可以采用闭式蒸汽系统，产生的蒸汽压力为 $0.14 \sim 0.21 MPa$，在高位冷凝器中用空气将其冷凝，凝结水则靠重力返回锅炉作为锅炉给水。

3. 硫冷凝

在一级转化器之前（分流法等除外）和其他各级转化器之后均有硫冷凝器，除了最后一级转化器外，这些冷凝器的设计出口温度一般为165～182℃。这样，冷凝下来的液硫黏度较低，而且冷凝器中过程气一侧的金属表面温度高于亚硫酸和硫酸的露点温度。根据采用的冷却介质不同，末一级硫冷凝器的出口温度可低至127℃，但是，由于可能生成硫雾或硫烟，过程气和冷却介质之间的温差应避免过大，这对于末一级硫冷凝器尤为重要。

4. 再热

过程气进入转化器的温度应按下述要求确定。

① 过程气温度应比预计的出口硫露点温度高14～17℃。

② 过程气温度尽可能地低，以使H_2S的转化率最高，但也要高到足以得到令人满意的反应速率。

③ 对一级转化器而言，还应高到足以使COS和CS_2水解生成H_2S和CO_2，即：

$$COS + H_2O \Longrightarrow CO_2 + H_2S \tag{3-10}$$

$$CS_2 + 2H_2O \Longrightarrow CO_2 + 2H_2S \tag{3-11}$$

图3-25为三种常用的再热方法，即热气体旁通法（高温掺合法）、直接明火加热法（在线燃烧炉法）和间接加热法（过程气换热法）。热气体旁通法是从余热锅炉引出一部分热过程气（温度一般为480～650℃），将其与硫冷凝器出口的气体混合。直接明火加热法是采用在线燃烧炉将燃料气或酸性气体燃烧，然后使燃烧产物掺和到硫冷凝器出口气体中使之升温。间接加热法采用加热炉或换热器来加热硫冷凝器出口的过程气，高压蒸汽、热油及热的过程气都可用作间接加热的加热介质，有时还可采用电加热。

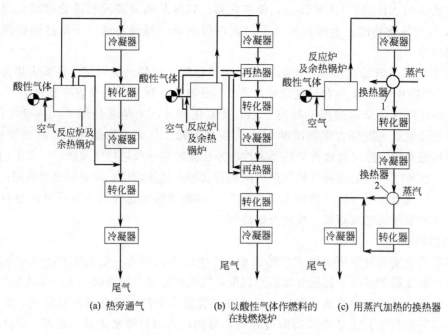

(a) 热旁通气 (b) 以酸性气体作燃料的 (c) 用蒸汽加热的换热器
　　　　　　　在线燃烧炉

图3-25　三种再热方法流程示意图

热气体旁通法操作费用最低，易于控制，压力降也小，但是总硫收率较低，尤其是负荷降低时更加显著。有时，在一、二级转化器之前采用热气体旁通法，而在三级转化器前采用间接加热法。

直接明火加热法可以设计成将过程气加热至所需的任一温度值，其压力降也较小。缺点是如果采用酸性气体燃烧，可能生成 SO_3，使催化剂硫酸盐化而失活；如果采用燃料气燃烧，可能生成烟炱，堵塞床层使催化剂失活。

间接加热法是在各级转化器之前设置一个换热器，此法费用最贵，而且压降最大。此外，转化器进口温度还受加热介质温度的限制，例如，采用 4.14MPa 的高压蒸汽（254℃）作为热源时，转化器的进口温度最高约为 243℃，这样，催化剂通常不能再生，而且 COS 和 CS_2 水解也较困难。但是，间接加热法的总硫收率一般最高，而且，催化剂由于硫酸盐化和炭沉积而失活的可能性也较小。

综上所述，采用不同的再热方法将会影响到总硫收率。各种再热方法按总硫收率依次递增的顺序为热气体旁通法、在线燃烧炉法、气/气换热器法、用燃料气燃烧或蒸汽加热的间接加热法。

热气体旁通法通常只适用于一级转化器，直接明火加热法适用于各级转化器，间接加热法一般不适用于一级转化器。

5. 转化器

转化器内的克劳斯反应是放热的，因而较低的温度有利于化学平衡，但是，较高的温度可使 COS 和 CS_2 水解更完全，因此，一级转化器的操作温度通常要高到足可使 COS 和 CS_2 水解，而二、三级转化器的操作温度只要高到反应速率令人满意，并且避免液硫沉积即可。采用三级转化器的克劳斯装置的各级转化器入口温度范围是：一级转化器，232～249℃；二级转化器，199～221℃；三级转化器，188～210℃。

由于克劳斯反应和 COS、CS_2 水解反应都是放热的，故过程气在各级转化器反应时将会产生温升。一级转化器的温升一般为 44～100℃，二级转化器温升为 14～33℃，三级转化器温升为 3～8℃。因有散热损失，三级转化器测得的出口温度常略低于入口温度。

四、技术发展

克劳斯法制硫过程经过半个多世纪的发展，至今虽日益完善成熟，但也存在着一些问题，诸如空气中的大量氮气稀释了过程气、转化器之间过程气温度反复变化（冷却和再热）以及必须严格控制风气比等。因此，国内外围绕这些问题进行了大量的研究与开发工作，而且有些已经实现了工业化，下面仅介绍其中几种已工业化的新工艺方法。

1. 氧基硫黄回收工艺

当从 H_2S 含量低的进料气中回收硫黄时，可以采用氧气或富氧空气来维持反应炉的温度，即所谓的氧基硫黄回收工艺。此外，对已建成的克劳斯装置，也可采用氧气或富氧空气来代替空气，由于相应减少了惰性气体 N_2，因而处理量可大幅度增加。

从理论上讲，不同浓度的富氧空气和纯氧均可用于氧基硫黄回收工艺，但因受反应炉耐火材料的限制，炉温一般不应超过 1550℃，而且火嘴能适应的温度和余热锅炉负荷也有一定限制，故如不采取措施，富氧空气中氧含量只能提高至 28%～30%。

目前，根据富氧空气中氧含量不同，又可把采用富氧空气的硫黄回收工艺分为低（氧含量小于 28%）、中（氧含量 28%～45%）、高（氧含量高于 45%）富氧技术三种。当进料气中不含 NH_3，采用低富氧技术时，硫黄回收装置的生产能力可提高 20%～25%；采用中富氧技术（进料气中含 H_2S 较多）时，生产能力约可提高 75%；采用高富氧技术（进料气中含 H_2S 较多）时，生产能力约可提高 150%。

2. 其他富氧克劳斯工艺

除 COPE 法外，近年来国外还开发了其他一些富氧克劳斯工艺，如 Parson 公司的 SuRe 法及 Lurgi 公司的 Oxycraus 法，均与 COPE 法类似，COPE 法工业装置改造前后的操作数据见表 3-11。Parson 公司另开发的 PSClaus 法系采用变压吸附获得富氧空气，其投资较相应的克劳斯装置少，但电耗则较大。此外为控制富氧条件下的反应炉温度，Brown 公司还开发了 NOTICE 法，其意为无约束的克劳斯扩建工艺，此法的关键是将部分液硫用纯氧浸没燃烧发生 SO_2 送入反应炉以降低炉温。

表 3-11 COPE 法工业装置改造前后的操作数据

项 目		Lake Charles 炼厂			Champlin 炼厂	
		COPE 法(1)	COPE 法(2)	常规法	COPE 法	常规法
进料气组成 φ/%	H_2S	89	89	89	73	68
	NH_3	0	0	0	6	7
	CO_2	5	5	5	7	9
氧浓度 φ/%		65	54	21	29	21
硫黄回收量/(t/d)		199	196	108	81	66
余热锅炉出口温度/℃		407	405	360	—	—
反应炉温度/℃		1410	1379	1301	1399	1243
反应炉压力/kPa		60	66	66	52	54

3. 超级克劳斯法

超级克劳斯法是一种将常规克劳斯法与直接氧化法相结合的工艺。自荷兰 Comprimo 公司于 1988 年在德国一个 100t/d 的硫黄回收装置上实现工业化以来，至 1998 年已有 70 套以上工业装置在运行或施工。从 20 世纪 90 年代起，超级克劳斯法装置又开始采用以 SiO_2 为主剂的新一代催化剂，降低了反应器操作温度，不仅有利于提高硫回收率，也降低了过程气再热的热负荷。

超级克劳斯法的原理流程如图 3-26 所示，图中左侧部分为常规两级转化克劳斯法，与右上侧部分结合一起就成为超级克劳斯法-99，其特点之一是在三级转化器中放置了催化氧化催化剂。超级克劳斯法-99 的另一个特点是采用化学计量空气量的约 95%，以维持过程气中 H_2S 过剩，二级转化器出口过程气中 H_2S 浓度为 0.8%～3.0%，而 SO_2 浓度很低。这部分剩余的 H_2S 在三级转化器中，通过补充的空气将其直接氧化为元素硫，只有极少量的 H_2S 被氧化为 SO_2。由于装置的硫回收率可达 99% 左右，故称之为超级克劳斯法-99（Spuperclaus-99）。

4. MCRC 法

MCRC 法又称为亚露点克劳斯法，是加拿大矿场和化学资源公司提出的一种把常规克劳斯装置和尾气处理装置结合一起的新方法。此法的特点是使最后一个或两个转化器在低于硫露点温度下进行克劳斯反应（低温克劳斯反应），因而硫回收率有明显提高。自 1980 年第一套工业装置投产后，已有十多套 MCRC 装置投入使用，规模为 13～550t/d，进料气中 H_2S 含量为 31%～91%。

MCRC 装置的转化器有 3 个或 4 个，3 个转化器的设计硫回收率为 98.5%～99.2%，4 个转化器的则为 99.3%～99.4%。我国四川石油管理局川西北矿区天然气净化厂在 1989 年从加拿大 Delta 公司引进了一套 MCRC 装置（转化器为 3 个），处理量为 $6 \times 10^4 m^3/d$，进料气中 H_2S 含量（φ）为 53.6%，硫产量为 46t/d，硫回收率为 99%。在对 MCRC 法进行消

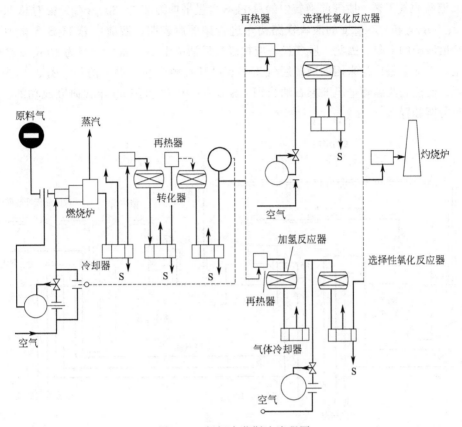

图 3-26　超级克劳斯法流程图

化、吸收的基础上，1995 年四川石油管理局又自行将该厂原有一套常规两级转化克劳斯装置改造为 MCRC 装置。改造后此装置也有 3 个转化器，处理量为 $7.4 \times 104 m^3/d$，进料气中 H_2S 含量为 53.6%，硫产量为 $52.6t/d$，硫回收率也为 99%。

五、硫黄的储运

克劳斯装置生产的硫黄可以以液硫（约 138℃）或固硫（常温）的形式储存与装运，通常可设置一个由不锈钢或耐酸水泥制成的溢流罐或槽储存液硫。如果以液硫形式装运，可由溢流罐将液硫直接泵送到槽车，或送至中间储罐。如果以固硫形式装运，则将液硫冷却与固化，或者送至成型机、造粒塔等成为片状硫或粒状硫。

1. 液硫脱气

克劳斯装置生产的液硫在装运时对环境和安全卫生的要求很严格。由于生产的液硫中一般均含有少量的 H_2S，故必须将其从液硫中脱除，即所谓液硫脱气。

（1）H_2S 在液硫中的溶解度　当 H_2S 溶解于液硫中时会生成多硫化氢（H_2S_x，x 通常为 2）。H_2S 在液硫中的溶解度虽随温度升高而降低，但由于多硫化氢的生成量随温度升高迅速增加，故按 H_2S 计的总溶解度也随温度升高而增加。克劳斯装置生产的液硫温度一般为 138～154℃，但在储运或输送时液硫的温度可降至 127℃。在这种情况下，H_2S 就会从液硫中逸出并聚集液硫上部的空间中。

克劳斯装置生产的液硫是从各级硫冷凝器中分离出来的，由于各级硫冷凝器的温度和 H_2S 分压都不同，因而得到的液硫中 H_2S 的含量也不同。

（2）液硫脱气工艺　脱气前液硫中的总 H_2S 含量平均为 $250\sim300\mu g/g$。曾对总 H_2S 含量为 $7\mu g/g$、$5\mu g/g$ 和 $100\mu g/g$ 的液硫铁路槽车进行试验后表明，液硫中总 H_2S 含量为 $15\mu g/g$ 是安全装运液硫的上限。因此，脱气设备应按脱气后液硫中 H_2S 最大含量为 $10\mu g/g$ 来设计。

目前，工业上最广泛采用的液硫脱气工艺有循环喷洒法和汽提法两种。图 3-27 为循环喷洒法流程，此法是法国阿奎坦国家石油公司（SNPA）于 20 世纪 60 年代研究成功的，广泛用于大型克劳斯装置上。

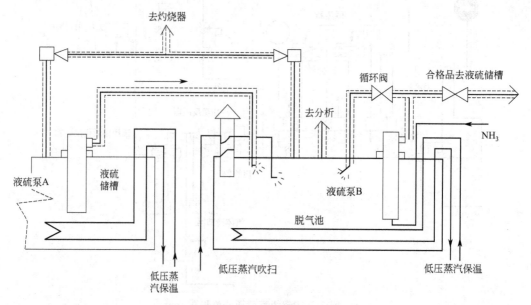

图 3-27　循环喷洒法液硫脱气原理流程图

2. 液硫输送

采用专用槽车或船只运输液硫，目前仍是运输硫黄的一种方式。运输液硫时，务必防止液硫凝固，注意它的黏度特性。因此，所有运输液硫的管道和设备都应保持在 $130\sim140\text{℃}$ 范围内，并避免温度过高导致液硫黏度剧增。

3. 硫黄成型

液硫也可经冷却成型为块状、片状或颗粒状固体后再包装或散装运输。当前国际贸易中所有海上船运的硫黄都是固体，尤以颗粒状较多。块状硫的成型设备简单，操作方便，但劳动强度大，机械破碎时还有粉尘污染问题。片状或颗粒状硫则需专门成型设备，尤其是颗粒状硫成型设备更为复杂。但是颗粒状硫强度好，成型操作中无粉尘，包装运输过程不易破碎。固体硫黄产品的质量可根据其脆性、水含量及装运性能来分类。

【思考题】

1. 用框图叙述直通法三级硫黄回收工艺流程。

2. 生活中的硫黄。

学习情境五　尾气处理

一、典型尾气处理方法

目前已工业化的尾气处理方法甚多，现仅将其中有代表性的几种方法简述如下。

1. IFP 法

IFP 法又称 Clauspol 法，是法国石油研究院于 20 世纪 60 年代末研究开发的一种方法。该法在低温、液相和催化剂作用下使克劳斯装置尾气中的 H_2S 和 SO_2 反应生成元素硫，从而提高了总硫回收率。常用的液相有机溶剂为聚乙二醇-400，催化剂为苯甲酸钠、苯甲酸钾和水杨酸钠等，用 NaOH 调节 pH 值至碱性。由于 COS 和 CS_2 在过程中不发生反应，故应在前面的克劳斯装置中尽可能降低它们在尾气中的含量。此法与克劳斯装置配套后的总硫回收率可达 99%。

IFP 法净化度不高，较适合于中、小型克劳斯装置尾气处理，但由于设备腐蚀严重、易堵塞及溶剂损失量大等，故近年来已很少采用。

2. Sulfreen 法

Sulfreen 法是在低于硫露点的温度下，在固体催化剂床层上使 H_2S 和 SO_2 继续进行反应，这样更有利于反应平衡。此法与两级转化克劳斯装置配套后，总硫回收率可达 99% 以上。由于这类方法设备简单，操作方便，适用于规模较大的尾气处理。

与 IFP 法一样，Sulfreen 法（以及 CBA 法）要求严格控制尾气中的 H_2S/SO_2 比值。此外，这类方法也不能使尾气中的 COS、CS_2 发生反应，故也应尽可能提高克劳斯装置一级转化器的操作温度，促使 COS、CS 在转化器中水解。

Sulfreen 法的原理流程见图 3-28 所示。流程中有 3 个反应器，按固定程序自动切换，分别进行吸附（反应）、再生和冷却，也可根据尾气量和尾气中硫化物含量采用两个反应器切换操作的流程。

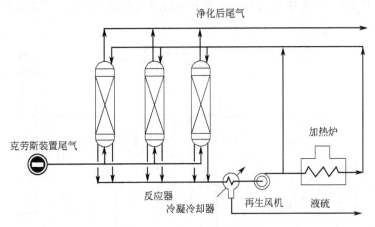

图 3-28　Sulfreen 法流程图

在 Sulfreen 法中，由克劳斯装置来的尾气于低温（127～130℃）下进入吸附反应器，在固体催化剂床层上使 H_2S 和 SO_2 反应生成元素硫，并吸附在催化剂表面上。处理后的尾气温度约为 150℃，经灼烧后放空。

经过一段时间的反应后，由于催化剂表面吸附了一定量的元素硫，活性降低，反应器转入再生过程。再生过程分为加热和冷却两个阶段，在加热阶段中将一部分处理后的尾气，经风机加压并在加热炉中加热至 350℃ 后进入反应器，加热催化剂床层，使催化剂上吸附的液硫脱附出来。出反应器的热再生气流经冷凝冷却器使硫蒸气冷凝与分离，并利用其热量产生低压蒸汽。分出液硫后的再生气再经加压、加热循环使用，直到催化剂床层升温至 325℃，液硫基本脱附完全为止。

为防止催化剂硫酸盐化，当床层温度达到 325℃时立即先用未处理的尾气使床层冷却。经
0.5～1h 后再改用处理后的尾气冷却。床层温度降至 170℃时停止冷却，转入再一个吸附周期。

3. SCOT 法

SCOT 法属还原-吸收法，由还原和吸收两部分组成。还原部分是使尾气中的 SO_2 和元
素硫等在钴-钼加氢催化剂上加氢还原生成 H_2S，反应所需的还原性气体（H_2 或 H_2+CO）
可由外界供给，也可由天然气不完全燃烧来产生。

还原反应的温度约为 300℃，尾气中所有硫化物基本上均能加氢还原或水解（尾气中通
常含 30% 的水）生成 H_2S，其反应式为：

$$SO_2+2H_2 \Longrightarrow H_2S+2H_2O \tag{3-12}$$

$$S_8+8H_2 \Longrightarrow 8H_2S \tag{3-13}$$

$$COS+H_2O \Longrightarrow H_2S+CO_2 \tag{3-14}$$

$$CS_2+2H_2O \Longrightarrow 2H_2S+CO_2 \tag{3-15}$$

当还原气体中含有 CO 时，还会发生下述反应：

$$SO_2+CO \Longrightarrow COS+O_2 \tag{3-16}$$

$$S_8+8H_2 \Longrightarrow 8H_2S \tag{3-17}$$

$$H_2S+CO \Longrightarrow COS+H_2 \tag{3-18}$$

通常加氢还原后的尾气中除 H_2S 外的硫化合物含量不超过 50×10^{-6}，CO 在加氢催化
剂上的甲烷化反应可忽略不计。

吸收部分采用选择性脱硫工艺。最初使用二异丙醇胺（DIPA）溶剂，目前大多选用甲
基二乙醇胺（MDEA）作为脱硫溶剂，脱除下来的酸气返回上游的克劳斯装置。

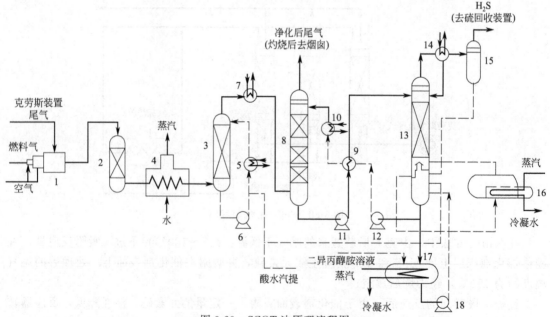

图 3-29　SCOT 法原理流程图

1—在线燃烧炉；2—加氢反应器；3—喷淋冷凝塔；4—余热锅炉；5，9—换热器；
6，11，12，18—泵；7，10—冷却器；8—吸收塔；13—再生塔；14—冷凝冷却器；
15—液硫捕集器；16—重沸器；17—溶剂罐

SCOT 法原理流程如图 3-29 所示。由克劳斯装置来的尾气温度为 120～130℃，与在线

燃烧炉制取的含 H_2S 及 CO 高温气体混合后，进入加氢反应器。反应器中一般装填 CoO-MoO_3-Al_2O_3 催化剂。加氢还原系放热反应，出反应器的气体先经余热锅炉回收热量，将过程气温度降到 160℃ 后进入冷却塔，用冷却水直接喷淋使其降温至 40℃。冷却后气体中含 H_2S 1%～3%，含 CO_2 不超过 40%，进入脱硫部分的吸收塔，用 MDEA 等溶剂选择性脱除降温至 60℃ 左右后进入 SO_2 吸收塔底部。吸收塔的操作温度控制在大约 45℃，在吸收塔中亚硫酸钠贫液由塔顶进入，与气体逆流接触，吸收气体中的 SO_2。

4. Wellman-lord 法

Wellman-lord 法原理流程如图 3-30 所示。

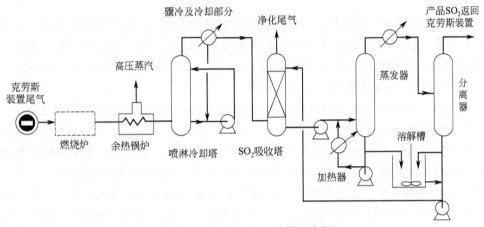

图 3-30　Wellman-lord 法原理流程

吸收塔操作温度越低，则脱 SO_2 的效果越好。但由于亚硫酸钠在低于 32℃ 时易析出含水钠盐（$Na_2SO_4 \cdot 7H_2O$），故吸收温度也不能低于 32℃。处理后的尾气中 SO_2 含量不超过 $0.1×10^{-3}$，可由烟囱直接排向大气。

吸收 SO_2 后的亚硫酸钠富液（亚硫酸氢钠水溶液）在蒸发器中加热至 105℃，使亚硫酸氢钠发生分解反应放出 SO_2，并同时生成亚硫酸钠，因其溶解度低而从溶液中结晶析出后循环使用。SO_2 和水蒸气由蒸发塔顶流出，经冷凝器冷凝与水分离后，得到纯度为 90%～95% 的 SO_2，增压后返回克劳斯装置或作其他用途。分解反应的反应式为：

$$2NaHSO_3 = Na_2SO_3 + H_2O + SO_2 \qquad (3-19)$$

为了防止湿 SO_2 气体对设备的腐蚀，此法使用了价格较贵的耐腐蚀材料，故其投资较大，虽在其他工业上应用较广泛，但在中小型克劳斯装置的尾气处理上应用不多。

二、尾气处理的发展动向

目前，在世界能源结构中石油与天然气所占比重已居主导地位，其中含硫原油及含硫天然气又占有相当大的比例，并有不断升高的趋势。与此同时，为保护人类的生存环境，各国对 SO_2 的排放限值愈来愈加严格。在上述背景下，一方面促使克劳斯法有了极大改进与完善，并出现了一些变型工艺；另一方面从 20 世纪 70 年代以来，尾气处理方法亦获得蓬勃发展，各种方法注意了系列化，其间的交叉组合又甚为引人注目。

1. 尾气处理方法的系列化

随着各国对 SO_2 排放量及浓度实施愈来愈严格的限制，不仅克劳斯装置本身无法达标，即使加上低温克劳斯段也难以达标。为此，低温克劳斯法纷纷向获得更高总硫收率发展，还原-选择性吸收法也有了新的举措，一些新发展的方法如表 3-12 所示。

表 3-12　各种尾气处理方法的新发展

原方法	新　　发　　展
Sulfreen	Hyamsulfreen、Carbosulfreen、Oxysulfreen、两级 Sulfreen
Clauspol（1500）	Clauspol 300
CBA	ULTRA
SCOT	Super-SCOT、IS-SCOT
Beavon	BSR/MDEA、BSR/Hi-Activity Claus、BSR/Selectox

从表 3-12 可见，20 世纪 70 年代期间开发的尾气处理方法在近 20 年来又有了不少新的发展。

Sulfreen 法是最早工业化且应用较多的尾气处理方法之一，近年来在其基础上又开发了几种新的方法，包括增设了加氢段及直接氧化段的 Hyamsulfreen 法（总硫收率 99.5%）、将 H_2S 在活性炭上催化氧化置于第二级的 Carbosulfreen 法（总硫收率 99.3%～99.6%）、氧化型的 Oxysulfreen 法及两级 Sulfreen 法等。

新发展的 Clauspol 300 法的总硫收率可达 99.5%，其措施包括温度降至 120～122℃，并对有机硫化物有一定的转化能力。

极低温反应吸附工艺的 ULTRA 法是在 CBA 法的基础上开发的，此法系将尾气加氢并急冷后，分出 1/3 氧化为 SO_2 再与另外的 2/3 合并，进入 CBA 法低温反应器。

作为还原-选择性吸收工艺典型代表的 SCOT 法是 1973 年工业化的，其后十年又开发了三种流程、使用三种选吸溶液的方法，近期又开发了"超级"以及"低硫"的两种方法。前者净化尾气中 H_2S 含量小于 $10×10^{-6}$，总硫小于 $50×10^{-6}$，且能耗下降 30%；后者也可达到同样的净化度。

Beavon 法早期采用尾气加氢并以 Stretford 溶液脱除 H_2S，其后又开发了与 MDEA、Selectox 等法组合的方法。

2. 技术上有新的发展

除在前述系列化中取得一些新发展之外，值得重视的还有以下一些技术。

（1）等温反应器获得应用　从克劳斯法问世以来，其催化转化器一直是绝热式反应器，但自 20 世纪 90 年代后在 Clinsulf 亚露点法和直接氧化法开始使用等温反应器。等温反应器虽然价格昂贵，然而可使流程简化、设备减少，总投资并不高，且大大改善了装置的适应性。

（2）使尾气中硫化物形式单一化的技术多种多样　为获得超过 99% 的总硫收率，需将尾气中的各种硫化物的形式单一化，例如转化为 H_2S。过去将尾气中各种硫化物转化为 H_2S，仅有加氢还原一种方法，现在则出现了调整克劳斯装置在富 H_2S 条件下运行的方法，例如超级克劳斯、高克劳斯比例（HCR）等工艺，其优点是降低了投资与操作费用，缺点是仍解决不了有机硫转化的问题。

3. 与克劳斯装置一体化的趋势增强

硫黄回收与尾气处理"合二而一"型的装置，早期仅有 CBA 法，20 世纪 80 年代出现了 MCRC 法，近期又有 Clinsulf SDP 法问世。

超级克劳斯法及 HCR 法等后部均设有一个直接氧化反应器，相应地均要求由保证 H_2S/SO_2 比为 2 改为在 H_2S/SO_2 比远大于 2 的富 H_2S 条件下运行。

对于还原-选择性吸收法的一些方法，如 SCOT、BSR/MDEA、Resulf、AGE/DualSolve 及 Sulfcycle 法等，尾气加氢后经过选择性吸收得到的富 H_2S 酸气均要返回克劳斯装置。

最后需要再次指出的是，近年来克劳斯法与尾气处理方法各种交叉组合也是当前的一个重要发展趋势，这些方法各有特点，而之后开发的一些方法由于更具优势而被广泛采用。

【思考题】

1. 尾气的组成。

2. 叙述 Sulfreen 法。

[拓展与提高]　　**中国天然气脱硫装置的发展**

我国第一批采用 MDEA 的天然气脱硫装置是川东净化总厂垫江分厂的 3 套脱硫装置，每套处理能力为 $125 \times 10^4 m^3/d$。这些装置原用砜胺法处理高含硫天然气，后因改为处理低含硫天然气，原料气中 CO_2/H_2S 比不断升高，导致下游克劳斯装置操作困难，故于 1986 年改用 MDEA 法选择性脱硫。原料气中 H_2S 含量约为 0.2%，CO_2 含量约为 1.9%。在装置处理量为 $135 \times 10^4 m^3/d$，吸收塔压力为 3.6～4.1MPa，气液比为 3500～4000 及原料气中 CO_2 比在 7～10 之间波动时，净化气中 H_2S 含量稳定在 $20mg/m^3$ 以下（大部分在 $10mg/m^3$ 以下），酸气中 H_2S 浓度在 20%～25%，可以满足下游克劳斯装置的要求，而且能耗、溶剂消耗均有明显下降。

1989 年投产的川东净化总厂渠县分厂 2 套脱硫装置是我国第二批采用 MDEA 法的天然气脱硫装置，总处理能力为 $400 \times 10^4 m^3/d$。原料气中 H_2S 含量为 $4g/m^3$，CO_2 含量为 $30g/m^3$，MDEA 溶液浓度为 43%。在单套处理能力为 $220 \times 10^4 m^3/d$ 时，溶液循环量仅为 $16m^3/h$，净化气中 H_2S 含量小于 $20mg/m^3$，CO_2 吸收率为 25.9%，酸气中 H_2S 浓度可达 30% 以上。

习　题

一、填空题

1. 在我国，习惯把天然气的 _____ 、_____ 、_____ 和 _____ （环保要求）等称之为净化。

2. 天然气脱水的方法有 _____ 、_____ 和 _____ 。

3. 我国习惯上将天然气分成 _____ 、_____ 和 _____ 三种类型。

4. 以前从含 H_2S 的酸气中回收硫黄时主要是采用 _____ ，通常称之为 _____ 。

二、选择题

1. 以下方法中哪个是天然气液回收过程中没有广泛应用（　　）的制冷方法。

　　A. 液体蒸发　　　　B. 气体膨胀　　　　C. 半导体的热电效应

2. 以下哪种不是天然气中最常见的酸性组分（　　）。

　　A. SO_2　　　　B. H_2S　　　　C. CO_2　　　　D. COS

三、名词解释

1. 吸附法脱水

2. 酸性气体的危害

3. 超级克劳斯法

四、简答题

1. 直通法三级硫黄回收工艺流程的优缺点。

2. 框图叙述直通法三级硫黄回收工艺流程。

3. 醇胺法脱除酸性气体的优缺点。

项目四　天然气储运

学习情境一　天然气的矿场集输工艺

一、天然气储运概述

　　天然气储运系统是由气田集输管网、气体净化与加工装置、输气干线、输气支线以及各种用途的站场所组成，它是一个统一的密闭的水动力系统，天然气储运系统示意及框图见图 4-1。

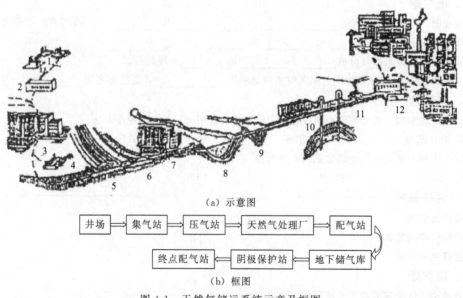

（a）示意图

井场 → 集气站 → 压气站 → 天然气处理厂 → 配气站
终点配气站 ← 阴极保护站 ← 地下储气库 ←

（b）框图

图 4-1　天然气储运系统示意及框图

1—井场；2—集气站；3—天然气净化厂和压气站；4—到配气站的出口；5，6—铁路和公路穿越；
7—中间压气站；8—河流穿越；9—沟谷跨越；10—地下储气库；11—阴极保护站；12—终点配气站

站场种类和作用如下。

（1）井场 设于气井附近，从气井出来的天然气，经节流调压后，在分离器中脱除游离水、凝析油及机械杂质，经过计量后送入集气管线。

（2）集气站 将两口以上的气井来气从井口输送到集气站，在集气站内对各气井来天然气进行节流、分离、计量后集中输入集气管线。

（3）压气站 压气站可分矿场压气站、输气干线起点压气站和输气干线中间压气站。当气田开采后期（或低压气田）地层压力不能满足生产和输送要求时，需设矿场压气站，将低压天然气增压至工艺要求的压力，然后输送到天然气处理厂或输气干线。天然气在输气干线中流动时，压力不断下降，需在输气干线沿途设置压气站，将气体增压到所需的压力。压气站设置在输气干线的起点则称为起点压气站，压气站设置在输气干线的中间某一位置则称为中间压气站，中间压气站的多少视具体工艺参数情况而定。

（4）天然气处理厂 当天然气中硫化氢（H_2S）、二氧化碳、凝析油等含量和含水量超过管输标准时，则需设置天然气处理厂进行脱硫化氢（二氧化碳）、脱凝析油、脱水，使气体质量达到管输的标准。

（5）调压计量站（配气站） 设于输气干线或输气支线的起点和终点，有时管线中间有用户也需设中间调压计量站，其任务是接收输气管线来气，进站进行除尘、分配气量、调压、计量后将气体直接送给用户，或通过城市配气系统送到用户。

（6）集气管网和输气集网 在矿场内部，将各气井的天然气输送到集气站的输气管道叫做集气集网。从矿场将处理好的天然气输送到远处用户的输气管道叫输气干线。在输气干线经过铁路、公路、河流、沟谷时，有穿越和跨越工程。

（7）清管站 为清除管内铁锈和水等污物以提高管线输送能力，常在集气干线和输气干线设置清管站，通常清管站与调压计量站设在一起便于管理。

（8）阴极保护站 为防止和延缓埋地管线的电化学腐蚀，在输气干线上每隔一定距离设置一个阴极保护站。

二、天然气的矿场集输工艺

天然气从气井采出往往含有液体（水和液烃）和固体（岩屑、腐蚀产物及酸化处理后的残存物等）物质，这将对集输管线和设备产生极大的磨蚀危害，且可能堵塞管道和仪表管线以及设备等，因而影响集输系统的运行。气田集输的目的就是收集天然气和用机械方法尽可能除去天然气中所含的液体和固体物质。

气田集输流程是表达天然气的流向和处理天然气的工艺方法。气田集输流程分为气田集输管网流程和气田集输站场工艺流程。

1. 气田集输管网类型

气田集输管网流程可分为四种形式，如图 4-2 所示。

（1）线型管网集输系统流程 线型管网集输系统流程的管网呈树枝状，经气田主要产气区的中心建一条贯穿气田的集气干线，将位于干线两侧各井的气集入干线，并输到总集气站。该流程适用于气藏面积狭长且井网距离较大的气田，塔里木油田克拉 2 作业区就是采用这种流程，其特点是适宜于单井集气，如图 4-2(a) 所示。

（2）放射型管网集输系统流程 放射型管网集输系统流程有几条线型集气干线从一点（集气站）呈放射状分开，如图 4-2(b) 所示。它适用于气田面积较大、井数较多、且地面被几条深沟所分割的矿场。

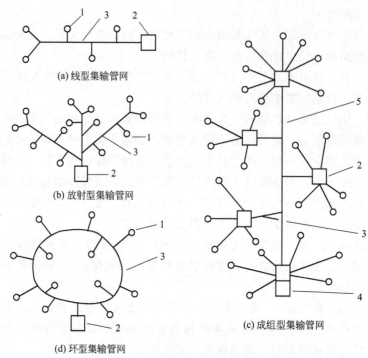

(a) 线型集输管网

(b) 放射型集输管网

(c) 成组型集输管网

(d) 环型集输管网

图 4-2　矿场集输管网的类型模拟图

1—气井；2—集气站；3—集气管道；4—总站或增压站；5—集气干线

（3）成组型管网集输系统流程　成组型管网集输系统流程适用于若干口气井相对集中的一些井组的集气，每组井中选一口设置集气站，其余各单井到集气站的采气管线成放射状，故亦称多井集气流程，在四川气田应用最广泛。其优点是便于天然气的集中预处理和集中管理，能减少操作人员，流程形式如图 4-2(c) 所示。

（4）环型管网集输系统流程　环型管网集输系统流程适用于面积较大的方圆形或椭圆形气田，四川威远气田即采用这种流程。其特点是便于调度气量，环形集气干线局部发生事故也不影响正常供气，流程如图 4-2(d) 所示。

大型气田不局限于一种集气流程，可用两种或三种管网流程的组合。威远气田就有东、西、南、北四条集气干线和一个环形管网，而且是树枝状、放射状和环形管网流程兼备，是四川集气流程形式最多的气田。

（5）集气管网的压力等级　分为高压、中压和低压三种。

① 高压集气：压力在 10MPa 以上为高压集气。

② 中压集气：压力在 1.6～10MPa 范围内为中压集气。

③ 低压集气：压力在 1.6MPa 以下的是低压集气。

2. 气田集输站场流程的类别和适用条件

气田集输站场工艺流程分为单井集输流程和多井集输流程。按其天然气分离时的温度条件，又可分为常温分离工艺流程和低温分离工艺流程。

储气构造、地形地物条件、自然条件、气井压力温度、天然气组成以及含油含水情况等因素是千变万化的，而适应这些因素的气田天然气集输流程也是多种多样的。以下仅对较为典型和常见的流程加以描述。

（1）井场装置　井场装置具有三种功能：调控气井的产量；调控天然气的输送压力；防

止天然气生成水合物。

　　比较典型的井场装置流程，也是目前现场通常采用的有两种类型：一种是加热天然气防止生成水合物的流程；另一种是向天然气中注入抑制剂防止生成水合物的流程，如图 4-3、图 4-4 所示。

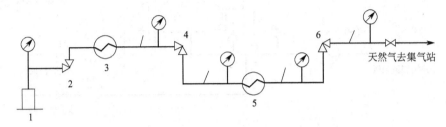

图 4-3　加热防冻的井场装置原理流程图

1—气井；2—采气针形阀；3—加热炉；4—第一级节流阀；5—加热器；6—第二级节流阀

　　图 4-3 中 1 为气井，天然气从针形阀 2 出来后进入井场装置，首先通过加热炉 3 进行加热升温，然后经过第一级节流阀（气井产量调控节流阀）4 进行气量调控和降压，天然气再次通过加热器 5 进行加热升温，经第二级节流阀（气体输压调控节流阀）6 进行降压以满足采气管线起点压力的要求。

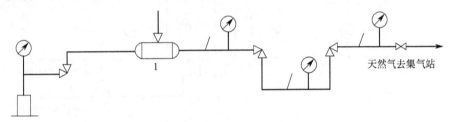

图 4-4　注抑制剂防冻的井场装置原理流程图

　　如图 4-4 所示，流程图中的抑制剂注入器 1 替换了图 4-3 中的加热炉 3 和 5，流经注入器的天然气与抑制剂相混合，一部分饱和水汽被吸收下来，天然气的水露点随之降低。经过第一级节流阀（气井产量调控阀）进行气量控制和降压，再经第二级节流阀（气体输压调控阀）进行降压以满足采气管线起点压力的要求。

　　（2）常温分离集气站　天然气在分离器操作压力下，以不形成水合物的温度条件下进行气液分离，称为常温分离。通常分离器的操作温度要比分离器操作压力条件下水合物形成温度高 3～5℃。

　　常温分离工艺的特点是辅助设备较少，操作简便，适用于干气的矿场分离。我国目前常用的常温分离集气站流程有以下几种。

　　① 常温分离单井集气站流程。常温分离流程如图 4-5 所示。采气管线 1 来气经进站截断阀 2 后到加热炉 3 加热，加热后的天然气经节流阀 4 降压节流后输送到三相分离器 5，分别分离出气、油、水。天然气经分离器顶部经孔板计量装置 6 计量后经出站截断阀 7 输送到集气管线 8；天然气的中部分离液烃经液位控制自动放液阀 9 输送到流量计 10 计量后通过出站截断阀 11 输入液烃管线 12。分离器底部分离出水经液位控制通过流量计 13 计量后经出站截断阀 14，外输到放水管线 15。

　　在图 4-6 中与图 4-5 不同之处在于分离设备的选型不同，前者为三相分离器，后者为气液两相分离器，因此其使用条件各不相同。前者适用于天然气中液烃和水含量均较高的气井，后者适用于天然气中只含水或液烃较多和微量水的气井。

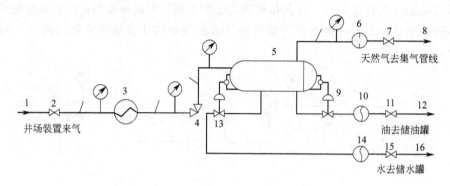

图 4-5 常温分离单井集气站原理流程图 (一)

1—采气管线；2—进站截断阀；3—加热炉；4—节流阀；5—三相分离器；6—孔板计量装置；

7，11，15—气、油、水出站截断阀；8—集气管线；9，13—液位控制自动放液阀；10，14—流量计；

12—液烃管线；16—放水管线

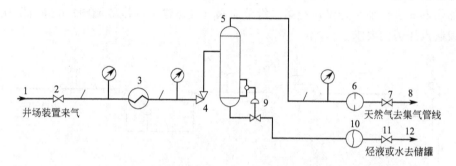

图 4-6 常温分离单井集气站原理流程图 (二)

1—采气管线；2—进站截断阀；3—加热炉；4—节流阀；5—三相分离器；6—孔板计量装置；

7，11—气、油或水出站截断阀；8—集气管线；9—液位控制自动放液阀；

10—流量计；12—液烃或水管线

常温分离单井集气站通常设置在气井井场。

② 常温分离多井集气站流程。常温分离多井集气站一般有两种类型，如图 4-7、图 4-8 所示。两种流程的不同点在于前者的分离设备是三相分离器，后者的分离设备是气液分离器。两者的适用条件不同，前者适用于天然气中油和水的含量均较高的气田，后者适用于天然气中只有较多的水或较多的液烃的气田。

如图 4-7、图 4-8 所示仅为两口气井的常温分离多井集气站。多井集气站的井数取决于气田井网布置的密度，一般采气管线的长度不超过 5km，井数不受限制。以集气站为中心，5km 为半径的面积内，所有气井的天然气处理均可集于集气站内。图 4-7 中管线和设备与图 4-5 相同，图 4-8 中管线和设备与图 4-6 相同，此处流程简述从略。

③ 常温分离多井轮换计量集气站流程。常温分离多井轮换计量集气站流程适用于单井产量较低而井数较多的气田。全站按井数多少设置一个或数个计量分离器供各井轮换计量；再按集气量多少设置一个或数个生产分离器，分离器供多井共用，如图 4-9 所示。

（3）低温分离集气站流程 在很多情况下，天然气采气压力远高于外输压力。利用天然气在气田集输过程出现的大压差节流降压所产生的节流效应达到低温条件，在此条件下进行

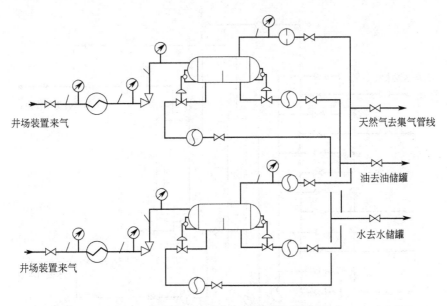

图 4-7 常温分离多井集气站原理流程图（一）

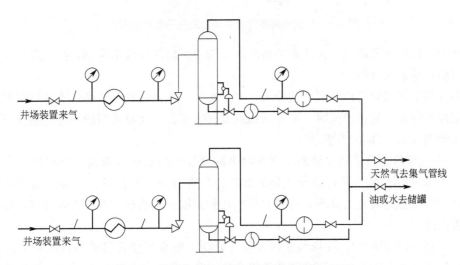

图 4-8 常温分离多井集气站原理流程图（二）

气体、水及液烃分离，称为矿场低温分离，此种分离工艺同时产生两种效果：增加液烃回收量；降低天然气露点。

因此气田集输系统即可利用这两种效果，对天然气进行液烃回收和脱水。气田集输系统可利用低温分离工艺使天然气的烃露点和水露点降低以满足管输要求，也是气田集输系统的节能措施之一。

来自井场装置的天然气，经过脱液分离器脱除其所携带的游离水和液烃以及固体杂质后，经注入水合物抑制剂，再进入气气换热器与低温天然气换热后温度下降，然后通过节流阀产生大压差节流降压，温度进一步下降并达到所要求的低温条件。在此条件下天然气中 C^+ 组分大部分被冷凝下来，C_3 和 C_4 也有相当一部分成为液相溶于液烃内。所有液相物质沉聚到分离器底部，最终达到分离气、油、水的目的。

由于低温分离的操作温度一般在 0℃ 以下，通常为 $-4 \sim -20℃$。为了取得分离器的低

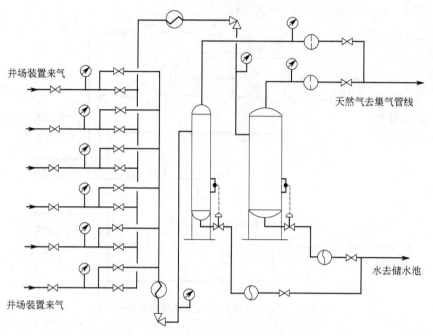

图 4-9 常温分离多井轮换计量集气站原理流程图

温操作条件，同时又要防止在大压差节流降压过程中天然气生成水合物，必须采用注抑制剂防冻法以防止生成水合物。

低温分离工艺通常适用于富气的分离，对于贫气，在通过气液平衡计算，表明低温分离工艺对液烃回收具有经济价值时，则应采用低温分离工艺。比较典型的两种低温分离集气站流程分别如图 4-10、图 4-11 所示。

图 4-10 流程的特点是低温分离器底部出来的液烃和抑制剂富液混合物在站内未进行分离。图 4-11 流程图的特点是低温分离器底部出来的混合液在站内进行分离。前者是以混合液直接送到液烃稳定装置去处理，后者是将液烃和抑制剂富液分别送到液烃稳定装置和富液再生装置去处理。

如图 4-10 流程图所示，井场装置通过采气管线 1 输来气体经过进站截断阀 2 进入低温站。天然气经过节流阀 3 进行压力调节以符合高压分离器 4 的操作压力要求。脱除液体的天然气经过孔板计量装置 5 进行计量后，再通过装置截断阀 6 进入汇气管。各气井的天然气汇集后进入抑制剂注入器 7，与注入的雾状抑制剂相混合，部分水汽被吸收，使天然气水露点降低，然后进入气气换热器 8 使天然气预冷。降温后的天然气通过节流阀进行大差压节流降压，使其温度降到低温分离器所要求的温度。从分离器顶部出来的冷天然气通过换热器 8 后温度上升至 0℃ 以上，经过孔板计量装置 10 计量后进入集气管线。

从高压分离器 4 的底部出来的游离水和少量液烃通过液位调节阀 11 进行液位控制，流出的液体混合物计量后经装置截断阀 12 进入汇液管。汇集的液体进入闪蒸分离器 13，闪蒸出来的气体经过压力调节阀 14 后进入低温分离器 9 的气相段。闪蒸分离器底部出来的液体再经液位控制阀 15，进入低温分离器底部液相段。

从低温分离器底部出来的液烃和抑制剂富液混合液经液位控制阀 16 再经流量计 17，然后通过出站截断阀进入混合液输送管线送至液烃稳定装置。

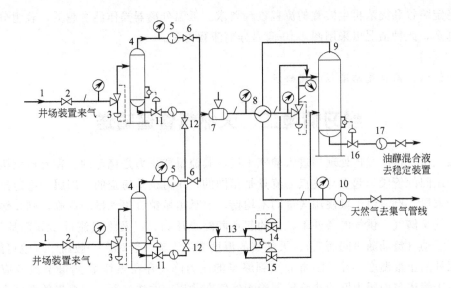

图 4-10 低温分离集气站原理流程图（一）

1—采气管线；2—进站截断阀；3—节流阀；4—高压分离器；5，10—孔板计量装置；6—截断阀；

7—抑制剂注入器；8—气气换热器；9—低温分离器；11—液位调节阀；12—装置截断阀；

13—闪蒸分离器；14—压力调节阀；15，16—液位控制阀；17—流量计

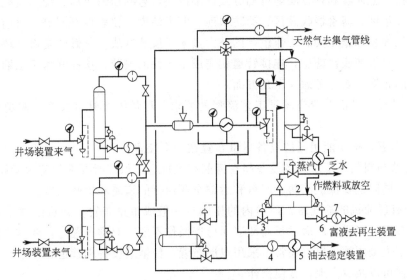

图 4-11 低温分离集气站原理流程图（二）

1—加热器；2—三相分离器；3，6—液位控制阀；4，7—流量计；5—气液换热器

图 4-11 流程图与图 4-10 流程图所不同之处是从低温分离器底部出来的混合液，不直接送到液烃稳定装置去，而是经过加热器 1 加热升温后进入三相分离器 2 进行液烃和抑制剂分离。液烃从三相分离器左端底部出来，经过液位控制阀 3 再经流量计 4，然后通过气液换热器 5 与低温分离器顶部引来的冷天然气换热被冷却，降温到 0℃左右，最后，液烃通过出站截断阀，由管线送至稳定装置。从三相分离器右端底部出来的抑制剂富液经液位控制阀 6 再经流量计 7 后，通过出站截断阀送至抑制剂再生装置。

图 4-10、图 4-11 两种低温分离流程的选取，取决于天然气的组成、低温分离器的操作

温度、稳定装置和提浓再生装置的流程设计要求。低温分离器操作温度越低，轻组分溶入液烃的量越多，此种情况以采用图 4-10 低温分离流程为宜。

【思考题】

两种低温分离集气站流程的优缺点。

学习情境二　　天然气管道输送

天然气由气田或气体处理厂进入输气干线，其流量和压力是稳定的。在有压缩机站的长输管道两站间的管段，起点与终点的流量是相同的，压力也是稳定的，即属于稳定流动。长输管道的末段，有时由于城镇用气量的不均衡，要承担城镇日用气量的调峰，则长输管道末段在既输气又储气、供气的条件下，它的起点和终点压力，以及终点流量 24h 都是不同的，属不稳定流动（流动随时间而变）。天然气的温度在进入输气管时，一般高于（也可能低于）管道埋深处的土壤温度，并且随着起点到终点的压力降，存在焦耳-汤姆逊节流效应产生温降，但由于管道与周围土壤的热传导随着天然气在管道的输送过程，天然气的温度会缓慢地与输气管道深处的地层温度逐渐平衡。

一、输气站

1. 输气站布置

输气站按工艺流程和各自功能可划分成许多区块，包括压缩机房、冷却装配区、净化除尘区、调压计量区、清管器收发区、消防水池、润滑油库、仪表控制间等。目前，为了减小输气站的占地面积和施工安装工作量，国外大量采用撬装区块。其做法是将区块在工厂预制好运到现场，只需使底盘就位，连接管道就完成了区块的安装，这样既缩短工期，又节省投资。输气站的布置主要应考虑如下几方面。

① 各区及设备平面布置应满足工艺流程的要求，尽量缩短管道长度，避免倒流，减少交叉。

② 分区布置，把功能相同的设备尽量布置在一个装置区。

③ 输气站与周围环境以及各设备间在遵照有关规定，保证所要求的防火间距的前提下，布置应紧凑，同时也要保证消防、起重和运输车辆通行的道路和检修场地。

④ 对于有压缩机的输气站，厂房内的压缩机一般成单排布置；若机组数量较多时，也可采用双排布置，以避免厂房过长而使巡回检查操作不便。双排布置时，两排之间应有足够的距离。对于大型压缩机组，还常常采用双层布置，使辅助设备和管道在一层，而二层为操作平台，这样可以减少占地，方便操作。

⑤ 输气站除了有前面所述的生产区外，还应设置维修间和行政办公区，它们通常单独或与仪表控制室合并在同一建筑物内。并应与压缩机房保持一定距离，以减少噪声干扰。

图 4-12 给出有两台压缩机组输气站的平面布置图。

2. 输气站工艺流程

输气站是通过将一定的设备和管件相互连接而成的输气系统。有压缩机的输气站又称为压气站。为了直观表示气体在站内的具体流向，便于设计、操作和管理，需要将流动过程绘制成图形，即工艺流程图。工艺流程图可以不按实际比例绘制，主要反映站的功能和介质流向，要求图形清晰易懂。图中最好对管件和主要设备进行统一编号和说明。同时，还应有流程操作说明以及主要设备规格表。

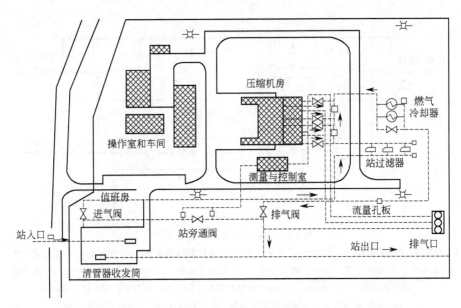

图 4-12 输气站的平面布置图

（1）无压缩机的输气站工艺流程 图 4-13 为输气管道的首站工艺流程，图 4-14 为输气中间站工艺流程，图 4-15 为输气末站工艺流程。

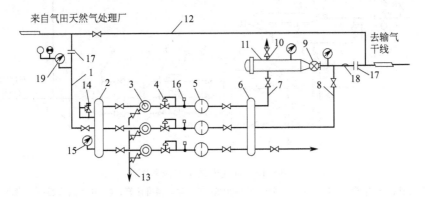

图 4-13 输气首站工艺流程图

1—进气管；2，6—汇气管；3—分离器；4—压力调节器；5—孔板计量装置；

7—清管用旁通管；8—外输气管线；9—球阀；10—放空管；11—清管球发送装置；

12—越站旁通管；13—分离器排污总管；14—安全阀；15—压力表；16—温度计；

17—绝缘法兰；18—清管球通过指示器；19—电接点压力表（带声光信号）

（2）压气站工艺流程

①往复压缩机站工艺流程。图 4-16 为三台往复式压缩机的工艺流程图，由于是往复式压缩机，采用并联流程，其中两台工作，一台备用。每台压缩机有四个气缸，机组采用压缩空气启动。

②离心压缩机站工艺流程。由图 4-17 中可能看出，需压缩的天然气首先到除尘器脱除杂质后再经分配汇管进入压缩机，压缩增压后的天然气到下游汇管输入干线。由于压缩机采用燃气发动机驱动，因此，还有燃料气供给调节系统、空气增压系统以及冷却水闭路循环系统和润滑油冷却系统。

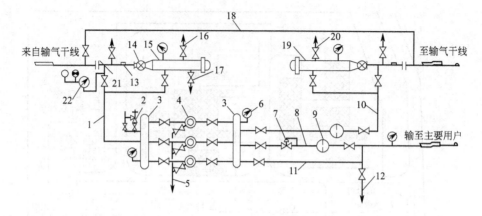

图 4-14 输气中间站工艺流程图

1—进气管；2—安全阀；3—汇气管；4—分离器；5—分离器排污总管；6—压力表；7—压力调节器；
8—温度计；9—节流装置；10—外输气管线；11—用户旁通管；12—用户支线放空管；13—清管球
通过指示器；14—球阀；15—清管球接收装置；16，20—放空管；17—排污管；
18—越站旁通管；19—清管球发送装置；21—绝缘法兰；22—电接点压力表

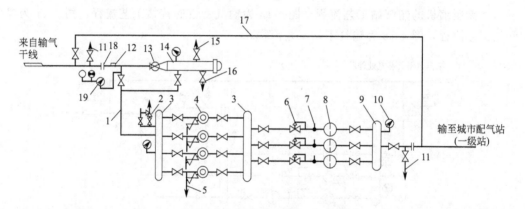

图 4-15 输气末站工艺流程图

1—进气管；2—安全阀；3，9—汇气管；4—除尘器；5—除尘器排污管；6—压力调节器；7—温度计；
8—节流装置；10—压力表；11—干线放空管；12—清管球通过指示器；13—球阀；14—清管球接收装置；
15—放空管；16—排污管；17—越站旁通管；18—绝缘法兰；19—电接点压力表

二、清管技术

1. 清管工艺

(1) 通球清管的目的　输气管线在生产过程中，输入管温降在管道内亦会凝析出凝析油和污水，在输送过程中，由于地形的起伏等原因，造成管道内积液或固体堆积在低洼处，造成管道腐蚀和输气能力下降，在冬季甚至造成管线堵塞的状况发生。因此需对管线进行清洁，对管道清洁一般是采用比管子内径稍大的橡胶球、或高密度泡沫清管器，在发球站放入天然气管道里（需建立专门的收发球装置），利用天然气的压力从压力稍高的一端推向压力稍低的收球站，在这过程中，管线内的气田水、污物等通过收球端的排污管线排放到污水池，整个过程就叫通球清管，是为了保证输气管线正常和减轻管道腐蚀。

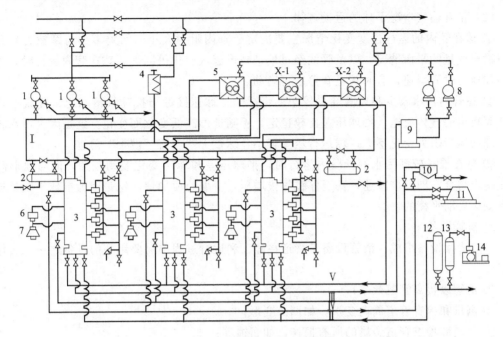

图 4-16　往复压缩机站工艺流程图

1—除尘器；2—油捕集器；3—往复式压缩机；4—燃料气调节点；5—风机；6—排气消声器；

7—空气滤清器；8—离心泵；9—"热循环"水散热器；10—油罐；11—润滑油净化机；12—启动空气瓶；

13—分水器；14—空气压缩机；X-1—润滑油空气冷却器；X-2—"热循环"水空气冷却器；

Ⅰ—天然气；Ⅱ—启动空气；Ⅲ—净油；Ⅳ—脏油；Ⅴ—"热循环"水

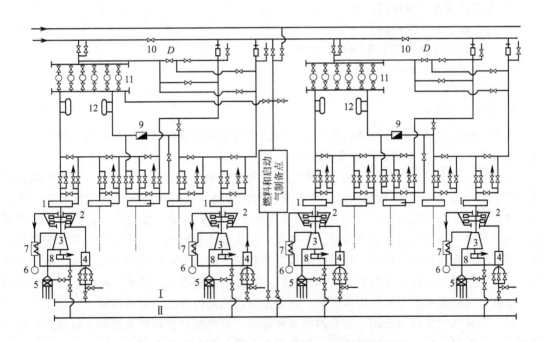

图 4-17　离心压缩机站工艺流程图

1—离心式压缩机；2—燃气涡轮；3—空气压缩机；4—燃烧室；5—空气滤清器；

6—排气管；7—空气预热器；8—启动涡轮；9—单向阀；10—干线切断阀；

11—除尘器；12—脱油器；Ⅰ—燃料气；Ⅱ—启动气

（2）正常输气情况下球的运动规律

① 球在管内的运行速度变化情况主要决定于管内阻力大小（污物多少与摩擦力）和输入与输出气量的平衡情况，以及管线经过地带地形起伏变化等因素。球在管内运行时，可能时而加速，时而减速，有时甚至暂停后再启动。

② 在管内污水较少和球漏气量较小的情况下，球速接近于按输气量和起、终点平均压力计算得出的气体流速，推球压差比较稳定，不随地形高低变化而变化。这是因为污水较少时，球的运行阻力变化不大；球运行压差较小，球被天然气流"携带"前进。

③ 球在推送较多污水的管段内运行时，推球压差和球速变化波动较大，但与地形高低变化基本吻合，即上坡减速，甚至停顿等候增压，下坡速度加快，这是因为推球压差是根据地形变化自动平衡的。

2. 清管设备

（1）清管设备组成　　清管设备是管道在施工和运行过程中需要用到的设备之一。其作用包括：

① 清管以提高管道效率；

② 测量和检查管道周向变形，如凹凸变形；

③ 从内部检查管道金属的所有损伤，如腐蚀等；

④ 对新建管道在进行严密性试验后，清除积液和杂质。

清管设备的设计和安装应满足一定的使用要求，如清管检测器的尺寸和结构要求。并应遵循有关的设计规范，保证其适应性和安全性。

清管设备主要部分包括：

① 清管器收发筒和盲板；

② 清管器收发筒隔断阀；

③ 清管器收发筒旁通平衡阀和平衡管线；

④ 连接在装置上的导向弯头；

⑤ 线路主阀；

⑥ 锚固墩和支座。

此外，还包括清管器通过指示器、放空阀、放空管和清管器接收筒排污阀、排污管道以及压力表等，图4-18为清管器收发装置图。

（2）清管器收发筒和盲板　　清管器收发筒直径应比公称管径大1～2级。发送筒的长度应不小于筒径的3～4倍。接收筒除了考虑接纳的污物外，有时还应考虑连续接收两个清管器，其长度应不小于筒径4～6倍。清管器收发筒上应有平衡管、放空管、排污管、清管器通过的指示器、快开盲板。对发送筒，一平衡管接头应靠近盲板；对接收筒，平衡管接头应靠近清管器接收筒口的入口端。排污管应接在接收筒下部。放空管应接在收发筒的上部。清管器信号指示器应安在发送筒的下游和接收筒入口处的直管段上。快开盲板应方便清管器的快速通过，并应安有压力安全锁定装置，以防止当收发筒内有压力时被打开。

（3）清管器收发筒隔断阀　　清管器收发筒隔断阀安装在清管器收发筒的入口处，它起到将清管器收发筒与主干线隔断的作用。如果在主干线上没有安装隔断阀，通常在该阀门的主干线一侧安装绝缘法兰，以隔绝主干线与收发筒和阀门间的阴极保护电流。该阀必须是全径阀，以保证清管器的通过，最好为球阀。

（4）清管器收发筒平衡阀门和平衡管线　　清管器收发筒平衡阀门和平衡管线连到收发筒

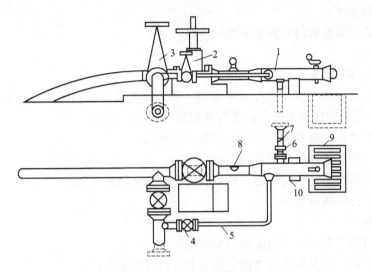

图 4-18 清管器收发装置图

1—接收筒；2—隔断阀；3—线路主阀；4—平衡阀；5—平衡管；
6—排污阀；7—排污管；8—通过示器；9—清洗坑；10—放空管和压力表

的旁路接头上，其管径尺寸应为管道尺寸的 1/4～1/3 之间。阀门通常是由人手动控制使清管器慢慢通过清管器收发筒隔断阀。

（5）连接清管器装置的导向弯头　连接清管器装置的导向弯头半径必须满足清管器能够通过的要求；对常用的清管器一般采用的弯头最小半径等于管道外径的 3 倍。但是，对于电子测量清管器需要更大的弯头半径。

（6）线路主阀　线路主阀通常用于将主干线和站本身隔开，要求该阀为全径型，以便减少阀门产生的压力损失。该阀门靠近主干线处应有一绝缘法兰以隔绝主干线阴极保护电流。

（7）锚固墩和支座　通常使用的锚固墩是钢筋混凝土结构。但是根据土壤条件，也有其他类型的锚固墩，如钢桩和钢支架。

所有地面管件、清管器收发筒和阀类必须安装在一定基础上，并防止管件在基础上发生任何侧向位移。

3. 清管器发送和接收过程

（1）清管器发送过程

① 关闭发送筒隔断阀门和平衡阀门；

② 打开放空阀，卸掉发送筒中的压力，在发送筒中压力未达到大气压力前，不能急于打开盲板；

③ 打开盲板，放入清管器，直到清管器到达发送筒颈缩管处，并在该处紧紧地贴合；

④ 关闭盲板；

⑤ 轻微地打开平衡阀排出发送筒中的空气；

⑥ 关闭放空阀并慢慢使发送筒中的压力增加到管线压力；

⑦ 关闭平衡阀，若没有关闭平衡阀就打开清管器发送筒的隔断阀门时，可能会损坏清管器；

⑧ 打开清管器发送筒隔断阀门；

⑨ 打开平衡阀，关小线路主阀，使清管器通过发送筒；

⑩ 打开线路主阀；

⑪ 关闭发送筒隔断阀门和旁通平衡阀。

（2）接收过程

① 关闭放空阀和盲板；

② 在清管器未到达之前，先打开平衡阀，然后打开接收筒隔断阀门，若清管器没有进入接收筒，应慢慢关闭线路主阀直到清管器被压入接收筒为止；

③ 一旦清管器进入接收筒，应打开线路主阀阀门；

④ 关闭接收筒隔断阀门和平衡阀门；

⑤ 打开放空阀排出筒中的压力，待接收筒中压力下降到大气压；

⑥ 打开盲板并取出清管器；

⑦ 关闭盲板；

⑧ 轻微地打开平衡阀，排出接收筒中的空气；

⑨ 关闭放空阀，并慢慢使接收筒中压力上升到管线压力；

⑩ 关闭平衡阀，若要接收下一个清管器，平衡阀和接收筒隔断阀应打开着。

4. 清管器

（1）清管球 清管球是由氯丁橡胶制成的，呈球状，耐磨耐油，如图 4-19 所示。当管道直径小于 100mm 时，清管球为实心球；而当管道直径大于 100mm 时，清管球为空心球。长输管道中所用清管球大多为空心球。空心球壁厚为 30～550mm，球上有一可以密封的注水孔，孔上有一单向阀。当使用时注入液体使其球径调节到过盈于管径的 5%～8%。当管道温度低于 0℃ 时，球内注入的为低凝固点液体（如甘醇），以防止冻结。清管球在清管时，表面将受到磨损，只要清管球壁厚磨损偏差小于 10% 和注水不漏，清管球就可以多次使用。清管球对清除积液和分隔介质是很可靠的。

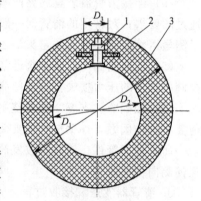

图 4-19 清管球结构图
1—气嘴（拖拉机内胎直气嘴）；
2—固定岛（黄铜 H62）；
3—球体（耐油橡胶）

（2）皮碗清管器 皮碗清管器结构如图 4-20 所示。它由刚性骨架、皮碗、压板、导向器等组成。当皮碗清管器工作时，其皮碗将与管道紧紧贴合，气体在前后产生一压差，从而推动清管器的运动，并把污物清出管外。皮碗清管器还能清除固体阻塞物。同时，由于它保持固定的方向运动，所以它还能作为基体携带各种检测仪器。清管器的皮碗形状是决定清管器性能的一个重要因素。按照皮碗的形状可分为锥面、平面和球面三种皮碗清管器，如图 4-21 所示。其中锥形皮碗较为通用，使用广泛；平面皮碗清除块状固体阻塞物能力强；球面皮碗通过管道系统能力好，允许有较大的变形量。皮碗材料多为氯丁橡胶、丁腈橡胶和聚酯类橡胶。

（3）智能清管器 除了上述介绍的两种清管器外，还有一些其他类型的清管器，特别是智能清管器，其作用也不仅仅是清管，并且可用于检测管道变形、管道腐蚀、管道埋深等。智能清管器按其测量原理可分为磁通检测清管器、超声波检测清管器和摄像机检测清管器等。

① 磁通检测清管器。如图 4-22 所示为磁通检测原理图，探测管壁缺陷的磁力探伤仪按

环形布置。磁通异常泄漏型探伤仪使用永久磁铁，如图 4-23 所示。该磁铁磁化管壁达到磁通量饱和密度。传感器随探测仪移动，管壁内外腐蚀和损伤等部位引起异常漏磁场，并感应到传感器。管壁中的任何异常将导致磁力线产生相应的异常，记录器将磁力线变化情况记录下来，如图 4-24 所示，由此来判断管道是否腐蚀和损伤及其程度。

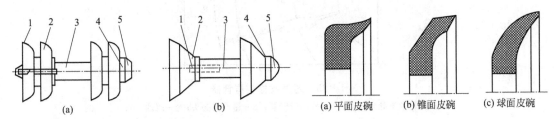

图 4-20　皮碗清管器结构图　　　　　　图 4-21　皮碗的形状示意图

1—QXJ-1 型清管器信号发射机；

2—皮碗；3—骨架；4—压板；5—导向器

(a) 平面皮碗　　(b) 锥面皮碗　　(c) 球面皮碗

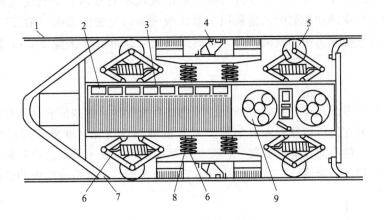

图 4-22　磁通检测示意图

1—管壁；2—电池组；3—压力容器；4—瓷漏探测仪；

5—里程计轮；6—弹簧；7—橡胶皮碗；8—电子元件；9—磁带记录仪

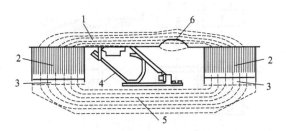

图 4-23　磁通探测工作原理图

1—管壁；2—钢刷；3—磁铁；

4—传感器架；5—背部铁板架；

6—腐蚀漏磁通

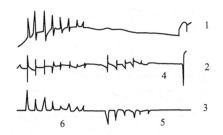

图 4-24　探测仪记录范围

1—内壁探伤仪输入信号；2—漏磁通输入信号；

3—解译信号输出；4—内壁缺陷；5—外壁缺陷；

6—实时联机交互作用信号处理

（以区别内、外壁缺陷）

②　超声波检测清管器。如图 4-25 所示为超声波检测清管器测定原理图。它是根据管道内表面反射波与从管道外表面底部反射波的时间差来测定壁厚，即可得知管壁腐蚀缺陷，如图 4-26 所示。

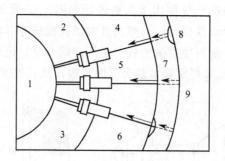

图 4-25　超声波检测清管器

1—测量数据处理记录；2—检测清管器；3—超声波探头；4—原油、水；

5—管内断面测量；6—内表面腐蚀；7—管壁厚度；

8—外表面腐蚀；9—管壁厚度测量

③ 自动摄像清管器。图 4-27 为利用激光和电视技术的管内自动行走检测清管器原理图，它检测内表面腐蚀和缺陷时，是利用缝隙状激光来照亮被测表面，用 TV 摄像机拍摄，再用视频处理装置检测腐蚀和缺陷情况。若测定激光光线折射变化量为 ΔJ，则腐蚀和缺陷深度 Δd 为：

$$\Delta d = \Delta J \, \mathrm{ta}\beta。$$

目前，国外许多公司年产不同类型或型号的智能清管器，这些清管器具有不同的技术标准适用条件。一般在进行智能检测以前都要对管道的运行情况（变形和通过情况）进行摸底，即用一种简单的检测仪通过管道，以便确定管道的最佳变形量，进而判断采用什么样的管道智能仪进行检测。否则，一旦智能仪放进管道而被损坏，将造成较大的经济损失。

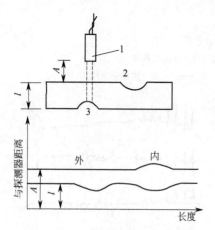

图 4-26　超声波清管器的检测范围

1—超声波传感器；

2—内壁上的缺陷；

3—外壁上的缺陷

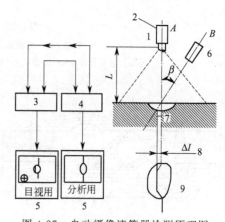

图 4-27　自动摄像清管器检测原理图

1—电视照相；2—摄像信号；3—计算机；

4—画像处理装置；5—控制器 TV；

6—激光发射装置；7—腐蚀深度；

8—光线弯曲变位量（与腐蚀深度

成比例）；9—腐蚀范围

【思考题】

对比各种清管器的使用场合。

学习情境三　天然气的储存

城市燃气用气量不断变化，有月不均匀性、日不均匀性和时不均匀性，但气源的供应量不可能完全按用气量的变化而随时改变，特别是长距离输气管道，为求得最高的效率和最好的经济效益，总希望在某一最佳输气量下工作。这样，供气与用气经常发生不平衡，为了保证按用户的要求不间断地供气，必须考虑生产与使用的平衡问题。

解决用气和供气之间不平衡问题的途径有以下三种。

① 改变气源的生产能力和设置机动气源；

② 利用缓冲用户和发挥调度的作用；

③ 利用各种储气设施。

前两点由于受到气源生产负荷变化的可能性和变化幅度以及供气的安全可靠性和技术经济合理性要求的限制，不可能完全解决供需的不平衡问题。由于储气设施和储气方法的灵活性，利用各种储气设施是解决用气不均匀性的最有效方法之一。气体储存根据储存方式可分为地下储存、储气罐储存、液态或固态储存以及输气管道末段储存等。

一、储气罐储气

储气罐储气是地上储气库的主要设备。根据储气压力和结构，储气罐可分为以下几类：

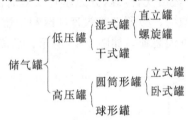

1. 低压湿式罐

湿式罐是在水槽内放置钟罩和塔节，钟罩和塔节随着燃气的进出而升降，并利用水封隔断内外气体来储存燃气的容器。罐的容积随燃气量而变化。

湿式罐按罐的节数分单节罐和多节罐。按钟罩的升降方式分为在水槽外壁上带有导轨立柱的直立罐和钟罩自身外壁上带有螺旋状轨道的螺旋罐。

单节储气罐一般用于小容量（3000m³以下）储气，钟罩高度等于水槽高度，一般水槽高度为直径的30%～50%。大容量储气时，为避免水槽高度过大，采用多节储气罐，每节的高度等于水槽的高度，而钟罩和塔节的全高为直径的60%～100%。

（1）直立罐　直立罐如图 4-28 所示，它是由水槽、钟罩、塔节、水封、导轨立柱、导轮、增加压力的加重装置及防止造成真空的装置等组成。

水槽通常是由钢板或钢筋混凝土制成。钢筋混凝土水槽主要是在设置半地下式水槽时考虑防止腐蚀的情况下使用。与钢筋混凝土水槽相比较，钢制水槽施工比较容易，施工费用低，产生漏水及腐蚀等情况时容易修补，不会产生龟裂现象。其缺点是使用年限短，水槽设于地面上增加了罐体总高度，承受风荷载较大。

通常由钢板制造的平底圆筒形水槽设置在环状或板状钢筋混凝土的基础上。为了减轻水对基础及土壤的压力，大容积储罐的钢筋混凝土水槽做成如图 4-29 所示的形式是比较合适的。

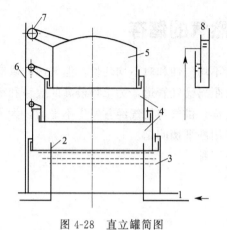

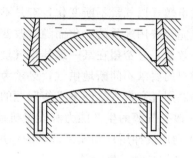

图 4-28　直立罐简图　　　　　　　　　图 4-29　环形水槽图

1—燃气进口；2—燃气出口；3—水槽；4—塔节；

5—钟罩；6—导向装置；7—导轮；8—水封

　　水槽的附属设备有人孔、溢流管、进出气管、给水管、垫块、平台、梯子及在寒冷地区防冻用的蒸汽管道等。

　　水槽侧板的下部一般设有一至两个人孔，以供储气罐停气检修时进入罐内清扫之用。人孔的直径通常为 500mm 左右。进出气管可以分为单管及双管两种。当供应组分经常变化的燃气时，为使输出的燃气组分均匀，必须设置双管，以利于燃气的混合。当燃气中含油分及焦油特别多时，近水面处需设排油装置，如图 4-30 所示，而靠近底部则需要有排焦油设施。

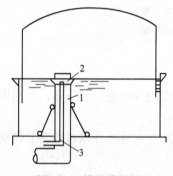

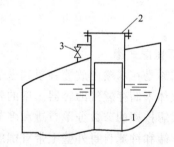

图 4-30　排油装置图　　　　　　　　　图 4-31　顶板人孔装置图

1—进出气管；2—排油装置；3—排油管　　　1—进出气管；2—人孔；3—排油管

　　钟罩顶板上的附属装置有人孔、放散管。放散管应设在钟罩中央最高位置，人孔应设在正对着进气管和出气管的上部位置，如图 4-31 所示。它不仅可以使罐不必放出全部燃气来清扫进气管，而且还可以防止储罐被压缩机抽空时钟罩顶部塌陷。多节储气罐的塔节之间均设有水封。

　　储气罐所设置的导向装置称为导轨立柱。立柱既承受钟罩及塔身所受的风压，又作为导轮垂直升降的导轨。导轨立柱可以直接安装于水槽侧板上或者在水槽周围单独设置。另外，在导轨立柱上还设有与塔节数相应的人行平台，平台同时可作为导轨立柱的横向支撑梁。

　　为了使钟罩及塔节升降灵活平稳，在每一个塔节的上部及下部都装有导轮。上部导轮沿着装在导轨立柱上的导轨滑行，下部导轮沿着装在水槽侧板内侧或各塔节侧板内侧的导轨滑行。大容量储气罐的上部导轮应紧贴导轨的两侧表面以防止塔身摆动。

（2）螺旋罐　螺旋罐没有导轨立柱，罐体靠安装在侧板上的导轨与安装在平台上的导轮相对滑动产生缓慢旋转而上升或下降。图 4-32 为三节螺旋罐的示意图。图 4-33 为螺旋罐导轮和导轨示意图。

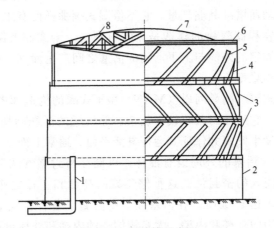

图 4-32　螺旋罐示意图

1—进气管；2—水槽；3—塔节；4—钟罩；5—导轨；6—平台；7—顶板；8—顶架

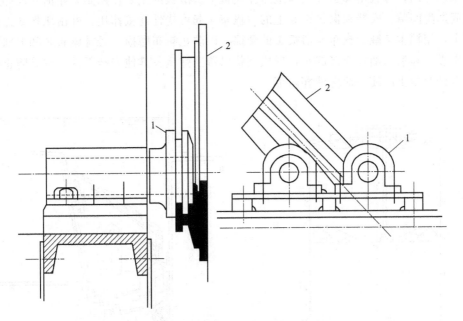

图 4-33　螺旋罐导轮和导轨示意图

1—导轮；2—导轨

螺旋罐的主要优点是比直立罐节省金属 15%～30%，且外形较为美观。缺点是不能承受强烈的风压，故在风速太大的地区不宜设置。此外其施工允许误差较小，基础的允许倾斜或沉陷值也较小，导轮与轮轴往往产生剧烈磨损。

（3）低压湿式罐存在的主要问题

① 在北方采暖地区冬季要采取防冻措施，因此管理较复杂，维护费用较高。

② 由于塔节经常浸入、升出水槽水面，因此必须定期进行涂漆防腐。

③ 直立罐耗用金属较多，尤其是在大容量时更为显著。螺旋罐和干式罐金属用量比较

相近。容积越大，干式罐越经济。

　　2. 低压干式罐

　　干式储气罐主要由外筒、沿外筒上下运动的活塞、底板及顶板组成。燃气储存在活塞以下部分，随活塞上下移动而增减其储气量。它不像湿式罐那样设有水槽，故可以大大减少罐的基础荷载，这对于大容积储气罐的建造是非常有利的。干式储气罐的最大问题是密封问题，也就是如何防止在固定的外筒与上下活动的活塞之间产生漏气。根据密封方法不同，目前实际采用的有下列三种罐型。

　　（1）阿曼阿恩型干式罐　阿曼阿恩（MAN）型干式罐的构造如图 4-34 所示，这种罐的侧板为正多边形，所以，它的密封系统较为复杂。储气罐的活塞桁架上下安装有两个导轮，以防止活塞上下运动时发生倾斜并保证其运行灵活平稳。通常上面、下面两个导轮之间的净距是储气罐直径的 1/10。活塞的外周设有油杯，以储存密封燃气的密封液，底板外周设有底板油杯，以便于储存流入的密封液。这种储气罐的高度和直径之比 H/D 在 1.2～1.7 范围内，罐内的气体压力可达 5500Pa。在活塞以上的附属设备有空气室、罐顶及侧板上部的换气装置以及供管理使用的外梯和内梯。大容积储罐的内梯和外梯也可用电梯。

　　活塞密封的构造如图 4-35 所示。图中 1 为具有弹性的钢制滑板，它是由悬挂支托 2 悬吊在活塞油杯内，并且由弹簧 3 紧紧地压在侧板上。滑板的主要作用是防止活塞油杯外缘和侧板之间产生间隙。安装在保护板 5 上的主帆布 4 起可挠性连接作用，并由压板 6 连接在活塞油杯上，用挡木 7 减少帆布与滑板 1 的摩擦，以防止帆布磨损。悬挂帆布 8 和上部覆盖帆布 9 把滑板 1 和活塞油杯连接起来，形成袋状以覆盖弹簧及其他安装部件，并可防止密封液中凝结水分及尘土沉淀于活塞油杯内部。

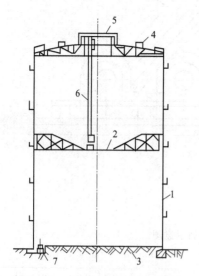

图 4-34　阿曼阿恩型干式罐的构造

1—外筒；2—活塞；
3—底板；4—顶板；
5—天窗；6—梯子；
7—燃气入口

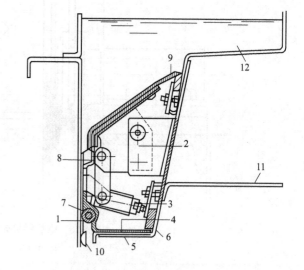

图 4-35　活塞密封的构造图

1—滑板；2—悬挂支托；3—弹簧；4—主帆布；
5—保护板；6—压板；7—挡木；8—悬挂帆布；
9—上部覆盖帆布；10—冰铲；
11—活塞平台；12—活塞油杯

　　在冬季室外气温很低的地区，燃气中水蒸气易结成冰霜附在内壁上，故在滑板下部设有锐角冰铲 10，以铲除冰层。

在储罐正常工作时，为了达到密封的目的，密封油是循环流动的。活塞油杯中的密封油经过侧板内侧流向罐底的油杯，之后在集油箱中脱去密封油的水分，再经过自动开启的油泵打入上部油槽，密封油则靠重力沿着侧板内壁返回活塞油杯内。油槽的高度应保证活塞密封处的油压为罐内燃气压力的 1.3～2 倍。

密封油应满足下面三个要求：

① 为了减少漏油量，要求使用高黏度密封油，并且其黏度不因温度升高而剧烈下降；

② 在燃气含有凝结水分的情况下，要求它具有良好的与水分分离特性；

③ 要求凝固点低，在冬季寒冷地区也能使用。

（2）可隆型干式罐　可隆（KLONNE）型干式罐（图 4-36）的侧板为圆筒形，侧板的外部设有加强用的基柱，以承受风压和内压。罐顶做成球体形状。为了使活塞板具有更大强度，往往将其设计成碟形。活塞的外周由环状桁架所组成，在活塞外周的上下配置两个为一组的木制导轮，以防止活塞同侧板摩擦而引起火花。活塞为圆形，它能够沿着侧板自由旋转，故其上下滑动的阻力很小而且可避免严重倾斜。

活塞上也放置了为增高燃气压力用的配重块，其最大工作压力可达 5500Pa。

可隆型干式罐采用干式密封的方法，如图 4-37 所示。由树胶和棉织品薄膜制成的密封垫圈安装在活塞的外周。借助于连杆和平衡重物的作用紧密地压在侧板内壁上。这种构造已经满足了气体密封的要求，但为了使活塞能够灵活平稳地沿着侧板滑动，还需注入润滑脂。

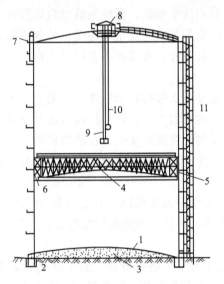

图 4-36　可隆型干式罐的构造图

1—底板；2—环形基础；3—砂基础；

4—活塞；5—密封垫圈；6—加重块；

7—燃气放散管；8—换气装置；9—内部电梯；

10—电梯平衡块；11—外部电梯

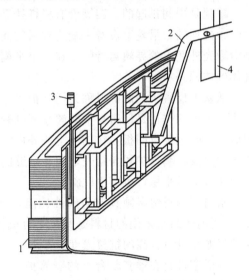

图 4-37　可隆型干式罐的密封构造图

1—密封垫圈；2—连杆；

3—润滑脂注入口；4—活塞梁

这种罐的密封方法不同于阿曼阿恩型，它不需要循环密封油，故不必设置油泵及电机设备。

（3）威金斯型干式罐　威金斯（WIGGINS）型干式罐的主要部分有底板、侧板、顶板、可动活塞、套筒式护栏、活塞护栏及为了保持气密作用而特制的密封帘和平衡装置等，如图 4-38 所示。

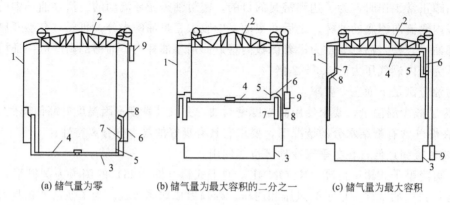

(a) 储气量为零　　　　(b) 储气量为最大容积的二分之一　　　　(c) 储气量为最大容积

图 4-38　威金斯型干式罐的结构图

1—侧板；2—罐顶；3—底板；4—活塞；5—活塞护栏；
6—套筒式护栏；7—内层密封帘，8—外层密封帘；9—平衡装置

底板及侧板 1/3 高（外层密封帘和罐体的连接点）以下部分要求密封，侧板 1/3 高以上至罐顶不要求密封，在此段罐壁上设置了一定数量的通风窗，并且沿竖向每隔 1.8m 处设有检查门。通过检查门可以进入套筒护栏顶部四周的人行道，人行道可以作为检查工作用的安全平台，在罐体外部另设旋梯以便走到门口。

罐顶是中间拱起的，四周设有栏杆扶手。为了防止活塞倾斜，滑轮是沿拱顶周围按一定的间距排列的，滑轮上设有一端连到活塞而另一端连到外部平衡重块的缆绳。外部平衡重块是沿罐壳外壁上的导轨运行的，在一个平衡重块上装有指针，可以在垂直标尺上指示所储存气体的体积。

活塞上设置了一圈护栏称为活塞护栏，它的构造是由支撑构件和特殊形状的波纹围板所组成。围板的作用是使密封帘能够卷开到套筒护栏的内表面上。套筒护栏的构造与活塞护栏相似，同时也装有围板，在围板上的外层密封帘可以卷开到罐壳壁上。在活塞护栏及套筒护栏之间以及在套筒护栏与罐壳之间有足够的间隙，故在活动部分之间没有摩擦，活塞的升降运动非常灵活平稳，也很少倾斜。

密封帘的材料必须具有耐腐蚀性能，并且要有较好的力学性能（具有良好的弹性和韧性）。目前密封帘采用的材料是聚氯丁合成橡胶弹性体，并且由特殊的尼龙布加强而制成的，这种尼龙布具有很高的抗拉强度。

当活塞带起在罐壳凸台上的套筒护栏以后，燃气的压力略有增加，为了获得较高的压力，在活塞上面需加重块。在整个活塞行程中，燃气的压力基本上保持不变，可达 6000Pa。威金斯型干式罐的各项参数如表 4-1 所示。

表 4-1　威金斯型干式罐的各项参数

公称容量/m³	直径/mm	高/mm	钢材耗/t
10000	28346	18898	220
50000	46573	38100	750
100000	59740	46939	1400
140000	65227	53340	1920

3. 高压储气罐

在高压储气罐中燃气的储存原理与前述低压储气罐有所不同，即其几何容积固定不变，

是靠改变其中燃气的压力来储存燃气的，故称定容储罐。由于定容储罐没有活动部分，因此结构比较简单。

高压罐可以储存气态燃气，也可以储存液态燃气。根据储存的介质不同，储罐设有不同的附件，但所有的燃气储罐均设有进出口臂、安全阀、压力表、人孔、梯子和平台等。

当燃气以较高的压力送入城市时，使用低压罐显然是不合适的，这时一般采用高压罐。当气源以低压燃气供应城市时，是否要用高压罐则必须进行技术经济比较后确定。

高压罐按其形状可分为圆筒形和球形两种。

(1) 圆筒形罐的构造　圆筒形罐如图 4-39 所示，是由钢板制成的圆筒体和两端封头构成的容器。封头可为半球形、椭圆形和碟形。圆筒形罐根据安装的方法可以分为立式和卧式两种。前者占地面积小，但对防止罐体倾倒的支柱及基础要求较高。后者占地面积大，但支柱和基础做法较为简单。如果罐体直接安装在混凝土基础上时，其接触面之间由于容易积水而加速罐的腐蚀，故卧式储罐罐体都设钢制鞍式支座。支座与基础之间要能滑动，以防止罐体热胀冷缩时产生局部应力。

(2) 球形罐的构造　球形罐通常由分瓣压制的钢板拼焊组装而成。罐的瓣片分布颇似地球仪，一般分为极板、南北极带、南北温带、赤道带等。罐的瓣片也有类似足球外形的。这两种球形罐如图 4-40 所示。

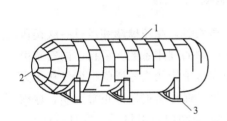

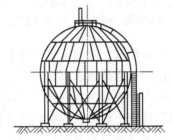

图 4-39　圆筒形罐　　　　　　　　　　　　图 4-40　球形罐
1—筒体；2—封头；3—鞍式支座

球形罐的支座一般采用赤道正切式支柱、拉杆支撑体系，以便把水平方向的外力传到基础上。设计支座时应考虑到罐体自重、风压、地震力及试压的水重量，并应有足够的安全系数。

燃气的进出气管一般安装在罐体的下部，但为了使燃气在罐体内混合良好，有时也将进气管延长至罐顶附近。为了防止罐内冷凝水及尘土进入进、出气管内，进出气管应高于罐底。

为了排除积存于罐内的冷凝水，在储罐的最下部，应安装排污管。在罐的顶部必须设置安全阀。储罐除安装就地指示压力表外，还要安装远传指示控制仪表。此外根据需要可设置温度计。储罐必须设防雷静电接地装置。储罐上的人孔应设在维修管理及制作储罐均较方便的位置，一般在罐顶及罐底各设置一个人孔。

容量较大的圆筒形罐与球形罐相比较，圆筒形罐的单位金属耗量大，但是球形罐制造较为复杂，制造安装费用较高，所以一般小容量的储罐多选用圆筒形罐，而大容量的储罐则多选用球形罐。

4. 高压储配站

如图 4-41 所示是天然气储配站。在低峰时，由燃气高压干线来的燃气一部分经过一级

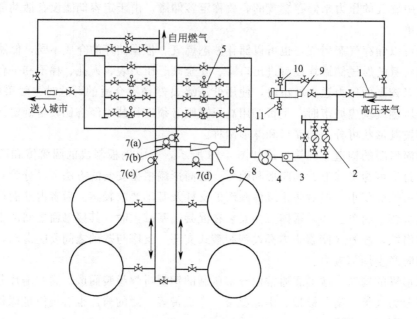

图 4-41　天然气高压储配站工艺流程图

1—绝缘法兰；2—除尘装置；3—加臭装置；4—流量计；5—调压器；6—引射器；

7—电动球阀；8—储罐；9—接球装置；10—放散；11—排污

调压进入高压球罐，另一部分经过二级调压进入城市；在高峰时，高压球罐和经过一级调压后的高压干管来气汇合经过二级调压送入城市。为了提高储罐的利用系数，可在站内安装引射器，当储气罐内的燃气压力接近管网压力时，可以利用高压干管的高压燃气把燃气从压力较低的罐中引射出来，以提高整个罐站的容积利用系数。为了保证引射器的正常工作，球阀 7(a)、(b)、(c)、(d) 必须能迅速开启和关闭，因此应设电动阀门。引射器工作时，7(b)、7(d) 开启，7(a)、7(c) 关闭。引射器除了能提高高压储罐的利用系数之外，当需要开罐检查时，它可以把准备检查的罐内压力降到最低，减少开罐时所必须放散到大气中的燃气量，以提高经济效益，减少大气污染。

为了保证储配站正常运行，高压干管来气在进入调压器前还需除尘、加臭和计量。

二、天然气液态储存

甲烷的临界温度为 −82.1℃，临界压力为 4.49MPa。在 0.055MPa 压力下，达到 −161℃，甲烷即可液化。使用液化温度取决于储存压力。最常用的是深度冷冻法，将天然气冷却至 −162℃，在常压、低温下储存。天然气液态容积为气态的 1/600。

液态天然气必须储存在低温储罐中，低温储罐通常是由内罐和外罐构成，中间填充隔热材料。

(1) 内罐　内罐又称"薄膜罐"，是由薄低温钢板制成的具有液密性、可挠性的内容器，它必须把液压头传递给隔热层。用作薄膜的材料必须具有在低温条件下不脆化的特性，并具有足够的韧性与良好的加工性能，通常采用镍钢、不锈钢或铝合金。

(2) 隔热层　隔热层在将液压头传递给外罐体的同时，还起着减少气化量缩小罐体内外壁温差、减轻由此产生的温差应力的作用，另外它还有固定"薄膜"的功能。因此要求隔热层热导率小，而且具有足够的强度。能满足这些条件的材料有硬质泡沫氨基甲酸乙酯、泡沫玻璃、珍珠岩以及硬质泡沫酚醛树脂等。为了提高隔热材料的隔热性能和经济性，可采用由粉末状、纤维状、板状等隔热材料混合使用的隔热法。

液化天然气注入罐内后，内罐壁就会冷缩；反之液化天然气完全被排出后，罐内温度将逐步上升，内罐壁随之伸张。填充在内外罐中间的粉末状隔热材料，由于内罐壁的反复胀缩变得严实。因此在靠近内罐处必须敷设一层伸缩性强的隔热层，此隔热层的厚度与内罐壁的胀缩相适应，并在内罐壁胀缩时起缓冲作用，保证储罐安全运行。

（3）外罐（又称罐体）　外罐就是能承受各种负荷的外壳，它必须具有足够的强度。根据所用材料不同可以分为冻土壁、钢制壁、钢筋混凝土壁及预应力混凝土壁几种。

① 冻土壁。冻土壁和隔热盖形成气密性封闭空间作为外罐，又称为坑储穴。在建造时，用冷却管使内罐周围土壤冻结而成。坑储穴投产后，低温液体会使周围继续保持冷冻状态，而且这一冻土层还会逐年扩张，因此蒸发损失也会逐年减少。建造坑储穴的先决条件是要有一个较高的地下水位，此外，坑储穴的底应该是最不容易渗透的岩石或黏土层。

② 钢制壁（包括合金及铝）。钢制壁只适用于建造地上低温储罐。液化天然气的地上低温储罐与一般常温储罐不同，必须考虑罐底下的地面因土壤冻结膨胀而鼓起，使储罐有损坏的危险，所以必须采取措施，防止地面土壤冻结。一般可以将地上储罐分为落地式和高架式两种，如图 4-42 所示。

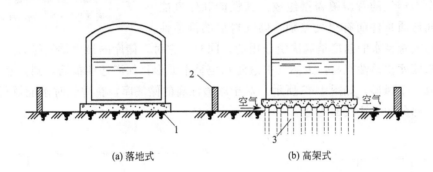

(a) 落地式　　　　　(b) 高架式

图 4-42　储罐底部的防冻措施结构图

1—加热管；2—防波堤；3—柱

落地式底部用珍珠岩混凝土隔热，在预埋的管道中通入热风或热水，或在基础内部预设电加热器，以防土壤冻结。

高架式是用立柱支撑罐体底盘，使其与地面分开，保持储罐与地面之间空气畅通，防止液化天然气吸收地面大量热量，以避免土壤冻结。

③ 钢筋混凝土壁及预应力混凝土壁。这两种外壁是地下罐外壳的主要材料，具有以下几种优点。

a. 钢筋混凝土和预应力混凝土是很好的低温材料，即使薄膜受损，低温储液与预应力混凝土壁接触也不会损坏外壁。

b. 耐久性好，不受地下水腐蚀，不变脆。

c. 它有很好的液密性，并且具有较好的抗震性能。

具有钢筋混凝土外壁的地下储罐如图 4-43 所示。

根据国外资料介绍，建造三种罐的费用以坑储穴最便宜，地上复壁金属罐最贵。但是包括运行费用在内的三种储存方式生产成本几乎是相同的。

三、天然气的地下储存

燃气的地下储存通常有下列几种方式：利用枯竭的油气田储气；利用含水多孔地层储气；利用盐矿层建造储气库储气；利用岩穴储气。利用枯竭的油气田储气最为经济，利用岩穴储气造价较高，其他两种在有适宜地质构造的地方可以采用。

1. 利用枯竭油气田储气

为了利用地层储气，必须准确地掌握地层的下列参数：空隙度、渗透率、有无水浸现象、构造形状和大小、油气岩层厚度、有关井身和井结构的准确数据及地层和邻近地层隔绝的可靠性等。以前开采过而现在枯竭的油气层，经过长期开采之后，其参数无疑是已知的，因此已枯竭的油田和气田是最好和最可靠的地下储气库。

2. 含水多孔地层中的地下储库

这种储库的原理如图 4-44 所示，天然气储库由含水砂层及一个不透气的背斜覆盖层组成。其性能和储气能力依据不同地质条件而有很大差别。储气岩层的渗透性

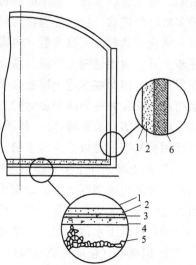

图 4-43 具有钢筋混凝土
外壁的地下储罐结构图
1—金属薄膜；2—隔热材料；
3—沥青防水层；4—混凝土找平；
5—底部垫层；6—钢筋混凝土

对于用天然气置换水的速度是起决定作用的，同时，它对于储库的最大供气能力也具有一定意义。如果储库渗透性很高，天然气扩散时水位呈平面形；如渗透性很低，则天然气扩散时使水位形成一个弧形，如图 4-45 所示。对于渗透性高的储气库，在排气时水能够很快压回，还可回收一部分用于注气的能量。

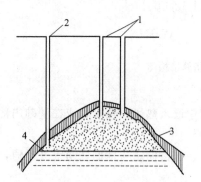

图 4-44 多孔地层中地下储库的原理图
1—生产井；2—检查井；3—不透气覆盖层；4—水

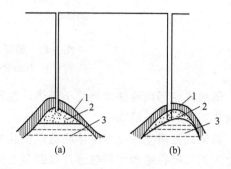

图 4-45 天然气的分布与岩层渗透性的关系图
1—不透气覆盖层；2—天然气；3—水

储气岩层的渗透性对于工作气和垫层气的比例也有很大影响。工作气是指在储存周期内储进和重新排出的气体，而垫层气是指在储库内持续保留或作为工作气和水之间的缓冲垫层的气体。如岩层的渗透性越小，工作气与垫层气的比例就越小，因而越不利。

含水砂层的地质结构只有在合适的深度，才能作为储气库，一般为 400～700m。深度超过 700m，由于管道太长而不经济；太浅则在连续排气时，储库不能保证必要的压力。

不透气覆盖层的形式对工作气和垫层气的比例也有很大影响，特别是当储气岩层的渗透性很小时，平面盖层的结构是不适宜的，因为它需要非常多的垫层气。

3. 利用盐矿层建造储气库

图 4-46 所示，是利用盐矿层建造人工地下储气库时排盐设备流程。

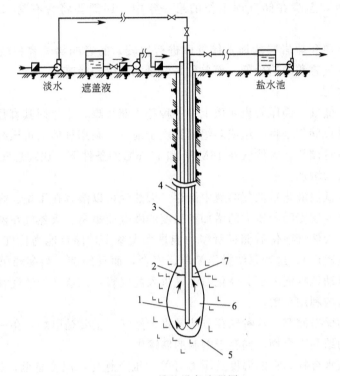

淡水　遮盖液　　　　　　　盐水池

图 4-46　排盐设备流程图

1—内管；2—溶解套管；3—遮盖液输送管；4—套管；5—盐层；6—储穴；7—遮盖液垫

将井钻到盐层后，把各种管道安装至井下。由工作泵将淡水通过内管 1 压到岩盐层。饱和盐水从管 1 和管 2 之间的管腔排出。当通过几个测点测出的盐水饱和度达到一定值时，即可停止排除盐水的工作。

为了防止储库顶部被盐水冲溶，要加入一种遮盖液，它不溶于盐水，而浮于盐水表面。不断地扩大遮盖液量和改变溶解套管长度，使储库的高度和直径不断扩大，直至达到要求为止。储库建成后，在第一次注气时，要把内管再次插到储库底部，从顶部打入天然气，将残留的盐水置换出库。

盐矿层储库的工作流程如图 4-47 所示。

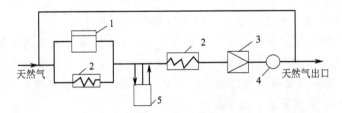

天然气　　　　　　　　　　　　　　　　天然气出口

图 4-47　盐矿层储库工作流程图

1—压缩机；2—预热器；3—调压器；4—干燥器；5—储气井

如果长距离输气管线的压力大于储库的压力，则必须先使天然气通过预热器再进入储库，这样就能防止在压力突然降低时冻结。

如果储库的压力和管线压力相等，则必须使天然气经压缩机加压，使它达到需要的压力送入储库，而储库则靠自身的压力将天然气输出。输出的天然气在进调压器前也需经过预热器。此外，至少在储气库工作的第一年中，还需要将含有盐水的天然气进行干燥处理。

对建造在含水层和盐岩层的地下储气库进行比较，前者的储气容积较大，但采气率较低，因此其单位储气容积的造价低，而单位采气量的造价却较高。

4. 其他储存方法

（1）高压管束储气　高压管束实质上是一种高压储气罐，不过因其直径较小，能承受更高的压力。高压管束储气是将一组或多组钢管埋于地下，利用气体的可压缩性及其高压下同理想气体的偏差进行储气。天然气在 16MPa 和 15.6℃的条件下，比理想气体的体积小 22%左右，使储气量大为增加。

（2）天然气在低温液化石油气溶液中储存　天然气可以溶解在丁烷、丙烷或这两种混合物的溶剂中，而且溶解度随着压力的增加和温度的降低而提高。天然气在液态液化石油气中储存所需的能量比天然气液化后储存所需的能量大大减少，储存能力比气态储存时高 4～6 倍（视压力和温度而定），这种系统操作简单、安全，而且经济。当高峰用气时，罐内压力较低，天然气将自动地掺混一部分液化石油气供入配气管网。这样天然气管道可以长期均衡地供气，提高管道的利用系数。

（3）天然气的固态储存　这种储存方法是将天然气（主要是甲烷）在一定的压力和温度下，转变成固体的结晶水合物，储存于钢制的储罐中。

甲烷能否形成水合物同它的温度及压力有关。压力越高，温度越低，越易形成水合物。当甲烷内掺有较重的烃，可使水合物的分解或形成压力显著下降。

$100m^3$ 的甲烷在水分充足的条件下生成大约 600kg 水合物，体积为 $0.6m^3$。气体体积与相当于该体积的水合物体积之比约为 170。但如考虑到结晶水合物不应充满储罐的全部体积，可以认为甲烷水合物所占体积为甲烷气体体积的 1%，这样在固态下储存甲烷气体所需的储存容积，约为液态下储存同量气体所需容积的 6 倍。

【思考题】

天然气通过船舶运输的特点。

[拓展与提高]　　压缩天然气加气站介绍

一、CNG 加气站概述

CNG 加气站根据所处站址及功用的不同，基本分为常规站、CNG 母站、CNG 子站 3 种类型（其选用的设备，特别是压缩机的类型有很大的不同）。

常规站：加气站从管网取气，直接给车辆加气。站内通常有地面高压储气瓶组（200～250kg）、压缩机撬块，控制系统及加气机，通常一个站设 2～4 台双枪加气机。

CNG 母站：除具有常规站的功能外，还通过设在站内的加气柱向子站拖车加气，子站拖车可以将 CNG 运到子站，向子站供气。

CNG 子站：在城市中心管网无法达到的地方建立，由子站拖车向其供气，然后通过压缩机、地面储气系统、地面储气瓶组、加气机向车辆加气。

CNG 加气站的主要设备包括气体干燥器、压缩机组、储气装置、充气优先级控制盘、加气柱、售气机等。

二、CNG加气站储气装置

天然气汽车加气站储存系统作为加气站主体部分之一所处的重要地位直接影响到加气站储气技术的发展。我国的天然气汽车产业初始于20世纪50年代的低压橡胶皮包天然气汽车，直至80年代才真正发展起来，1988年在四川兴建了第一座全进口新西兰的CNG加气站，继而，国产天然气汽车改装部件及加气站设备，如压缩机、气体处理设备、售气机、储存容器等相继问世。近年来，天然气加气站储气技术的完善和提高为天然气汽车产业的发展打下了良好的基础，几年来，CNG加气站储存容器由最初的氧气瓶走向了天然气专用瓶、从小型气瓶组发展到大型瓶组，90年代中期又出现了井式储气技术，近几年在四川大型焊接容器储气形式的出现立即得到了人们的关注，伴随着天然气汽车及加气站设备技术的发展，天然气加气站储气技术也得到了不断地发展，储气技术愈来愈向安全、可靠、经济的大型化方向发展。

目前，储气方案主要有DOT储气瓶组、ASME容器单元、地下储气井三种方案可供选择。

1. DOT储气瓶组

DOT储气瓶组的设计压力25MPa，设计标准为DOT49CFR之178.37节压缩气体运输标准，安全系数为2.48，一般不作为地面存储。DOT没有制定地面应用标准的权限，不允许有排污口，初期投资低，运行维修成本高，每3年必须把单元拆开，对每只瓶子进行水压实验。DOT储气瓶组的场地面积在50m²以上，属于松散结构，没有结构整体性，容器多，接头多，存在泄露危险且管线尺寸小，流动阻力大。

2. ASME容器单元

ASME容器单元的设计压力27.6MPa，设计标准为ASME第Ⅷ章1节压缩气体地面存储设计标准，安全系数3，容器壁厚比同等DOT瓶壁厚高出39%，通常作为地面存储。ASME允许容器上有排污口，初期投资高，运行和维修成本低，除一般的外部和内部直观检测外，不需再检测。ASME容器单元的场地要求5~7m²，坚固，整体结构能更好地承受冲击载荷及地震波动；其容器数量少，接头少，管线尺寸大，流动阻力较小。

3. 地下储气井

地下储气井的设计压力为25MPa，储气井的深度一般为100m。它由十几根石油钻井工业中常用的18cm套管通过管端的扁梯形螺纹和接头连接而成，封底和封头由焊接平盖的接头与套管通过螺纹连接，套管是按照API标准5CT制造的N80钢级石油套管，钢号为30Mn4和28CrM06。地下储气井的占地面积很小，有利于站场平面布置；虽然初期投资较大，但据四川石油管理局提供的资料表明该储气井至少可以使用25年以上，并可以节省检验维修费，安全可靠性好。地下储气井的缺点是耐压试验无法检验强度和密封性，制造缺陷也不能及时发现，排污不彻底，容易对套管造成应力腐蚀。以某个有六口储气井的CNG加气站为例，包括高压一口、中压二口、低压三口，其主要性能参数材料为APIP110钻井用套管，规格为18cm×100cm（内径157mm，壁厚10.36mm），压力（表压）为25MPa。

小型储气瓶组技术是大型化储气技术发展的基础；而大型化储气技术的发展是小型气瓶组储气技术的未来。大型的气瓶具有安装简单、占地少、使用年限长、不需检测、日常维修费用低等多方面的优势，更重要的是大气瓶的安全性能比小气瓶更优，且运行成本低，这也是当前建设CNG加气站多采用大型瓶组的主要原因。

三、CNG加气站实例

压缩天然气加气站由天然气引入管道和过滤、计量，脱硫、脱水、调压、压缩、储存、加气等主要生产工艺系统和循环冷却、废油回收、冷凝处理、供电、供水等辅助生产工序以及站房所组成。根据各工序的工艺特点，压缩天然气加气站可分为储存加压生产区和加气营业辅助区两大区域。下面是某压缩天然气加气站的工艺流程（图4-48）和压缩天然气加气站平面布置示意图（图4-49）。

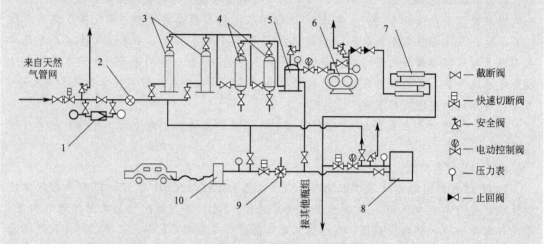

图4-48　压缩天然气加气站的工艺流程图

1—调压器；2—计量器；3—脱硫塔；4—脱水塔；5—缓冲罐；
6—压缩机；7—水冷器；8—储气瓶组；9—四通阀；10—加气机

储存加压生产区内设有天然气压缩机房，包括过滤、计量、压缩、脱水装置和储气瓶库（或用于储存压缩天然气的储气井）、天然气压缩机冷却系统等。加气营业辅助区设有加气区（包括天然气加气岛）、营业站房（含营业室、财务室、值班室、办公室、仪表总控制室等）、综合辅助用房（含高低压变配电室、消防水系统等）。

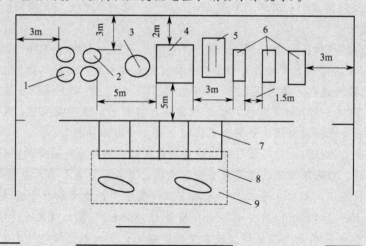

图4-49　压缩天然气加气站平面布置示意图

1—脱硫塔；2—脱水塔；3—缓冲罐；4—压缩机间；
5—水冷器；6—储气组；7—站房；8—罩棚；9—加气岛

习　题

一、填空题

1. 天然气储运系统是由_____、_____、_____、_____以及各种用途的_____所组成。

2. 甲烷在 0.055MPa 压力下，达到_____℃，甲烷即可液化。

3. 液态天然气必须储存在_____储罐中，储罐通常是由内罐和外罐构成，中间填充隔热材料。

二、选择题

1. 利用（　　）储气最为经济。

　　A. 枯竭的油气田　　　B. 含水多孔地层　　　C. 盐矿层建造储气库

2. 气田集输管网流程可分为（　　）种型式。

　　A. 四　　　　　　　　B. 五　　　　　　　　C. 六

三、名词解释

1. 气田集输目的

2. 通球清管目的

四、简答题

1. 天然气储存的种类。

2. 简述往复压缩机站工艺流程。

项目五 天然气制乙炔及其下游产品

【学习任务】
　　1. 准备资料：乙炔的性质及用途。
　　2. 主题报告：乙炔的供需情况及国内外生产情况。
　　3. DCS 操作天然气制乙炔生产流程图。
【情境设计】
　　在实训室里设置活动现场，使用电子图书、网络资源，了解乙炔的生产特点、生产现状。
【效果评价】
　　1. 在教师引导下分组讨论、演讲，每位学生提交任务报告单。
　　2. 教师根据学生研讨及任务报告单的完成情况评定成绩。

学习情境一　天然气制乙炔生产工艺

一、乙炔的性质与质量指标

1. 乙炔的性质

　　在常温常压下，纯净的乙炔是无色、略带醚味的气体，但用电石制备的乙炔因含有磷化氢及硫化氢等杂质而有臭味。其压力、温度、密度之间的相互关系如表 5-1 所示。

表 5-1　乙炔压力、温度和密度的关系

温度/℃	压力/MPa	液体密度/(kg/m³)	气体密度/(kg/m³)	温度/℃	压力/MPa	液体密度/(kg/m³)	气体密度/(kg/m³)
−84	0.098	—	—	−30	1.068	532	17
−81.5	0.118	618	2.1	−20	1.460	512	24
−70	0.216	601	3.6	0	2.577	464	45
−60	0.341	565	5.6	10	3.322	435	60
−50	0.519	568	8.5	20	4.224	400	82
−40	0.755	551	12	30	4.302	346	122

　　乙炔的一般物理性质如表 5-2 所示。乙炔本身不是极性分子，其偶极矩为零。但是，在较宽的温度范围内，乙炔易溶于偶极矩大的溶剂中，其溶解度的大小与温度、压力和溶剂性质有关，在水中的溶解度如表 5-3 所示，在一些常用有机溶剂中的溶解度如表 5-4 所示。乙炔的溶解过程，对不同溶剂来说其溶解热的差异很小，在 17kJ/mol 左右。

　　乙炔和其他烃类相比稳定性较差，易分解成碳和氢。乙炔分解时放出大量的热，其热量足以使乙炔发生连锁反应。因此，即使工业纯乙炔在加压加热时也可能发生爆炸，其最小爆炸分解压力为 0.144MPa，随着容器直径的增大，此最小爆炸分解压力相应降低。为防止爆炸危险，在压缩乙炔时应减小压缩比，增多压缩段数，并在段间适当冷却。输送乙炔时，容器中常充填木炭粉和石棉，并加入丙酮溶剂，然后将乙炔溶解在丙酮溶剂中，以保证安全。

表 5-2　乙炔的一般性质

分子式	C_2H_2	摩尔热熔 C_p(20℃,0.101MPa)	43.920kJ/(kmol·K)
结构式	HC≡CH	C_v(20℃,0.101MPa)	35.295kJ/(kmol·K)
相对分子质量	26.038	C_p/C_v(20℃)	1.224
固体乙炔升华点(0.101MPa)	−84.1℃	气体黏度(20℃,0.101MPa)	1.03×10^{-3}Pa·s
熔点	−80.55℃	临界温度	35.2℃
蒸汽固化温度	−83.8℃	临界压力	6.242MPa
三相点压力	0.128MPa	临界密度	231kg/m³
气体密度(0℃,0.101MPa)	0.171kg/m³	生成热	−227.3kJ/mol
液体密度(−80℃)	613kg/m³	燃烧热	1308.0kJ/mol
蒸发潜热(0.101MPa)	829.0kJ/kg	扩散系数	0.126×10^{-4}m²/s
导热系数(0℃,0.101MPa)	0.0662kJ/(m·k·h)	气体常数	32.59kg·m/(kg·K)

表 5-3　乙炔在水中的溶解度　　　　　　　单位：g/kg

温度/℃	压力/MPa							
	0.1	0.5	1.0	1.5	2.0	2.5	3.0	4.0
1	1.97	9.43						
10	1.56	7.40	14.20	20.30				
20	1.23	5.82	11.40	16.60	21.20	25.0	28.70	
30	1.01	4.70	9.50	14.00	17.90	21.50	25.0	30.70

表 5-4　乙炔在各种溶剂中的溶解度

($p_{C_2H_2}$＝0.098MPa，并折算成标准状况下的体积)　　　单位：m³/m³溶剂

温度/℃	丙酮	液氨	甲醇	N-甲基吡咯烷酮	二甲基甲酰胺	醋酸甲酯	乙醚	间二甲苯	二氯乙烷
20	20	31.4(25℃)	11.5	38.4	37	19.5	7.2	10.1	10.0
10	28	—	15	47.5	46	27.0	12.0	10.8	14.3
0	40	—	20	63.0	60	35.5	21.5	11.6	18.6
−10	56	—	28.0	90.0	79	46.0	35.5	14.3	22.6
−20	80	—	38.0	125.0	108	63.0	55.0	18.3	27.0
−30	120	170	52.2	—	150	87.0	84.0	25.3	—
−40	164	240(−45℃)	77.5	—	190	115.0	118.0	34.0	—
−50	233	—	114.1	—	234	148.0	155.0	—	—
−60	306	—	172.5	—	273	183.0	192.0	—	—
−70	444	—	284.0	—	—	236.0	230.0	—	—

乙炔与空气混合时，其爆炸范围较之其他可燃气体都大，如表 5-5 所示，在 200mL 容

器内，乙炔与氧混合的爆炸浓度范围为 3.4%～90%。乙炔与氯混合，在光的作用下即能发生爆炸。

表 5-5　乙炔与空气混合的爆炸范围

乙炔浓度(体积分数)/%	实验条件	乙炔浓度(体积分数)/%	实验条件
7.7～10	水平火焰,管径 0.5mm	2.9～64	水平火焰,管径 40mm
5～15	水平火焰,管径 2mm	3～82	下部火焰,管径 75mm
4.5～25	水平火焰,管径 4mm	1.5～58.7	下部火焰,管径 14mm
4～40	水平火焰,管径 6mm	2.8～51.7	下部火焰,容器 100mL
3.5～55	水平火焰,管径 20mm	约 73.0	上部火焰,容器 2800mL
3.1～62	水平火焰,管径 30mm	3.4～52.5	上部火焰,容器 200mL

某些惰性气体对乙炔的爆炸分解有抑制作用，可以用来作为稀释剂，以减少高压乙炔的爆炸危险，例如，氮气和氨气都是较好的稀释剂。近来又有人提出用 NO、HCl、HI、HBr 和 C_2H_3Br 作为稳定剂来防止乙炔爆炸分解。据称，这类气相填加剂用量占混合物总量的 0.5%～10%，比常用的惰性气体稀释剂效果更佳。一些稀释剂对乙炔爆炸的影响如表 5-6 所示。

表 5-6　稀释剂对乙炔分解爆炸最小分压的影响

稀释剂	CO_2		N_2		He		H_2	
总压/MPa	乙炔浓度/%	最小分压/MPa	乙炔浓度/%	最小分压/MPa	乙炔浓度/%	最小分压/MPa	乙炔浓度/%	最小分压/MPa
0.203	85	0.172	77	0.152	81	0.162	81	0.162
0.274	77	0.213	68	0.182	69	0.193	69	0.193
0.446	67	0.294	53	0.233	52	0.233	51	0.213
0.618	62	0.385	47	0.294	45	0.273	42	0.263
0.790	59	0.466	45	0.335	42	0.344	39	0.304

某些金属及其氧化物对乙炔爆炸分解有很强的催化作用，而且氧化物的作用远比纯金属剧烈。乙炔与金属铜接触能生成高爆炸性的乙炔铜化合物，在过热、摩擦或冲击作用下，少量乙炔铜爆炸会迅速引起大量乙炔发生爆炸，因此，在生产乙炔及乙炔加工装置中，通常不允许使用铜和铜合金材料来制造与乙炔接触的管道、阀门和设备。

2. 乙炔的质量指标

乙炔作为一个中间产品，当生产不同的下游产品乃至采用不同的工艺时有不同的质量要求，表 5-7 提供了经 NMP 提浓后的乙炔的质量指标。

表 5-7　乙炔的质量指标

组分	乙炔	C_3烃	C_4烃	CO_2	其他
含量/%	>99	<0.75	<0.05	<0.12	<0.08

二、天然气制乙炔生产工艺

以天然气（主要是甲烷）为原料制造乙炔，需在高温下才能进行；而甲烷热裂解生产乙炔又是一个强吸热反应，故需要提供大量能量；此外，目的产物乙炔的性质又十分活泼且易于分解。可见，高温、供热及控制反应时间构成了天然气裂解制乙炔的主要工艺要素。

部分氧化法是天然气制乙炔的主体工艺，它利用部分天然气燃烧形成的高温和产生的热量创造了甲烷裂解为乙炔的条件。各种天然气制乙炔的工艺的主要区别在于产生高温和提供反应所需能量的方式，以及相应的裂解反应器的结构。已工业化的工艺有部分氧化法、电弧法和热裂解法等。BASF 工艺是部分氧化法的代表性工艺。电弧法是最早工业化的天然气制乙炔的方法。热裂解法则使用蓄热炉将烃类燃烧产生的热量存储，然后切换进行烃类裂解产生乙炔的反应。

1. 部分氧化法

天然气部分氧化法制乙炔的典型代表是巴斯夫工艺（BASF 工艺），以此工艺建设的生产装置已有 23 套，总生产能力达到 $80 \times 10^4 t/a$。此外，比利时氮素化学公司（SBA）与美国 Kellogg 公司合作开发了用于天然气裂解制乙炔的 SBA-Ⅰ型炉，已建设 8 套装置，合计生产能力为 $20 \times 10^4 t/a$。意大利蒙特卡蒂尼公司、美国孟山都公司及前苏联国家氮气工业和有机合成产品科学研究设计院等也都开发有天然气部分氧化法生产乙炔的工艺。

（1）化学反应　天然气在部分氧化炉内的反应十分复杂，其主要反应有以下一些。

目标反应：

$$2CH_4 \longrightarrow C_2H_2 + 3H_2 \quad \Delta H = 381kJ \tag{5-1}$$

提供高温和热量的反应：

$$CH_4 + O_2 \longrightarrow CO + H_2O + H_2 \quad \Delta H = -278kJ \tag{5-2}$$

$$CO + H_2O \longrightarrow CO_2 + H_2 \quad \Delta H = -41.9kJ \tag{5-3}$$

乙炔分解反应：

$$C_2H_2 \longrightarrow 2C + H_2 \quad \Delta H = +227kJ \tag{5-4}$$

除这些反应外，还有一些乙炔聚合生成高级炔烃、烯烃及芳烃的反应等。

表 5-8 给出了甲烷与氧气的混合物的自燃着火温度和诱导期，这些数值对工业上决定预热温度及两者的混合时间有指导意义。从表 5-8 可见，在甲烷的自燃着火温度 650～850℃范围内，随温度上升而着火诱导期缩短；天然气中 C_2^+ 烃的存在也可显著缩短着火诱导期。

表 5-8　甲烷与氧气的混合物的自燃着火温度和诱导期

混合气组成/%			自燃着火温度 /℃	着火诱导期 /s
CH_4	O_2	N_2		
61.5	37	1.5	650	2.4
61.5	37	1.5	700	1.18

（2）BASF 法工艺流程　BASF 法天然气制乙炔的工艺流程见图 5-1，整个装置包括气体预热、反应炉、骤冷、分离炭黑及乙炔提浓等几个工序。

BASF 工艺的核心是其反应炉，气体入炉采用引射式旋涡高速混合器，图 5-2 为其结构示意图。BASF 反应炉的若干主要工艺条件见表 5-9。

表 5-9　BASF 反应炉主要工艺条件

预热温度 /℃	氧化 O_2 /ΣC	混合管流速 /(m/s)	混合区停留时间 /s	烧嘴速度 /(m/s)	反应温度 /℃	反应区流速 /(m/s)	反应压力	反应区停留时间 /s	骤冷温度 /℃
600～650	0.576	250～350	0.01～0.2	120～200	1500	40～60	常压	0.003～0.005	87

经过不断改进，BASF 反应炉的烧嘴直径已由 8mm 扩大到 25mm，相应地每炉烧嘴数由 360 个降至 100 个以下；反应区气流速度可升至 60m/s 以上，因此单炉生产能力可达 7000t/a。

经骤冷后的裂解气（称为稀乙炔气）的组成见表 5-10。从表中可见，在天然气制乙炔过程中有一定量的炭黑生成，除在骤冷时除去少量炭黑，通常需使用电过滤器将稀乙炔气中

的炭黑含量降至 $3mg/m^3$ 以下再进入提浓工序。

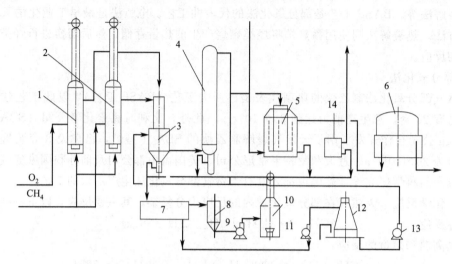

图 5-1　BASF 法工艺流程图

1—氧气预热器；2—天然气预热器；3—乙炔炉；4—冷却塔；5—电滤器；6—气柜；7—炭黑浮升器；
8—搅拌器；9—炭黑泥浆泵；10—焚烧炉；11—水泵；12—凉水塔；13—循环水泵；14—放空水封

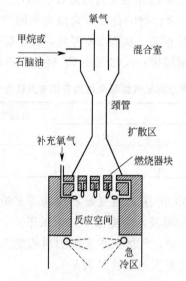

图 5-2　BASF 反应炉结构示意图

表 5-10　BASF 法稀乙炔气组成

组分	C_2H_2（压力为 14.66kPa）	H_2	CO	CO_2	CH_4	O_2	其他	炭黑
体积分数/%	8.4	56.0	27.5	3.4	3.7	0.5	0.5	$37.5(g/m^3)$

当以水将裂解气骤冷时，裂解气所含的大量显热无法回收。为了回收这部分热量，BASF 公司开发了以渣油代替水骤冷的工艺；与水骤冷法相比，此时每生产 1t 乙炔可回收 6.7t 蒸汽，取得了很好的节能效益。

乙炔提浓常用的溶剂是 NMP 或 DMF（N,N-二甲基酰胺），两者均可在同一装置内完成乙炔提浓、脱除 CO_2 和乙炔同系物的过程。表 5-11 给出了裂解气中各组分在 NMP 中的溶解度。从表可见，NMP对高级炔烃以及二烯烃等有很强的亲和力，此外它对芳烃也有很好的溶解性能。

表 5-11 裂解气组分在 NMP 中的溶解度（101.3kPa，20℃） 单位：m³/m³

乙炔	甲烷	乙烯	乙烷	丙烷	丙烯	丙二烯	甲基乙炔	丁烯
38.7	0.28	1.9	1.24	4.74	7.6	30.5	82.5	30.0

异丁烯	1,3-丁二烯	乙烯基乙炔	二乙炔	氢	氧	硫化氢	二氧化碳	
32	94	292	4870	0.05	0.055	48.8	3.95	

为此，在生产装置中，裂解气先以少量的 NMP 预吸收以除去芳烃及乙炔聚合物，然后再加压进入乙炔吸收塔，尾气（即合成气）从塔顶逸出，吸收了乙炔的浓溶剂则经两个解吸塔析出乙炔，高级炔则在另一塔分出，其工艺流程见图 5-3。

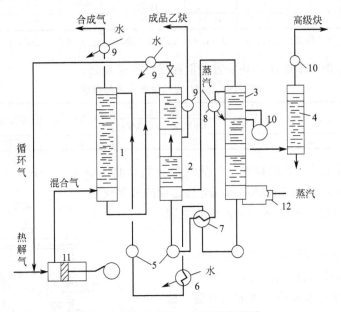

图 5-3 NMP 提浓乙炔工艺流程图

1—乙炔吸收塔；2——段解吸塔；3—二段解吸塔；4—辅助塔；5—泵；6—冷却塔；
7—热交换器；8—预热器；9—气体洗涤器；10—真空泵；11—压缩机；12—再沸器

经 NMP 提浓所得到的成品乙炔及副产尾气的组成分别列于表 5-12 及表 5-13 中。

表 5-12 NMP 提浓的成品乙炔组成

组成	乙炔	C_3烃	CO_2	C_4烃	其他
体积分数/%	>99	<0.75	<0.12	<0.05	<0.08

表 5-13 NMP 提浓副产尾气组成

组成	CO	CO_2	H_2	CH_4	C_2H_2	其他
体积分数/%	29.2	3.9	61.7	4.0	<0.05	<1.15

（3）BASF 法的消耗指标 以 1000m³ 干基裂解气为基准的 BASF 法进料与出料的物料平衡数据见表 5-14，在裂解过程中实际上还产生了一定量的炭黑，但并未在此表中反映出来。

表 5-14　天然气部分氧化裂解炉物料平衡

进　料				出　料			
组成	体积/m^3	体积分数/% (1)	体积分数/% (2)	质量/kg	组分	体积/m^3	体积分数/% (1)	体积分数/% (2)	质量/kg
天然气	557.4	62.5		445.5	干裂解气	1000	72.2		612.1
CH_4	518.0		92.9		C_2H_2	80		8.0	92.9
C_2H_6	21.1		3.8		C_2H_4	3		0.3	2.1
C_3H_8	8.3		1.5		CH_4	50		5.0	35.8
C_4H_{10}	5.0		0.9		H_2	547.3		54.73	49.4
其他烃	5.0		0.9		CO	258.4		25.84	324.0
					CO_2	40		4.0	78.5
氮气	334.4	37.5		473.9	N_2	16.7		1.67	20.9
O_2	317.7		95.0		O_2	2		0.2	2.8
N_2	16.7		5.0		C_3^+①	2.6		0.26	5.7
					H_2O	381		27.8	307.3
合计	891.8	100.0	100.0	919.4	合计	1381	100.0	100.0	919.4

① 包括丙二烯和甲基乙炔（$0.5m^3$）、丁二炔（$1m^3$）、乙烯基乙炔（$0.1m^3$）以及丁二烯＋苯（$1m^3$）。

以每吨乙炔计的 BASF 法乙炔装置的消耗指标于表 5-15。

表 5-15　BASF 法乙炔装置消耗指标

天然气/m^3		氧气/m^3	NMP/kg	蒸汽/t		电/kW·h	循环水/m^3	软水/t
原料	燃料			3.6MPa	0.6MPa			
5741	434	3323	4.2	23.1	6.2	615.2	255.2	17.7

（4）其他部分氧化工艺的特点　天然气部分氧化制乙炔除 BASF 工艺外，还有一些其他工艺。在这些工艺中，以 SBA-Kellogg 法建设的装置较多。

与 BASF 法相比，SBA-Kellogg 法的主要特点有以下几点。

① 全部使用金属材料而不用耐火材料，故开车迅速，几分钟即可进入正常经行。

② 反应区侧壁有水膜沿气流方向润湿，故不会结炭而可取消刮炭设施，但水幕也使裂解气中的乙炔浓度降低。

③ 混合室为多管式，每根混合管接一喷嘴而无需扩散管，因混合时间缩短而可将预热温度升至 700℃。

④ 乙炔以液氮提浓，氨可用乙炔尾气生产，有助于降低成本。

SBA-Kellogg 法的缺点是裂解气中乙炔浓度稍低一些（7.8%～8%），其天然气及氧耗量也略高于 BASF 法，相应地副产尾气量也多一些。

图 5-4 为 SBA-Kellogg Ⅰ 型乙炔炉的结构示意图。

其余的工艺亦各有特点。蒙特卡蒂尼法的

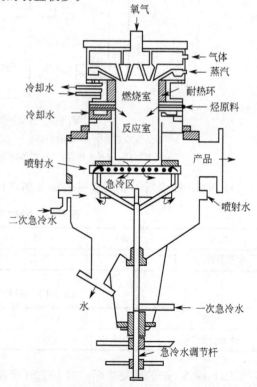

图 5-4　SBA-Kellogg Ⅰ 型乙炔炉示意图

主要特点是反应在 0.4MPa 的压力下进行，因此后续的压缩能耗降低、生产能力增大，但预热温度需降至 500～550℃（因加压下爆炸范围扩大），氧耗也增加。孟山都法（Mensanto）在烧嘴内设置旋涡器产生旋转火焰（简称旋焰），可防烧嘴花板下表面结炭。

（5）乙炔尾气的利用 BASF 法每生产 1t 乙炔副产尾气约 8750m³，其合理利用对整个工厂的经济性意义巨大。从表 5-13 可见，尾气中 CO 及 H_2 的含量达到 90% 以上，其 H_2/CO 比为 2.11，$(H_2-CO_2)/(CO+CO_2)$ 比则在 1.75 左右。因此，乙炔尾气是合成甲醇、二甲醚以及合成油的良好原料。

当然，根据市场情况，也可将乙炔尾气用于合成氨（变换、脱碳，配入计量的氮）。SBA-Kellogg 法按其工艺特点也以合成氨装置与乙炔装置衔接，每吨乙炔配套的合成氨为 4～5t。

2. 电弧法

电弧法也是 BASF 开发的，它在电弧炉内的两电极间通入高电压强电流形成电弧，电弧产生的高温可使甲烷及其他烃类裂解而生成乙炔。所采用的电弧电压为 7kV，电流强度 1150A，电弧区最高温度可达到 1800℃。

图 5-5 为电弧法制乙炔的工艺流程图。天然气以螺旋切线方向进入电弧炉的涡流室，气流在电弧区进行裂解，其停留时间短至 0.002s。裂解气在后续的分离系统除去炭黑及其他杂质，然后提浓回收乙炔。

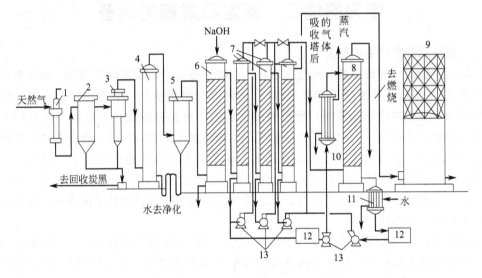

图 5-5 电弧法制乙炔的工艺流程图

1—电弧炉；2—炭黑沉降器；3—旋风分离器；4—泡沫洗涤塔；5—湿式电滤器；6—碱洗塔；
7—油洗塔；8—解吸塔；9—气柜；10—加热器；11—冷却器；12—储槽；13—泵

以甲烷含量为 92.3% 的天然气使用电弧法裂解所得的气体组成见表 5-16。

表 5-16 电弧法裂解气组成

组分	C_2H_2	CH_4	C_2H_6	C_2H_4	C_3H_8	C_3H_6	C_2H_4	C_4H_6	丁二烯	乙烯基乙炔
体积分数/%	14.5	16.3	0.04	0.9	0.03	0.02	0.4	0.02	0.01	0.1

在电弧法生产装置中，骤冷也可不用水而使用烃类如 C_4 馏分，此部分烃类可产生附加的裂解而得到副产的乙烯等产品。

电弧法生产乙炔的主要优点是可以使用各种烃原料而且开停车方便；缺点是电耗非常高，超过 $10kW \cdot h/kg$，而且电极寿命短，需使用双炉切换操作。

表 5-17 给出了以每吨乙炔计的电弧法装置的消耗指标和副产品量。副产的氢气、乙烯、炭黑量均较高，它们的回收及合理利用至关重要。

表 5-17　电弧法乙炔的消耗指标和副产品量

主要消耗指标		副产品	
项目	数量	项目	数量
原料烃/(t/t)	2.9	乙烯/(t/t)	0.495
电弧用电/(kW·h/t)	10300	炭黑/(t/t)	0.29
提浓用电/(kW·h/t)	2800	残油/(t/t)	0.15
蒸汽/(t/t)	1.5	氢气/(m³/t)	2800

【思考题】

1. 乙炔的性质及质量指标主要有哪些？
2. 简要叙述天然气制乙炔的生产工艺特点。
3. 查阅资料，谈谈你对天然气制乙炔工艺的发展展望。

学习情境二　醋酸乙烯酯的制备

一、醋酸乙烯酯的生产概况

醋酸乙烯酯是一种重要的有机化工原料，主要用途是合成聚醋酸乙烯酯，继而醇解得到聚乙烯醇（PVOH）。聚醋酸乙烯酯（PVAc）乳液和树脂主要用于胶黏剂、涂料、纸张涂层、纺织品加工、树脂胶等领域；聚乙烯醇则是生产维纶纤维的主要原料，并可用于胶黏剂、纺织浆料、纸张涂料、内墙涂料、精细化工和高吸水树脂等领域。除自聚外，醋酸乙烯酯还能与其他单体进行二元或三元共聚，生产很多具有特殊性能的高分子合成材料，如乙烯-醋酸乙烯共聚物（EVA 和 VAE）、氯乙烯-醋酸乙烯共聚物等，广泛用于发泡鞋材、功能性棚膜、包装膜、热熔胶、电线电缆、玩具等生产领域。随着科学技术的进步，新的醋酸乙烯酯应用领域还在不断拓展。

我国醋酸乙烯酯生产开始于 20 世纪 60 年代，在引进吸收的基础上，生产技术取得长足进步，装置规模不断扩大。目前国内醋酸乙烯酯总生产能力约 160 万吨/年，其中塞拉尼斯在南京的 30 万吨装置为国内最大。

我国的醋酸乙烯酯曾几乎全部用于生产聚乙烯醇，近年来随着经济的发展，消费结构发生了较大的变化，醋酸乙烯酯在醋酸乙烯酯共聚物和乳液领域的用量不断增加，同时 EVA 产量大幅度增加，也扩展了醋酸乙烯酯的应用领域。目前聚乙烯醇约占总消费量的 75.6%，其次是用于生产聚醋酸乙烯和乙烯-醋酸乙烯共聚物，约占总消费量的 20.7%，其他方面的用途占 3.7%。尽管近年来国内醋酸乙烯酯产业发展较快，但随着人民生活水平的不断提高，以及国内建筑、造纸、印刷、卷烟、汽车、食品等行业的发展，对醋酸乙烯酯的需求量呈逐年上升的趋势，市场供需矛盾日渐突出。2001 年国内醋酸乙烯酯表观消费量为 79.5 万吨，2009 年达到约 155 万吨，翻了近一倍，年均增长 8.8%，高于同期产量增长速度。

由于我国醋酸乙烯酯市场需求持续高速增长，装置开工率长期保持较高水平，刺激了国内外企业投资的积极性，现有多套醋酸乙烯酯装置处于在建或规划中。其中，山东兖矿集团2010年拥有30万吨/年醋酸乙烯生产能力已投入生产；中国台湾大连化学公司正在扬州建设36万吨/年项目；四川维尼纶厂和云南云维集团也有计划新建和扩建装置。

二、工艺原理

醋酸乙烯酯既可用乙炔与醋酸合成，也可用乙烯与醋酸合成，分析得知乙炔路线的投资较低，但乙烯在价格上有优势。以下仅介绍以乙炔为原料生产醋酸乙烯的工艺。

乙炔与醋酸生成醋酸乙烯酯的反应是原子经济型反应：

$$CH\equiv CH + CH_3COOH \longrightarrow CH_3COOCHCH_2 \tag{5-5}$$

除主反应外，还有一些生成乙醛、丁烯醛、二乙烯基乙炔及丙酮等副反应：

$$CH\equiv CH + H_2O \longrightarrow CH_3CHO \tag{5-6}$$

$$2CH\equiv CH + H_2O \longrightarrow CH_3CH\equiv CHCHO \tag{5-7}$$

$$3CH\equiv CH\equiv CH_2 \longrightarrow CH\equiv CHC\equiv CH\equiv CH_2 \tag{5-8}$$

$$2CH_3COOH \longrightarrow (CH_3)_2CO + CO_2 + H_2O \tag{5-9}$$

三、工艺流程

乙炔液相法是最早工业化的合成醋酸乙烯方法，由于所用催化剂乙基硫酸汞有毒、价格高昂、耗量大，加之反应介质腐蚀性强、副反应多、收率低，因此已被淘汰。

目前采用的均是乙炔气相法，Borden 工艺系以天然气为原料开发的方法，工艺比较先进，在国外占有较大比例；Wacker 工艺则是以电石乙炔为原料开发的典型工艺。

1. Borden 乙炔气相工艺

美国 Borden 公司和 Blawknox 公司合作开发的 Borden 乙炔气相工艺以天然气部分氧化所得的乙炔为原料，其工艺流程见图 5-6。应当指出的是，在工厂的总体安排上以乙炔的副产尾气合成醋酸并作为 Borden 工艺的另一原料。

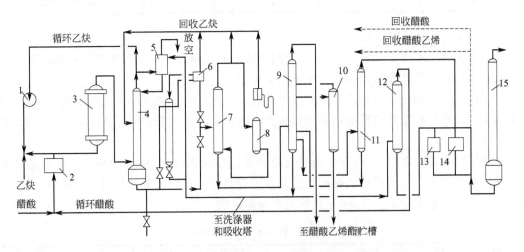

图 5-6　Borden 乙炔气相法工艺流程图

1—鼓风机；2—醋酸蒸发器；3—反应器；4—吸收塔；5—放空气体洗涤塔；6—冷凝器；
7—脱气塔；8—乙醛塔；9—醋酸乙烯酯塔；10—二乙烯基乙炔塔；11—丁烯醛塔；
12—醋酸塔；13—釜液贮罐；14—丁烯醛贮罐；15—间歇蒸馏塔

从图 5-6 可见，Borden 工艺有合成、吸收、脱气及蒸馏四个工序。合成反应以 $Zn(AC)_2$/活性炭为催化剂；反应器既可使用流化床也可使用固定床，前者床温均匀、获得的产品质量好，但需解决催化剂的磨损问题。反应的主要工艺参数见表 5-18。

表 5-18　Borden 法主要工艺参数及反应结果

反应条件		反应结果	
乙炔/醋酸	(3～5)/1	乙炔单程转化率/%	10～14
温度/℃	165～205	醋酸单程转化率/%	30～40
压力	常压	乙炔选择性/%	92～98
空速/h⁻¹	300～400	醋酸选择性/%	95～99

在吸收工序，以醋酸作为吸收醋酸乙烯酯的溶剂，吸收温度保持 27℃以上，未反应的乙炔参与循环，少量气体经处理后排空。

溶解于醋酸中的乙炔及其他轻组分在脱气塔中解吸，在冷凝分离乙醛后循环至反应器。

在蒸馏工序，除回收目的产物醋酸乙烯酯外，还分离出副产物二乙烯基乙炔及丁烯醛并脱除高沸物，醋酸则循环使用。

在此系统中，除反应器外，醋酸蒸发器是需予以特别关注的设备，此处腐蚀最严重，需用含钼的不锈钢制作；其他设备也要考虑醋酸的腐蚀问题，根据不同温度选择适当的材质。

乙炔法所生产的醋酸乙烯酯，其所含的微量杂质丁烯醛及二乙烯基乙炔对聚合有不良影响，会使聚合物的相对分子质量难以控制，故需严加限制。产品规格如表 5-19 所示。

表 5-19 给出了 Borden 乙炔气相工艺生产醋酸乙烯的消耗指标。

表 5-19　Borden 法消耗指标

乙炔/(kg/t)	醋酸/(kg/t)	蒸汽/(t/t)	电/(kW·h/t)	循环水/(m³/t)
331.7	731.8	2.55	114.1	166.6

2. Wacker 乙炔气相工艺

此工艺的开发早于 Borden 工艺，主要用于以电石乙炔为原料生产醋酸乙烯酯。在我国，电石乙炔目前仍是生产醋酸乙烯酯居于首位的原料。

与天然气乙炔相比，电石乙炔虽然浓度高但有害杂质多，尤其是磷化氢及硫化氢等对催化剂有害，需采用较复杂的精制过程予以脱除；大体上是使用酸洗及碱洗，最终以吸附剂除去微量杂质。

乙炔原料在精制以后，Wacker 法的反应分离流程与 Borden 法大同小异，也包括反应、吸收、分离轻组分、取出醋酸乙烯酯产品及分出重组分等步骤；其催化剂、反应条件及主要设备，与之也是很类似的。Wacker 法的消耗指标见表 5-20。

表 5-20　Wacker 法消耗指标

乙炔/(kg/t)	醋酸/(kg/t)	硫酸/(kg/t)	烧碱/(kg/t)	催化剂/(kg/t)	蒸汽/(t/t)	电/(kW·h/t)	循环水/(m³/t)
335	723	36	3.8	3.3	2.6	119	239

【思考题】

1. 简述以乙炔为原料生产醋酸乙烯酯的工艺原理？

2. 简述以天然气为原料制取醋酸乙烯酯的工艺流程？

学习情境三　1,4-丁二醇的制备

一、1,4-丁二醇的用途

1,4-丁二醇（BDO）用途广泛，一半以上用于生产四氢呋喃，其次用于生产 γ-丁内酯和聚对苯二甲酸丁二醇酯，后者是迅速发展中的工程塑料。1,4-丁二醇作为增链剂和聚酯原料用于生产聚氨酯弹性体和软质聚氨酯泡沫塑料；1,4-丁二醇制得的酯类是纤维素、聚氯乙烯、聚丙烯酸酯类和聚酯类的良好增塑剂。1,4-丁二醇具有良好的吸湿性和增柔性，可作明胶软化剂和吸水剂，以及玻璃纸和其他未用纸的处理剂；还可制备 N-甲基吡咯烷酮、N-乙烯基吡咯烷酮及其他吡咯烷酮衍生物，也用于制备维生素 B₆、农药、除草剂以及作为多种工艺过程的溶剂、增塑剂、润滑剂、增湿剂、柔软性、胶黏剂和电镀工业的光亮剂。

二、1,4-丁二醇的性质和质量指标

1,4-丁二醇在常温下为油状液体，冷却时产生针状结晶，溶于水、醇，微溶于醚。以乙炔为原料合成 BDO 的过程中有丙炔醇、1,4-丁炔二醇及 1,4-丁烯二醇等中间产品。表 5-21 给出了 BDO 及中间产品的性质。表中四种物质均有吸湿性、可燃性；BDO 及 1,4-丁烯二醇为低毒性物质，对皮肤有刺激；丙炔醇与 1,4-丁炔二醇则系有毒物质，且它们在高温或某些杂质存在下会发生爆炸性反应。

表 5-21　BDO 及中间产品的主要性质

性　　质	1,4-丁二醇	丙炔醇	1,4-丁炔二醇	1,4-丁烯二醇
相对分子质量	90.12	56.06	86.09	88.01
沸点/℃	228	115	248	234
熔点/℃	20.2	−58	58	11.8
密度/(g/cm³)	1.017(20℃)	0.9485(20℃)	1.114(60℃)	1.070(25℃)
折射率	$n_D^{20}1.4461$	$n_D^{20}1.430$		$n_D^{20}1.4470$
闪点(开杯)/℃	121	33	152	127
自燃点/℃			335	335
临界温度/℃	446			
临界压力/MPa	4.113			
比热容/[kJ/(kg·℃)]	2.2(20℃)			
黏度/MPa·s	71.5(25℃)			
表面张力/(mN/m)	44.6(20℃)			
热导率/[W/(m·℃)]	0.210(30℃)			
蒸发热/(kJ/mol)	56.5			
熔化热/(kJ/mol)	16.3			
燃烧热/(kJ/mol)	1377			

表 5-22 给出了一些企业生产的这些产品的质量标准。

表 5-22 BDO 及中间产品质量指标

指　标		BDO	丙炔醇	丁炔二醇	丁烯二醇
纯度/%	≥	99	99	99	
色度(APHA)/号	≤	20	7		
凝点/℃	≥	19	53	55	7
水分/%	≤	0.1	0.1		
羰基数	<	1			
相对密度				0.01(35%水溶液的质量指标)	(d_4^{25})1.07
折射率(n_D^{25})			1.4303		
沸点(2666Pa)/℃			115		141～149
闪点(开杯)/℃			36.1		128
黏度(25℃)/MPa·s					22
甲醛含量/%	≤		0.7	0.7(35%水溶液的质量指标)	
丙炔醇含量/%	≤			0.2(35%水溶液的质量指标)	

三、炔醛法生产工艺

目前，已工业化的 1,4-丁二醇生产工艺有以下几种。

① 炔醛法　以乙炔及甲醛为原料，通过 Reppe 反应得丁炔二醇，加氢得 BDO。

② 丁烷法　正丁烷氧化得顺丁烯二酸酐，再经酯化，加氢得 BDO。

③ 丙烯法　丙烯氧化为环氧丙烷，异构化为丙烯醇，氢甲酰化得羟基丁醛，加氢可得 BDO。

④ 丁二烯法　以醋酸使丁二烯酯化，再经加氢、水解而得 BDO。

此处仅介绍以乙炔与甲醛为原料的炔醛法，两者均可以天然气为原料制备。

1. 化学反应

炔醛法生产 BDO 包括乙炔与甲醛缩合和缩合产物加氢两部分反应：

$$CH\equiv CH + HCHO \longrightarrow CH\equiv C-CH_2OH \qquad (5-10)$$

$$CH\equiv C-CH_2OH + HCHO \longrightarrow HOCH_2-C\equiv C-CH_2OH \qquad (5-11)$$

$$HOCH_2-C\equiv C-CH_2OH + H_2 \longrightarrow HOCH_2-CH=CH-CH_2OH \qquad (5-12)$$

$$HOCH_2-CH=CH-CH_2OH + H_2 \longrightarrow HOCH_2-CH_2CH_2-CH_2OH \qquad (5-13)$$

以上 4 个反应的产物依次为丙炔醇、1,4-丁炔二醇、1,4-丁烯二醇及 1,4-丁二醇，3 个中间产物也是重要的有机合成中间体。

整个生产过程可分为炔醛缩合、丁炔二醇加氢和产品分离精制 3 个工序。

2. 炔醛缩合

炔醛缩合最初使用高压固定床，需防止乙炔铜催化剂的爆炸和乙炔的聚合反应；后美国 GAF 公司于 20 世纪 70 年代将其改进为使用悬浮床催化剂的低压法，据称使用含镁的硅胶为载体，催化剂还原活化后生成的乙炔铜不再具有爆炸性，因而可实现低压生产的安全操作。

图 5-7 为低压悬浮床炔醛缩合的工艺流程图。其主要工艺参数见表 5-23。

3. 丁炔二醇加氢

丁炔二醇加氢分两步进行，其工艺流程见图 5-8。第一步加氢生成丁烯二醇，使用骨架镍催化剂，压力 1.4～2.5MPa，温度 50～60℃，pH 值 6～10。第二步加氢生成 BDO，其难度较大，使用 Ni-Cu-Mn 系催化剂，压力 10～20MPa，温度 100～150℃。丁炔二醇两段总转化率可达 100%，BDO 选择性可达 95%。

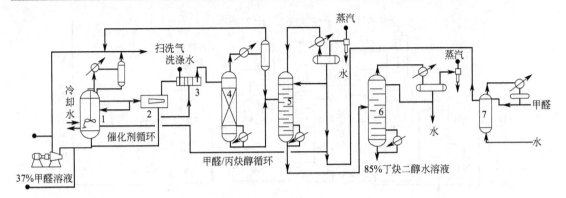

图 5-7　悬浮床炔醛缩合制丁炔二醇工艺流程图

1—反应器；2—离心分离器；3—精密过滤器；4—脱乙炔塔；5—轻组分塔；6—重组分塔；7—甲醇塔

表 5-23　炔醛反应的主要工艺参数

反 应 条 件		反 应 结 果	
压力/kPa	103	乙炔转化率/%	99
塔顶温度/℃	90	甲醛单程转化率/%	28
塔底温度/℃	66	甲醛总转化率/%	98
甲醛浓度/%	37	乙炔选择性/%	97.6
液体停留时间/h	6	甲醛选择性/%	97.8
催化剂活性/[LC₂H₂/(kg·min)]	0.8~1.17	以乙炔计产率/%	96.6
催化剂寿命/年	>1	以甲醛计产率/%	95.8

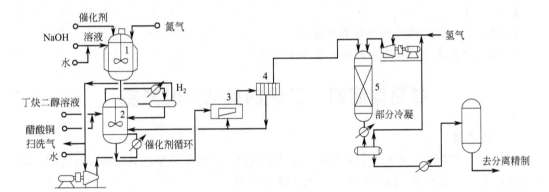

图 5-8　丁炔二醇加氢制丁二醇工艺流程图

1,2—反应器；3—离心分离器；4—精密过滤器；5—脱乙炔塔

4. 产品分离精制

产品分离精制可采用四塔、五塔或六塔流程，常用五塔流程，如图 5-9 所示。各塔的作用和操作条件于表 5-24。

表 5-24　产品分离精制各塔条件及作用

图中编号	7	8	9	10	11
名称	轻馏分塔	脱水塔	重馏分塔	成品塔	丁二醇回收塔
塔板数	42	11	12	38	25
残压/kPa	101.325	101.325	6.67~13.33	5.33~16.66	5.33~6.67
回收或脱除的组分	丁醇-水共沸物	水	重馏分	塔顶轻馏分和塔底 BDO	回收残液中的 BDO

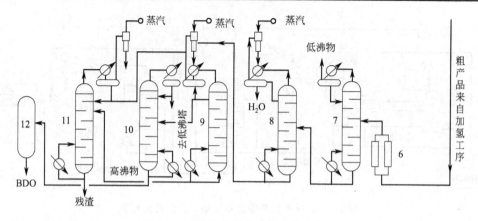

图 5-9　五塔产品分离精制工艺流程图

6—加热器；7—轻馏分塔；8—脱水塔；9—重馏分塔；10—成品塔；11—丁二醇回收塔；12—BDO 储罐

5. 消耗指标

GAF 工艺的炔醛法制 BDO 装置的各项消耗指标见表 5-25。

表 5-25　GAF 工艺消耗指标

乙炔 /(kg/t)	甲醛 /(kg/t)	氢气 /(m³/t)	合成催化剂 /(kg/t)	加氢催化剂 /(kg/t)	蒸汽 /(t/t)	电 /(kW·h/t)	循环水 /(m³/t)
0.32	2.02	884	17	14.3	7.75	219	785

【思考题】

1. 简述 1,4-丁二醇的性质和质量指标。

2. 简述以乙炔和甲醛为原料的炔醛法生产工艺。

学习情境四　乙炔的其他下游产品

一、氯乙烯

氯乙烯的主要用途是生产聚氯乙烯，此外它可以与其他单体生产共聚物，也可用于生产偏二氯乙烯、三氯乙烯、四氯乙烯和三氯乙烷等溶剂。

1. 氯乙烯的性质及质量指标

氯乙烯是无色可燃气体，其主要性质见表 5-26。氯乙烯系有毒物，通常它由呼吸系统进入人体可造成急性中毒，呈麻醉状甚至神志不清；长期接触产生慢性中毒。国际癌症研究中心已确认氯乙烯为致癌物。氯乙烯为易燃易爆物质，故储存及运输中需注意安全。

氯乙烯主要用于聚合生产聚氯乙烯，不同工艺对原料有不同的质量要求，我国企业生产悬浮法、微悬浮法及乳液法聚氯乙烯树脂等的质量指标见表 5-27。

有些大型装置所要求的氯乙烯质量指标更为严格，如表 5-28 所示。

2. 乙炔法制氯乙烯生产工艺

氯乙烯的生产既可用乙炔为原料，也可用乙烯为原料。乙烯法可采用氧氯化工艺或直接氯化工艺生成二氯乙烷，裂解得氯乙烯。乙炔法以乙炔及氯化氢为原料生产氯乙烯，可采用气相法及液相法；由于液相法中乙炔的转化率低、产品分离困难，故目前均使用气相法。

表 5-26　氯乙烯的主要性质

项　目	数　值	项　目	数　值
化学式	CH$_2$=CHCl	临界温度/℃	156.6
相对分子质量	62.50	临界压力/MPa	5.6
熔点/℃	−153.8	临界体积/(cm^3/mol)	169
沸点(101.325kPa)/℃	−13.4	压缩因子	0.265
密度(−20℃)/(g/cm^3)	0.983	比热容　液体(20℃)/[kJ/(kg·K)]	1.352
		蒸气(20℃)/[kJ/(kg·K)]	0.86
折射率(n_D^{20})	1.445	蒸发热/(kJ/kg)	330
闪点(开杯)/℃	−78	熔化热/(kJ/kg)	75.9
(闭杯)/℃	−61.1	聚合热/(kJ/mol)	71.179
自燃点/℃	472	燃烧热/(kJ/mol)	870.48
黏度(−20℃)/mPa·s	0.27	爆炸范围/%	3.6~26.4
(20℃)/mPa·s	0.19		

表 5-27　我国聚合用氯乙烯质量指标

氯乙烯/%	乙炔/10^{-6}	酸(以 HCl 计)/10^{-6}	水/10^{-6}	铁/10^{-6}	总有机不纯物/10^{-6}
≥99.95	≤10	≤5	≤300	≤5	≤500

表 5-28　大型装置所要求的聚氯乙烯的质量指标

氯乙烯/%	HCl/10^{-6}	铁/10^{-6}	炔烃/10^{-6}	氯化物/10^{-6}	水/10^{-6}	丁二烯/10^{-6}
≥99.99	≤0.1	≤0.1	≤2	≤40	≤70	≤5

（1）化学反应　乙炔法的主反应为：

$$HC\equiv CH + HCl \longrightarrow CH_2=CHCl \tag{5-14}$$

副反应为生产 1,1-二氯乙烷和乙醛：

$$HC\equiv CH + 2HCl \longrightarrow CH_3-CHCl_2 \tag{5-15}$$

$$HC\equiv CH + H_2O \longrightarrow CH_3CHO \tag{5-16}$$

（2）生产工艺　乙炔气相法合成氯乙烯包含合成和产品回收精制两个工序，图 5-10 为其流程示意图。

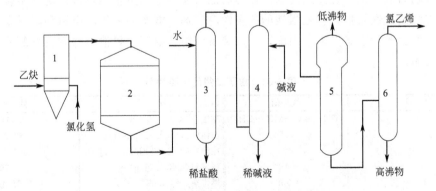

图 5-10　乙炔气相法制氯乙烯工艺流程图

1—混合器；2—反应器；3—水洗塔；4—碱洗塔；5—低沸塔；6—高沸塔

反应所使用的催化剂为 HgCl$_2$/活性炭；反应器既可用固定床，也可使用流化床，其氯乙烯时空产率分别为 80kg/(m^3·h)、450kg/(m^3·h)。

串联 3 台固定床反应器时所用工艺条件及主要反应结果见表 5-29。采用流化床时，可使用 2 台反应器，一反温度 130~140℃，二反温度 150~200℃；乙炔转化率为 98.5%，选择性可达 99%。

表 5-29　固定床乙炔气相法主要工艺参数

C_2H_2 纯度 /%	HCl 纯度 /%	HCl/C_2H_2（物质的量比）	反应器温度/℃			乙炔转化率 /%	氯乙烯选择性 /%
			一反	二反	三反		
>99	>98	1.03/1	100~140	150~180	180~200	>98	96~99

由于反应的转化率高，因此流程中不存在反应物的回收循环问题。

从反应产物中回收氯乙烯包括水洗、碱洗、干燥及精馏几个部分。水洗主要除去未反应的 HCl，碱洗用于除去残余的 HCl 及可能含有的 CO_2，干燥是脱除其中的水分；精馏既可在常压下也可在加压下进行，既可先除去高沸组分后除去低沸组分，也可先除去低沸组分后除去高沸组分。

由于氯乙烯主要用于聚合，而微量杂质对聚合过程及聚合产物的质量有显著影响，因此精馏操作是十分重要的。表 5-30 给出了乙炔气相法制氯乙烯的主要消耗指标。

表 5-30　乙炔法制氯乙烯的消耗指标

乙炔/(t/t)	氯化氢/(t/t)	蒸汽/(t/t)	电/(kW·h/t)
0.422	0.617	0.025	45

二、氯丁二烯

氯丁二烯几乎全部用于生产氯丁橡胶。氯丁橡胶具有抗燃烧、抗老化、抗臭氧、耐磨和耐化学腐蚀等一系列优点，用于制作汽车部件、电线电缆复合层、胶管胶带、胶黏剂、防火垫及密封圈等；液体氯丁橡胶则广泛用于各种腐蚀设备的衬里和密封。

1. 氯丁二烯的性质及质量指标

氯丁二烯为无色、易挥发、有辛辣味的液体，其主要性质见表 5-31。氯丁二烯沸点低且易燃烧，此外，它还能与空气中的氧反应生成易爆炸的过氧化物及带有恶臭的二聚体等，故储存及运输时应特别注意安全问题。作为商品时还应加入少量阻聚剂以防其聚合。

氯丁二烯的毒性较强，它是强烈的挥发性麻醉剂，能刺激人体呼吸道和降低中枢神经系统功能，对肝、肾特别有损害。因此，生产装置应防止氯丁二烯泄漏并有良好的通风设备和工业卫生措施。

表 5-31　氯丁二烯的主要性质

项　目	数　值	项　目	数　值
化学式	CH_2=CCl—CH=CH_2	黏度(25℃)/mPa·s	0.394
相对分子质量	88.54	表面张力(20℃)/(mN/m)	22.2
沸点/℃	59.4	比热容(20℃)/[kJ/kg·K]	1.315
熔点/℃	−130	蒸发热(60℃)/(J/g)	302.70
相对密度(d_4^{20})	0.9583	燃烧热/(kJ/mol)	2271.49
折射率(n_D^{20})	1.4583	聚合热/(kJ/mol)	88.3
闪点(开杯)/℃	−20	介电常数(27℃)	4.9
临界温度/℃	261.7	空气中可燃范围/%	2.1~11.5
临界压力/MPa	4.255	空气中最大允许浓度/10^{-6}	10
自燃点/℃	320		

乙炔法生产的氯丁二烯的质量指标见表 5-32。

表 5-32　乙炔法生产氯丁二烯的质量指标

2-氯-1,3-丁二烯	1-氯-1,3-丁二烯	1,3-二氯-2-丁烯	乙醛	乙烯基乙炔	过氧化物	二乙烯基乙炔	酮类化合物
≥98.5	≤1.0	≤0.2	<0.2	≤0.01	<1mg/kg	不显示	不显示

2. 乙炔法制氯丁二烯生产工艺

氯丁二烯的生产工艺如下。

① 乙炔法。以乙炔为原料二聚为乙烯基乙炔，再以氯化氢加成。

② 丁二烯法。以丁二烯为原料氯化，异构后脱除氯化氢。此处只介绍乙炔法。

（1）化学反应　乙炔法制氯丁二烯的主反应为：

$$2CH\!\equiv\!CH \xrightarrow{\text{催化剂}} CH_2\!=\!CH\!-\!C\!\equiv\!CH \qquad (5\text{-}17)$$

$$CH_2\!=\!CH\!-\!C\!\equiv\!CH + HCl \xrightarrow{\text{催化剂}} CH_2\!=\!CH\!-\!CCl\!=\!CH_2 \qquad (5\text{-}18)$$

在前一工序中除发生所示主反应外，还有生成二乙烯基乙炔、乙炔基丁二烯、乙醛、甲基乙烯酮和氯乙烯等副反应；在后一工序也有生成顺式和反式 1,3-二氯-2-丁烯和 1-氯-1,3-丁二烯的副反应。

（2）乙烯基乙炔的生产工艺　乙炔二聚生产乙烯基乙炔（MVA）的工艺流程见图 5-11。该工序包括乙烯基乙炔的合成及回收精制两个部分。合成使用氯化亚铜-氯化铵的微酸性溶液为催化剂，过程的主要工艺参数见表 5-33。

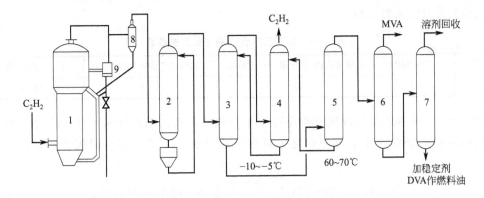

图 5-11　乙炔二聚生产乙烯基乙炔生产工艺流程图
1—乙炔二聚反应器；2—水冷却塔；3—第 1 吸收塔；4—第 2 吸收塔；5—解吸塔；
6—脱低沸物塔；7—脱高沸物塔；8—旋风分离器；9—旋液分离器

表 5-33　乙烯基乙炔合成的主要工艺参数

温度/℃	压力（表）/MPa	乙炔空速①/[m³/(m³·h)]	乙炔单程转化率/%	乙烯基乙炔收率/%
60～80	0.1～0.2	350～500	15～20	75～95

① 空间速度的简称，下同。

反应生成气含乙烯基乙炔 7%～8%，未反应的乙炔 83%～85% 和副产物二乙烯基乙炔（DVA）0.5%～2%。未反应的乙炔需要循环；乙烯基乙炔则以水溶性的低沸点有机溶剂如甲醇或丙酮在 −5～−10℃ 下吸收，解吸后通过精馏加以提纯。应当指出，此工序的副产物二乙烯基乙炔与空气接触很容易生成易爆炸的过氧化物，需特别注意安全。

（3）氯丁二烯的生产工艺

以乙烯基乙炔和氯化氢为原料合成氯丁二烯的工艺流程见图 5-12。

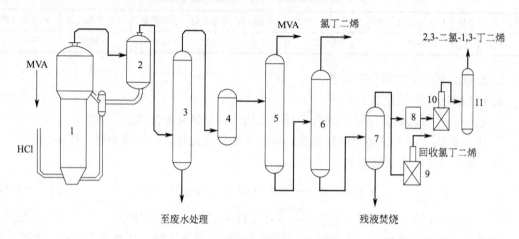

图 5-12　氯丁二烯合成工艺流程图

1—合成塔；2—雾沫分离器；3—粗馏塔；4—干燥器；5,6—蒸馏塔；7—二氯丁二烯精制塔；
8—氯化反应器；9—热解炉；10—脱氯化氢反应器；11—精馏塔

合成氯丁二烯要求原料乙烯基乙炔的纯度≥99.9％，二乙烯基乙炔≤0.01％，乙醛＜0.1％；氯化氢的浓度应≥95％且不含游离的氯和氧。

反应常用的催化剂仍是氯化亚铜-氯化铵的盐酸溶液，其盐酸浓度则高于前一工序；过程的主要工艺参数见表 5-34。

表 5-34　氯丁二烯合成的主要工艺参数

温度/℃	压力/MPa	乙烯基乙炔/氯化氢/(mol/mol)	乙烯基乙炔转化率/％	氯丁二烯收率/％
50	常压	1/0.2～0.3	15～25	90～95

事实上，乙烯基乙炔与氯化氢系进行 1,4-位加成，其初始产物为 4-氯-1,2-丁二烯，但它在 Cu_2Cl_2 催化剂的作用下可异构化为目的产物 2-氯-1,3-丁二烯，即氯丁二烯。其反应式为：

$$CH_2\!\!=\!\!C\!\!=\!\!CH\!\!-\!\!CH_2Cl \xrightarrow{\text{催化剂}} CH_2\!\!=\!\!CCl\!\!-\!\!CH\!\!=\!\!CH_2 \qquad (5\text{-}19)$$

反应温度及反应热和液态乙烯基乙炔的蒸发平衡而保持。

出口气体中含氯丁二烯 16％～18％、乙烯基乙炔 70％～80％、氯化氢 0.5％～1％及二氯丁二烯 0.1％～0.8％，乙烯基乙炔分离循环。粗氯丁二烯（含量约 70％）经真空蒸馏得成品，在分离蒸馏过程中为防止氯丁二烯聚合，需加入 0.1％～0.3％的阻聚剂。副产物二氯丁二烯相当于氯丁二烯量的 4％～5％，既可直接作为产品出售，也可再裂解制备氯丁二烯。

3. 消耗指标

以每吨氯丁橡胶计的消耗指标见表 5-35。

表 5-35　乙炔法制氯丁橡胶的消耗指标

乙炔(100％)/(t/t)	氯化氢(100％)/(t/t)	蒸汽/(t/t)	电/(kW·h/t)	冷能/(10^3MJ/t)	循环水/(m^3/t)	氮气/(m^3/t)
0.75	0.45	13	1500	12.6	1200	250

从表 5-35 所示数据，可计算得以乙炔计的氯丁橡胶收率为 78.4%，以氯化氢计为 91.5%。

三、乙炔炭黑

乙炔炭黑具有发达的链枝结构和良好的导电性能，适于制作导电用品，特别是用于干电池，其优点是电池电阻低、容量高且贮存寿命长，此外，它也用于橡胶等工业。

1. 乙炔炭黑的组成、性质及质量指标

乙炔炭黑的典型组成和性质见表 5-36。其质量指标见表 5-37。

表 5-36 乙炔炭黑的组成及性质

组 成		性 质	
C/%	99.75	粒径/nm	35～45
H/%	0.09	氮吸附比表面积/(m²/g)	55～65
O/%	0.14	吸油值/(mL/g)	2.20～3.30
S/%	0.02	pH 值	4.0～4.5
灰分/%	0.00	比电阻/Ω·cm	0.15

表 5-37 乙炔炭黑质量指标

指 标		粉状炭黑	粒状炭黑	压制乙炔炭黑		
				50%	75%	100%
水分/%	≤	0.4	1.0	0.4	0.4	0.4
灰分/%	≤	0.3	0.4	0.3	0.3	0.3
粗粒分/%	≤	0.04	0.04	0.04	0.04	0.04
体积电阻率(4.9MPa)/Ω·cm	≤	0.25	—	0.25	0.25	0.25
盐酸吸附量/(mg/5g)	≥	14.0	—	14.0	13.5	12.0
碘吸附量/(mg/g)		—	80～120	—	—	—
pH 值		6～8	6～8	6～8	6～8	6～8
丙酮渗出分/%	≤	—	0.1	—	—	—
视密度/(g/cm³)		0.03～0.06	0.20～0.30	0.06～0.11	0.09～0.14	0.11～0.18

表 5-37 中粉状及压制乙炔炭黑用于制造干电池，粉状炭黑则用于制造橡胶及塑料。

2. 乙炔炭黑生产工艺

乙炔裂解制乙炔炭黑是一个强放热反应，如下式所示：

$$CH\equiv CH \longrightarrow 2C+H_2 \quad \Delta H=-5520kJ \tag{5-20}$$

应当指出，炭黑并非是只含碳素的无机物，其所含的氢、氧等量虽小但对炭黑性质有重要的影响，就主要作为导电炭黑应用的乙炔炭黑而言，以氢、氧含量低为好。

生产乙炔炭黑目前多采用乙炔连续热裂解法（此外还有乙炔槽法和乙炔爆炸法等），因其所得炭黑的电阻值最低，图 5-13 系其生产工艺流程图。

反应在常压下进行，炉温为 1600℃，其产生的反应热足以维持炉温。乙炔裂解炉的结构见图 5-14，通常单炉处理量为 102m³/h，炭黑收率为 1kg/m³，裂解副产的尾气中氢含量在 90% 以上。由于影响乙炔炭黑质量的因素甚多，乙炔炉的大型化受到影响。

【思考题】

1. 简述氯乙烯的性质及质量指标。

2. 简述乙炔法制氯乙烯的生产工艺特点。

3. 简述氯丁二烯的性质及质量指标。

4. 简述氯丁二烯的生产工艺特点。

5. 简述乙炔炭黑的生产工艺特点。

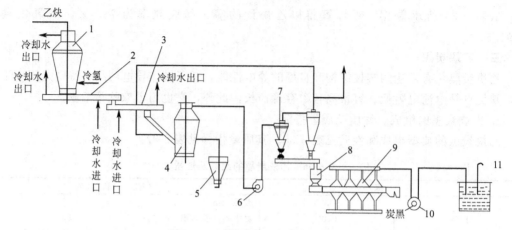

图 5-13　乙炔炭黑生产工艺流程图

1—裂解炉；2,3—出料螺旋；4—研磨机；5—除渣斗；6—风机；7—旋风分离器
8—炭黑储斗；9—螺旋传送机；10—水循环式真空泵；11—气-水分离器

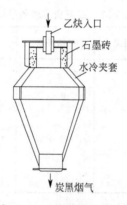

图 5-14　乙炔裂解炉结构图

[拓展与提高]　**国内外乙炔工业发展概况**

　　乙炔含有极活泼的三键，它能与许多物质进行化学反应，衍生出几千种有机化合物，乙炔曾被称为"有机合成工业之母"。尽管在近 30 年受到廉价的乙烯原料的巨大冲击，但在生产 1,4-丁二醇系列（γ-丁内酯、四氢呋喃）、炔属精细化学品（叔戊醇、2,5-二甲基己二醇、β-紫罗兰酮、β-胡萝卜素）、丙烯酸（酯）和醋酸乙烯等以乙炔为原料的技术路线仍然具有竞争优势，以天然气制乙炔的尾气可用于生产合成氨或甲醇，比直接用天然气制备的投资低，成本也分别降低 20％ 甚至 30％ 以上。

　　在国外，天然气制乙炔在基本有机化工原料领域仍然占有相当重要的地位。美国乙炔生产能力 19 万吨/年，其中以天然气制乙炔的生产能力为 12 万吨/年，约占 60％；西欧乙炔生产能力 26 万吨/年，以天然气制乙炔的生产能力 23 万吨/年，约占 90％；东欧乙炔生产能力 49 万吨/年，采用天然气原料的生产能力 32 万吨/年，约占 64％。

　　新疆库车县是塔里木石油天然气的主产区，库车县已探明的天然气储量为 2 万亿立方米以上，已探明石油储量为 15 亿吨，丰富的油气资源是发展石化产业最有利的条件。库车已被自治区列为新疆的石油化工基地之一，为充分利用天然气资源，加快天然气下游产品的开发利用，而开发乙炔项目。项目生产乙炔 4.5 万吨/年，附属产品甲醇 15 吨，甲醛 16 万吨/年，聚甲醛 2 万吨/年，脲醛树脂 4 万吨/年。

习 题

一、填空题

1. 乙炔属_____毒类化合物，具有轻微的_____作用。

2. 乙炔生产中使用 N_2 保护，确保安全生产。故 N_2 含氧不得超过_____。否则会出现着火、爆炸等危险。

3. 发生器与乙炔气柜之间设置逆水封的目的在于防止_____进入空气，引起爆炸。

4. 乙炔能与_____、_____、_____等金属生成炔金属，稍受震动即会爆炸。

二、选择题

1. 乙炔单元发生火灾，应选用（ ）作为灭火器材。

   A. 水　　　　B. 泡沫灭火器　　　C. 四氯化碳　　　D. 二氧化碳

2. 乙炔在空气中的允许浓度为（ ）以下。

   A. 5%　　B. 3%　　　　　C. 1%　　　　　　D. 0.5%

3. 进入设备内工作时，要检测设备内含 O_2 量，必须大于（ ）方准进入工作。

   A. 5%　　B. 10%　　　　C. 19%　　　　　D. 25%

三、名词解释

天然气部分氧化制乙炔。

四、简答题

1. 乙炔的性质是什么？

2. 天然气制乙炔发展概况。

3. 1,4-丁二醇的用途？

项目六　天然气制甲醇

【学习任务】

1. 准备资料：了解国内外甲醇生产相关工艺路线及相关设备配置。

2. 主题报告：天然气制甲醇工艺在国内外发展现状，天然气制甲醇工业对国民经济发展的促进作用。

3. 甲醇合成和精馏的原理、工艺流程、工艺条件及主要设备操作原理。

【情境设计】

1. 在实训室里设置活动现场，使用电子图书、网络资源，了解天然气制甲醇的发展过程、生产特点和生产现状。

2. 通过甲醇合成工段和精馏工段的仿真软件掌握甲醇生产的开停车操作，以及常见事故的处理方法。

3. 参观生产企业。

【效果评价】

1. 在教师引导下分组讨论、演讲，每位学生提交情境任务报告单。

2. 教师根据学生研讨及情境任务报告单的完成情况评定成绩。

【情境资讯】

含一氧化碳、二氧化碳与氢气的甲醇原料气是碳一化学中合成气的一种，可以从生产合成气的一切原料中制得。因此，工业合成甲醇的原料来源是一致的，这就是天然气、石脑油、重油、焦炭、焦炉气、乙炔尾气等。

最初制备合成气采用固体燃料，如焦炭、无烟煤，固体燃料在常压下气化，用水蒸气与氧气（或空气）为气化剂，生产水煤气供甲醇合成，或生产半水煤气供合成氨之用。当用固体燃料生产甲醇时，需要通过变换与脱除二氧化碳调节气体组成。早期，以固体燃料制得水煤气成为生产甲醇的唯一原料。

20世纪50年代以来，原料结构发生很大变化，以气体、液体燃料为原料生产甲醇原料气，不论从工程投资、能量消耗、生产成本看都有明显的优越性，很快得到重视。于是甲醇生产由固体燃料为主转移到以气体、液体燃料为主，其中天然气的比重增长最快。随着石脑油蒸气转化抗析炭催化剂的开发，无天然气国家与地区发展石脑油制甲醇的工艺流程，在重油部分氧化制气工艺成熟后，来源广泛的重油也成为甲醇生产的重要原料。

选用何种原料生产甲醇，取决于一系列因素，包括原料的储量成本、投资费用与技术水平等。目前，无论是国外或国内，以固体、液体、气体燃料生产甲醇都得到了广泛的应用。

天然气是制造甲醇的主要原料。天然气的主要组分是甲烷，还含有少量的其他烷烃、烯烃与氮气。以天然气生产甲醇原料气有蒸汽转化、催化部分氧化、非催化部分氧化等方法，其中蒸汽转化法应用最广泛。

学习情境一　甲醇概述

一、甲醇的性质

甲醇是一种无色、透明、易燃、易挥发的有毒液体，略有酒精气味。相对分子质量32.04，相对密度 0.792（20/4℃），熔点－97.8℃，沸点 64.5℃，闪点 12.22℃，自燃点463.89℃，蒸气密度1.11，蒸气压 13.33kPa（100mmHg，21.2℃），甲醇有剧毒，饮入5～8mL 会使人双目失明，30mL 会使人中毒死亡。甲醇蒸气与空气能形成爆炸性混合物爆炸极限为 6.0%～36.5%。

1. 物理性质

甲醇能与水、乙醇、乙醚、苯、丙酮等大多数有机溶剂相混溶。

2. 化学性质

（1）甲醇的氧化　甲醇在空气中可被氧化为甲醛，进而氧化为甲酸，甲醇在 600～700℃通过浮石银催化剂或其他固体（如五氧化二钒、铜）催化剂，可直接氧化为甲醛。

$$2CH_3OH+O_2 \longrightarrow 2HCHO+2H_2O \tag{6-1}$$

$$2HCHO+O_2 \longrightarrow 2HCOOH \tag{6-2}$$

（2）甲醇的氨化　甲醇与氨以一定比例混合，在 370～420℃、5.0～20.0MPa 下通过活性氧化铝催化剂，可生成一甲胺、二甲胺、三甲胺的混合物，精馏分离可得一、二、三甲胺产品。

$$CH_3OH+NH_3 \longrightarrow CH_3NH_2+H_2O \tag{6-3}$$

$$2CH_3OH+NH_3 \longrightarrow (CH_3)_2NH+2H_2O \tag{6-4}$$

$$3CH_3OH+NH_3 \longrightarrow (CH_3)_3N+3H_2O \tag{6-5}$$

（3）甲醇的酯化

① 甲醇与甲酸反应生成甲酸甲酯，反应如下：

$$CH_3OH+HCOOH \longrightarrow HCOOCH_3+H_2O \tag{6-6}$$

② 甲醇与硫酸反应生成硫酸二甲酯，反应如下：

$$2CH_3OH+H_2SO_4 \longrightarrow (CH_3)_2SO_4+2H_2O \tag{6-7}$$

③ 甲醇与硝酸反应生成硝酸甲酯，反应如下：

$$CH_3OH+HNO_3 \longrightarrow CH_3NO_3+H_2O \tag{6-8}$$

④ 甲醇与光气作用生成氯甲酸甲酯，进而生成碳酸二甲酯，反应如下：

$$CH_3OH+COCl_2 \longrightarrow CH_3OCOCl+HCl \tag{6-9}$$

$$CH_3OCOCl+CH_3OH \longrightarrow (CH_3O)_2C{=}O+HCl \tag{6-10}$$

（4）甲醇的羰基化　甲醇与一氧化碳在 250℃、50～70MPa 下通过碘化钴均相催化剂，或在 180℃、3～4MPa 下通过铑的羰基化合物为催化剂（以碘为助催化剂），能合成醋酸。

$$CH_3OH+CO \longrightarrow CH_3OOH \tag{6-11}$$

（5）甲醇的氯化　甲醇与氯气、氢气混合，在 130～150℃通过金属氯化物作催化剂的水溶液，或在 300～350℃通过沉积在硅胶单体上的氰化锌（铜、铝）催化剂，可生成一、二、三氯甲烷和四氯化碳。

$$CH_3OH+Cl_2+H_2 \longrightarrow CH_3Cl+HCl+H_2O \tag{6-12}$$

$$CH_3Cl + Cl_2 \longrightarrow CH_2Cl_2 + HCl \tag{6-13}$$

$$CH_2Cl_2 + Cl_2 \longrightarrow CHCl_3 + HCl \tag{6-14}$$

$$CHCl_3 + Cl_2 \longrightarrow CCl_4 + HCl \tag{6-15}$$

（6）甲醇与碱的反应　甲醇与氢氧化钠在 85～100℃下反应生成甲醇钠：

$$CH_3OH + NaOH \longrightarrow CH_3ONa + H_2O \tag{6-16}$$

（7）甲醇与苯的反应　甲醇与苯在 340～380℃、3.5MPa 下通过催化剂可生成甲苯：

$$CH_3OH + C_6H_6 \longrightarrow C_6H_5CH_3 + H_2O \tag{6-17}$$

（8）甲醇的脱水　甲醇在高温下通过 ZSM-5 型分子筛可脱水生成二甲醚，进一步脱水可得烯烃：

$$2CH_3OH \longrightarrow (CH_3)_2O + H_2O \tag{6-18}$$

$$(CH_3)_2O \longrightarrow C_2H_4 + H_2O \tag{6-19}$$

（9）甲醇的裂解　甲醇在加温加压下，在催化剂上可分解为 CO、H_2：

$$CH_3OH \longrightarrow CO + 2H_2 \tag{6-20}$$

（10）甲醇与二硫化碳的反应　甲醇与二硫化碳以 $\gamma\text{-}Al_2O_3$ 作催化剂可生成二甲基硫醚，再与硝酸氧化生成二甲基亚砜：

$$4CH_3OH + CS_2 \longrightarrow 2(CH_3)_2S + CO_2 + 2H_2O \tag{6-21}$$

$$3(CH_3)_2S + 2HNO_3 \longrightarrow 3(CH_3)_2SO + 2NO + H_2O \tag{6-22}$$

二、甲醇的用途

甲醇是一种重要的有机化工原料，主要用于生产甲醛，消耗量要占到甲醇总产量的一半，甲醛则是生产各种合成树脂不可少的原料。用甲醇作甲基化试剂可生产丙烯酸甲酯、对苯二甲酸二甲酯、甲胺、甲基苯胺、甲烷氯化物等；甲醇羰基化可生产醋酸、醋酐、甲酸甲酯等重要有机合成中间体，它们是制造各种染料、药品、农药、炸药、香料、喷漆的原料；目前用甲醇合成乙二醇、乙醛、乙醇也日益受到重视。

【思考题】

1. 工业酒精中的甲醇。

2. 你所了解的生活中的甲醇。

学习情境二　甲醇原料气的制备

由天然气化工组成可知，目前天然气大宗化工利用的主要途径是经过合成气生产合成氨、甲醇及合成油等；而在上述产品的生产装置中，天然气转化制合成气工序的投资及生产费用通常占装置总投资及总生产费用的 60%左右。因此，在天然气的化工利用中，天然气转化制合成气具有特别重要的地位。

天然气转化制合成气，目前工业上采用两条反应途径：一是蒸汽转化，以水蒸气将 CH_4 转化为 CO 与 H_2，系吸热反应，所得合成气将有较高的氢碳比；二是部分氧化，在非催化或催化条件下以氧或空气将 CH_4 转化为 CO 与 H_2，系温和的放热反应，其氢碳比有一定的调节余地。当然，也可以将两者组合起来形成联合转化，事实上这正是 20 世纪 80 年代以来天然气转化制合成气的发展方向，已形成了一些各有特色的工艺。除上述途径外，CO_2 代替或部分代替水蒸气转化 CH_4 近来颇受重视，这不仅使温室气体 CO_2 得以利用，还有助于调节合成气的氢碳比。在本文仅介绍天然气水蒸气转化法。

一、反应原理

天然气水蒸气转化是将天然气在高温（1073K）下，经镍催化剂作用，与水蒸气反应生成氢和一氧化碳。

$$CH_4 + H_2O \longrightarrow CO + 3H_2 \quad \Delta H = 206.27kJ \quad (6-23)$$

1. 反应条件

甲烷转化反应是一个吸热量较大的反应，因此，必须不断地向反应供热，才能使反应连续进行。在工业生产上，有以下几种供热方式。

(1) 直接加热的间歇式转化　间歇式转化是以天然气与空气中的氧发生燃烧反应，提供大量的热：

$$CH_4 + 2O_2 \longrightarrow CO_2 + 2H_2O \quad \Delta H = -802.32kJ \quad (6-24)$$

以天然气为原料间歇转化制得的合成气组成含量大致如表6-1所示。

表6-1　间歇转化制得的合成气（摩尔分数）　　　　　单位：%

H$_2$	CO	CO$_2$	CH$_4$	O$_2$	N$_2$
55～65	18～22	3～6	2～5	0.2	8～12

间歇式转化法的生产工艺简单，对设备及其材质要求不高，所以操作稳定可靠，容易掌握，投资费用较低。但由于吹风升温与制气同时在转化炉内进行，吹风气与合成气不能严格分开，使少部分气体放空损失。一次转化后仍有少部分甲烷未转化成氢气和一氧化碳，因此，不仅降低了天然气的利用率，而且甲烷将在合成中作为惰性气体排放，又增加了甲醇合成的排放损失。间歇式转化炉内有同时存在空气与可燃气的可能，操作上也不十分安全。在有条件的大型化工企业，一般不选用这种生产工艺。

(2) 连续制气的二段转化法　为克服间歇转化法的不足，在现代大型化工企业里，常采用连续生产的管式炉二段转化工艺，使气体原料转化成甲醇生产所需的合成气。从化学平衡分析，转化反应是摩尔数增多的反应，应维持在低压或常压下进行，但为了节省动力，管式转化炉往往在加压下进行，且为了降低转化气中甲烷的含量，转化分为两段进行。

2. 催化剂

天然气蒸汽转化是可逆吸热反应，在高温下进行反应对化学平衡是有利的，但若不采用催化剂，反应速率极慢，工业生产中需采用催化剂加速反应，迄今为止，镍是最有效的催化剂。由于转化反应在很高温下进行，条件苛刻，催化剂晶粒长大，而催化剂的活性又取决于表面的大小，所以必须把镍制备成细小分散的晶粒，为防止微晶增长，要把活性组分分散在耐热载体上，而且催化剂在高氢分压与高水蒸气分压下操作，管内气体空速很高，这就要求催化剂有高机械强度；此外，催化剂还要抗析炭。总之，高活性、高强度与抗析炭是天然气蒸汽转化的催化剂必须具备的基本条件。

二、二段转化法工艺条件

天然气蒸汽转化过程中的主要工艺操作参数是温度、压力、水碳比、空速、一氧化碳加入量等。工艺操作条件不能孤立考虑，除它们本身反应的影响，还要考虑到炉型、原料、炉管材料、催化剂等对这些参数的影响。而且合理的参数确定，不仅要考虑对本工序的影响，也要考虑对压缩、合成等工艺影响，合理的工艺操作条件最终应在总能耗及投资上体现出来。

1. 温度

无论从化学平衡还是反应速率考虑，提高温度都对转化反应有利，都可以降低残余甲烷含量。但温度对炉管的寿命影响严重，例如 HK40 材料制成的合金钢管，炉壁温度从 950℃ 增加到 960℃，使用寿命从 84000h 减少到 60000h。考虑到炉管壁温度存在轴向与周向的不均匀性，为使炉管有较长的寿命，最高炉壁温度应不超过 930℃，所以炉管出口炉气温度应维持在 830℃ 以下。

工业生产中，转化炉出口气体实际温度比出口气体组成所对应的平衡温度要高，这两个温度之差为"平衡温距"。"平衡温距"与催化剂活性及操作条件有关，其值越小，说明催化剂活性越高。甲烷蒸汽转化管式炉的平衡温距约为 10～15℃。

2. 压力

天然气蒸汽转化的主要反应是甲烷与水蒸气反应，生成一氧化碳、二氧化碳与氢气的反应，是物质的量增加的反应，从化学平衡角度来看，增加压力对正反应不利。压力越高，出口气体平衡组成中甲烷的含量越高，在温度较低时尤为显著。为减少出口气体中甲烷含量，在加压同时，采取的措施是提高水碳比及温度，也可以使出口气体平衡组成中甲烷的含量降低。

虽然压力对反应平衡不利，但天然气蒸汽转化的操作压力的发展趋势仍是加压到 3.0～6.0MPa，其主要的原因是加压下操作节省能耗。当在 6.0MPa 下操作时，甚至可以省去原料气压缩机。甲烷蒸汽转化反应的气体混合物物质的量增加 1.67～2.0 倍，压缩反应物比压缩生成物所需的功耗要节约得多；同时，由于甲醇是在更高压力下合成的，合成气压缩的功耗与压缩前后的压缩比的对数成正比，压缩机吸入压力愈高，功耗愈低。

同时，转化压力愈高，水蒸气分压也愈高，气体露点温度愈高，蒸汽冷凝利用价值愈大，可回收热量愈多。当然，转化压力提高，功耗愈低。

3. 二氧化碳添加量

添加二氧化碳是为了调整气体组成，甲醇原料气生产中，二氧化碳一般在转化前加入，也可以在转化后加入。二氧化碳的加入量应保证甲醇合成工序新鲜气中 $f = n(H_2) - n(CO_2)/n(CO) + n(CO_2) = 2.1～2.3$ 为宜，在转化前加入时一般取 $n(CO_2)/n(CH_4) = 0.2$ 左右，在转化后加入时，二氧化碳加入量约为转化量的 10% 左右。加入的二氧化碳要严格脱除杂质（如硫化氢等）。

4. 水碳比

提高水碳比从化学平衡角度有利于甲烷转化，而且对抑制析炭也是有利的，但水碳比提高，意味着蒸汽耗量增加，多余水蒸气同样也要在炉管中升温，致使能耗增加，炉管热负荷提高。因此在满足工艺要求的前提下，要尽可能减少水碳比，实际生产中天然气为原料制甲醇时，水碳比为 4.0～4.5。

5. 空速

空速的提高意味着生产强度的提高，因此在可能的条件下要用高空速。但是空速过高，气体在反应器中停留时间过少，甲烷转化率降低，出口气中甲烷残余含量增加，一般需以提高操作温度与水碳比来弥补。空速提高，所需显热与所需化学反应热都增加，炉管的热负荷提高，必须要增加传热来适应。增加传热的方法，一种是设备不变，提高传热推动力，即提高传热温差，这样势必提高炉管外壁温度，这种方法不可取；另一种方法是提高传热面积，这可用减少管径的办法，增加单位催化剂体积的传热面积，以改善传热效果。另外，增加空速，会使阻力增加，总之选择空速要从反应与传热两个方面综合考虑。

三、工艺流程及主要设备

1. 工艺流程

图 6-1 是天然气蒸汽转化法制合成气工艺流程图。从图 6-1 可看出，原料气经过蒸汽过热器、锅炉给水预热器和燃料气预热器加热后，原料气和水蒸气以一定的比例进入一段转化炉反应管里，在管内的镍催化剂作用下，于 1073～1123K 的高温下进行转化反应。反应管外用燃料气燃烧加热，提供管内反应所需热量。

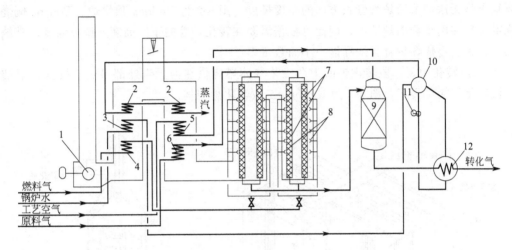

图 6-1 天然气蒸汽转化合成气工艺流程图

1—引风机；2—蒸汽过热器；3—锅炉给水预热器；4—燃料气预热器；5—工艺空气预热器；6—原料气预热器；7—转化炉反应器；8—转化炉烧嘴；9—二段转化炉；10—汽包；11—锅炉水循环泵；12—废热锅炉

由于受催化剂耐热程度和炉管材料的限制，在一段转化炉内甲烷的转化率只能达到 90%～95%。为了提高甲烷的转化率，一段转化炉出口气经集气管进入二段转化炉。

二段转化炉利用自热即加入一部分经预热的工艺空气进行部分氧化，所产生的热量供给甲烷继续转化。由于二段转化生产不需要耐热合金钢材，反应温度不受材质限制，可以高达 1273K 以上。在此温度下，如果催化剂活性好，出口气体组成可以接近该温度下的平衡组成，甲烷的含量可以降低到 0.3%～0.5%。

在高温下进行天然气转化，气体中的硫、磷、砷、氯等杂质对催化剂的活性和使用寿命影响很大，所以转化前的气体原料必须经过净化处理，严格控制杂质的含量，如硫含量必须小于 $0.5mg/m^3$。

在加压下进行天然气蒸汽转化有利于反应气体的热量回收利用。在以管式炉加压转化的生产工艺中，可供回收利用的热量有两大部分：一部分是转化炉燃烧的气体，温度高达 1373K 的高温烟气，通过转化炉对流段，作为加热混合原料气、预热空气、过热蒸汽以及预热锅炉给水的热源，最后温度降低到 423～573K，由烟道排入大气；另一部分是二段转化炉出口气，温度约 1273K，主要用于废热锅炉产生高压蒸汽，作为压缩机的动力和蒸汽的来源。在一段转化炉里，天然气和水蒸气以一定的比例进入转化炉反应管，在管内的镍催化剂作用下，于 1073～1123K 的高温下进行转化反应。

2. 主要设备

（1）转化炉

① 一段转化炉。传统的一段转化炉由辐射段和对流段组成，辐射段依靠燃料气燃烧通过炉管向蒸汽转化反应供热；对流段系回收烟气热量以预热工艺气体或产生蒸汽。目前居于主导地位的一段炉型是顶烧炉，Kellogg、ICI 及 Uhde 等均为此类，Topsoe 则采用侧烧炉，小型装置常用梯台炉。此外，20 世纪 90 年代还开发了换热式转化炉。

顶烧炉的主要特点是燃料气燃烧的烧嘴置于炉顶，原料气系从上部进入，因此，火焰与转化炉管处于平行位置。而且，就转化反应而言，在距炉顶 1/3 的区域所需热量最多，恰好燃烧所供热量也在此区域最集中，烟气的温度最高，所以对转化反应十分有利。此种炉型的主要缺点是无法调节沿炉管管长方向的温度梯度。图 6-2 为 Kellogg 顶烧炉。Topsoe 侧烧炉将烧嘴布置在两个侧面炉墙上，因而可根据需要在转化炉管的不同高度上调节温度；其缺点是热损失大、易烧坏炉管且烧嘴能力小而数量多。

② 二段转化炉。二段转化炉由于系工艺气体燃烧供热而无需外部供热，故其炉子结构较一段转化炉简单得多，图 6-3 为 Kellogg 二段转化炉结构。

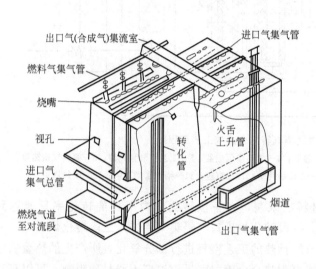

图 6-2　Kellogg 顶烧炉结构图

图 6-3　Kellogg 二段转化炉结构图

（2）换热式转化炉　为降低投资并更合理地利用能量，开发了取消第一段蒸汽转化用火管而以第二段自热转化提供所需能量的新工艺，代表性工艺有 ICI 的气体加热转化（Gas Hteated Reforrner，GHR）和 Kellogg 的转化换热系统（Kellogg. Reforming Exchanger System，KRES）等工艺。

GHR 工艺如图 6-4 所示，其一段转化炉管的内外压差很小，可采用薄壁炉管以减轻装置重量和减少投资，一段转化炉管的尺寸和数量也可减少，仅为常规蒸汽转化工艺的 1/4，该工艺在不改变原有蒸汽转化装置流程，不增热负荷的条件下，能提高生产能力 25%，并成功地在英国 Severnside 两套合成氨装置和澳大利亚 Laver ton 的合成甲醇装置中获

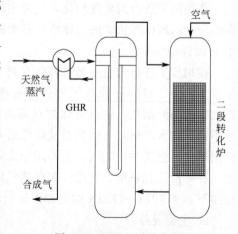

图 6-4　GHR 工艺流程图

得应用。

KRES工艺将原料气（天然气＋水蒸气）分成两股，一股进蒸汽转化器，一股进自热转化炉，来自二段绝热式自热转化炉的热气通过热交换可提供蒸汽转化换热器所需要的全部能量，从而可在生产过程中彻底取消需供热的一段转化炉。

KRES转化换热器的转化管可以自由伸长，管束可拆卸。装卸催化剂也十分方便。整个烃类转化过程在内径为2.5m、高为12m的换热反应器内进行。其设计条件为：富氧空气中氧气含量可高于30%；混合原料温度480～620℃；水碳比为3.3～3.8；转化出口温度925～1040；压力3.0MPa，壳体材质为碳钢，装有耐火衬里，外部有水夹套。1994年该工艺在加拿大Ocelot合成氨装置上实现了工业应用。

【思考题】

1. 一段转化炉的作用是什么？
2. 二段转化炉的作用是什么？
3. 甲烷蒸汽转化过程中加入二氧化碳的原因是什么？

学习情境三　甲醇原料气的净化

由于天然气中含有一定量的杂质，且氢气和一氧化碳的比例不当，还不能直接作为合成甲醇的原料气，需进一步净化并排除其中的硫化物，并进一步调整其中的氢气和一氧化碳的比例，作为合成甲醇的原料气。

一、原料气的脱硫

原料气硫化物的含量取决于制气时所使用的原料，原料的硫含量高，制造出来的气体含硫量也高。原料气中的硫化物可以分为两类：一类是无机硫化物，主要是硫化氢；另一类是有机硫化物，如硫化碳、二硫化碳、硫醇、噻吩等。原料气中硫化氢含量占硫化物总量的90%。燃料气中的硫化物，对合成甲醇危害很大，不仅能腐蚀设备和管道，而且还能使甲醇合成催化剂中毒，催化剂的硫中毒是永久性的；另一方面，硫是重要的化工原料，应当予以回收；此外，对产品质量而言，极少量硫就能使甲醇产品带有恶臭，且较难除去。

由于以上原因，原料气中的硫化物，必须脱除干净。脱除原料气中的硫化物的过程，称为脱硫。

为了加强甲醇生产原料气的脱硫，一般都采用初脱硫、粗脱硫、精脱硫三步脱硫工艺，脱硫的方法分为湿法脱硫和干法脱硫。初脱硫和粗脱硫一般采用湿法脱硫，而精脱硫一般采用干法脱硫。

湿法脱硫根据脱硫溶液的吸收和再生的性质可分为氧化法、化学吸收法和物理吸收法三类，而甲醇原料气的脱硫主要采用的是氧化法中的栲胶法和物理吸收法中的低温甲醇洗法。

1. 栲胶法脱硫

（1）栲胶法原理　栲胶的主要成分是单宁，还含有大量邻二羟基酚或邻三羟基酚，在碳酸钠稀溶液中添加偏钒酸钠、氧化栲胶等组成脱硫液，与需净化的水煤气在填料塔内逆流接触脱去硫化氢，吸收了硫化氢的稀碱液经氧化槽与空气氧化，使溶液再生并浮选出单质硫，溶液循环使用。

（2）栲胶法流程　栲胶法流程如图 6-5 所示，来自气柜的水煤气经冷却塔冷却，进入罗茨鼓风机加压，再进入脱硫洗气塔，然后依次进入第一、第二脱硫塔，与塔顶喷淋下来的脱硫液逆流接触，硫化氢被脱硫液吸收，净化后的气体经静电除焦器除去焦油后，送往压缩工段。

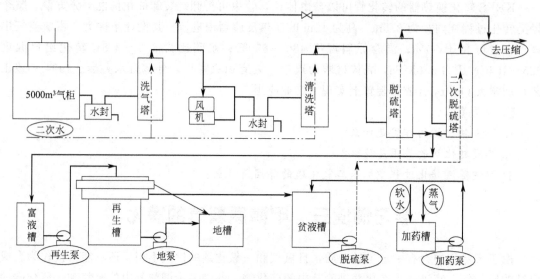

图 6-5　栲胶法脱硫工艺流程图

吸收硫化氢后的溶液打入再生槽，利用喷射器通入空气再生，析出的硫泡沫浮出再生槽顶部，溢流至泡沫槽，分离出来的硫膏送往熔融硫釜，制得块状硫黄。再生后的溶液，自再生槽排出，流入贫液槽，补加栲胶药剂后，再通过脱硫泵打入脱硫塔。

（3）栲胶法脱硫常见异常现象的原因及处理方法　栲胶法脱硫常见异常现象的原因及处理方法见表 6-2。

表 6-2　栲胶法脱硫常见异常现象的原因及处理方法

现　　象	原　　因	处 理 方 法
脱硫效率低	①溶液量小或水煤气加量过猛 ②溶液分配器堵塞或分配不均匀 ③喷射器堵塞 ④溶液组分降低 ⑤溶液再生温度低 ⑥副反应加剧，$Na_2S_2O_3$ 含量大	①加大溶液量，合成气加量不要过猛 ②清洗疏通溶液分配器 ③清洗喷射器喷头 ④补充溶液组分 ⑤提高溶液再生温度 ⑥严格控制温度，减少副反应
溶剂再生不好	①再生泵出口压力低 ②喷射器堵塞	①提高再生泵出口压力 ②清洗疏通溶液分配器

2. 低温甲醇洗法脱硫

甲醇是一种具有良好吸收性能的溶剂，当气体中同时存在硫化物和二氧化碳时，甲醇可选择性脱除硫化物，也能同时吸收并分别回收高浓度的硫化物和二氧化碳。以煤为原料的大型甲醇厂，目前均采用低温甲醇洗法脱除硫化物和二氧化碳，因此低温甲醇洗法将在脱碳部分介绍。

二、一氧化碳的变换和原料气脱硫

无论用何种原料制造出的合成甲醇原料气中，氢气与一氧化碳都是合成甲醇的有效气体，但氢气与一氧化碳必须保持一定的比例，大约在 2.2 或稍高一些，因此，合成甲醇用的原料气中的一氧化碳必须部分地变换成氢气与二氧化碳，这一过程称作一氧化碳变换。

1. 一氧化碳变换及脱硫原理

（1）一氧化碳变换原理　一氧化碳和水蒸气在一定温度下，在催化剂的作用下反应生成二氧化碳和氢气并放出热量，其反应如下：

$$CO + H_2O \Longrightarrow CO_2 + H_2 \quad \Delta H = -410.89kJ \tag{6-25}$$

变换反应为等体积、放热的可逆反应，因此，降低反应温度和增加蒸汽量都会降低变换气中 CO 的平衡浓度，否则将不利于变换反应，还可能发生逆变换过程。压力对变换反应影响不大，但压力可提高分子间有效碰撞，有利于提高变换反应速率。在要求变换气中 CO 指标一定的条件下，较低的反应温度是降低蒸汽用量的必要手段，在较高的温度下，一味追求降低 CO 浓度将会造成极大的蒸汽消耗。

（2）活性炭脱硫原理　活性炭能有效地脱除气体中的硫化氢及有机硫化物。在脱硫过程中，活性炭兼有催化和吸附的作用。在低温变换炉内，CO 发生变换反应的同时，气体中的有机硫与 H_2O 或 H_2 反应生成 H_2S，同时，煤气副线中气体所含的有机硫在水解炉中水解生成 H_2S。

2. 一氧化碳变换及脱硫工艺流程

一氧化碳变换及脱硫工艺流程如图 6-6 所示。

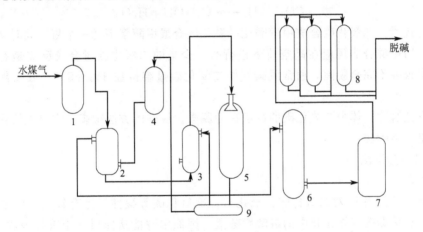

图 6-6　一氧化碳变换及脱硫工艺流程

1—油水分离器；2—换热器Ⅰ；3—换热器Ⅱ；4—中温水解炉；5—低温水解炉；
6—水冷器；7—气液分离器；8—活性炭罐；9—余热回收器

从压缩机二段出口来的水煤气，进入油水分离器 1 分离油水后，从上部出去进入换热器Ⅰ2 管程，与从中温水解炉 4 出来进入壳程的变换气进行换热后。从换热器Ⅰ管程底部出去，然后与换热器Ⅱ3 管程的变换气进行换热，达到低变炉所需要的温度。水煤气从低温水解炉 5 上部进入低温水解炉，在催化剂作用下经过反应后，从低温水解炉下部出来（350℃左右）进入余热回收器 9，与进入壳程的脱盐水换热后，从换热器Ⅱ上部进入壳程与管程内冷煤气换热，然后从换热器Ⅱ壳程中下部出来进入中温水解炉 4 上部，从中温水解炉下部出来进入换热器Ⅰ下部壳程与管程中水煤气换热，从换热器Ⅰ壳程出去进入水冷器 6 壳程上部，与管程中冷水换热后，从壳程下部出去进入气液分离器 7 下部，从上部进入活性炭罐 8 上部，经过脱硫后达到工艺要求进入脱碳工序。

3. 一氧化碳变换及脱硫常见异常现象的原因及处理方法

一氧化碳变换及脱硫常见异常现象的原因及处理方法见表 6-3。

表 6-3　一氧化碳变换及脱硫常见异常现象的原因及处理方法

现　象	原　因	处 理 办 法
脱硫效率低	①反应温度低 ②水解剂失活 ③硫容饱和	①适当提高反应温度 ②停车更换水解剂 ③更换活性炭
变换气 CO 超标	①催化剂活性降低 ②床层温度波动大 ③换热器内漏	①适当提高反应温度 ②加减负荷要稳，调整旁路阀，保证入口温度稳定 ③停车检修
低变床层温度超标	①氧含量过高 ②超温严重	①提高蒸汽量 ②停车降温
低变床层温度下降	①操作不稳定 ②煤气进口带水	①稳定操作 ②提高入口温度或加大蒸汽量

三、原料气中二氧化碳的脱除

经变脱后的合成甲醇原料气中，除含有一定量的 CO、H_2 等外，还有 $11\%\sim14\%$ 的 CO_2，CO_2 在合成甲醇时并不是有害成分，而且在甲醇合成催化剂的作用下，也能生成水与甲醇：

$$CO_2 + 3H_2 \longrightarrow CH_3OH + H_2O \qquad (6\text{-}26)$$

从反应式看，二氧化碳合成甲醇需比一氧化碳合成甲醇多消耗一个氢，同时多生成一个水。但是，当甲醇合成反应在高空速下进行时，少量的二氧化碳对合成反应是有利的，因此，二氧化碳并不完全脱除，通常脱碳气中二氧化碳量维持在 $3\%\sim5\%$，最高甚至可以放宽到 5%。

生产中把脱除气体中二氧化碳的过程称为脱碳。脱碳的方法很多，本书主要讲解低温甲醇洗法和变压吸附法。

1. 低温甲醇洗法

(1) 原理

① 吸收原理。甲醇对二氧化碳、硫化氢、硫氧化碳等酸性气体有较大的溶解能力，而氢、氮、一氧化碳等气体在其中的溶解度甚微，因而甲醇能从原料气中选择吸收二氧化碳、硫化氢等酸性气体，而氢、一氧化碳损失很小。

② 再生原理。吸收二氧化碳后的甲醇，在减压加热条件下，解吸出溶解的气体，使甲醇得到再生、循环使用。在同一条件下，硫化氢在甲醇中的溶解能力比二氧化碳大，而二氧化碳的溶解度又远大于氢、氮、一氧化碳等气体，因此用甲醇洗涤含有上述组分的混合气体时，只有少量氢、一氧化碳气体被甲醇吸收。

(2) 工艺流程　低温甲醇洗脱除 CO_2 的流程如图 6-7 所示，原料气在预冷器 1 中被净化气和二氧化碳冷却到 $-20℃$ 后，进入吸收塔 2 下部，在此与吸收塔中部加入的 $-73℃$ 的甲醇溶液逆流接触，大量二氧化碳被吸收。由于二氧化碳溶解时放热，塔底部排出的甲醇溶液（富液）温度升到 $-20℃$。将该溶液送到闪蒸器 3 解吸出所吸收的氢气，并用压缩机 4 送回原料总管。甲醇溶液由闪蒸器进入再生塔 5，经过两级减压再生，第一级在常压下再生，再生气中二氧化碳浓度在 98% 以上，经预冷器与原料气换热后回收利用；第二级在真空度为 20kPa 下再生，在此条件下，可将所吸收的二氧化碳大部分放出，得到半贫液。由于二氧化碳解吸吸热，半贫液的温度降到－73℃，经泵加压后进入吸收塔 2 中部，循环使用。

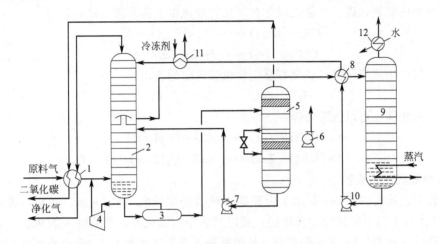

图 6-7　低温甲醇洗脱除 CO_2 的流程图

1—原料预冷器；2—吸收塔；3—闪蒸器；4—压缩机；5—再生塔；6—真空泵；
7—半贫液泵；8—换热器；9—蒸馏塔；10—贫液泵；11—冷却器；12—水冷器

为了进一步提高气体的净化度，在吸收塔下部已除去大部分二氧化碳和其他杂质的气体，进入吸收塔上部，用蒸馏塔 9 来的纯甲醇（贫液）继续洗涤，净化气经换热后送往下一工序。这一部分甲醇溶液由上塔底排出，与蒸馏后的贫液换热后进入蒸馏塔，在蒸汽加热的条件下进行蒸馏再生。从蒸馏塔排出的贫液温度为 57℃左右，经换热器 8 冷却器 11 被冷却到－60℃以后，送到吸收塔顶部。

2. 变压吸附法

变压吸附脱碳往往是多个吸附塔交替进行多个工作状态。

（1）变压吸附原理　变压吸附的原理是利用吸附剂在不同分压下有不同的吸附容量，并且在一定的吸附压力下被分离的气体混合物又有选择性吸附的特性，加压吸附除去原料气中的杂质组分，减压脱除这些杂质组分而使吸收剂再生。因此，采用多个吸附塔循环地变动所组合的各循环塔的压力就可以达到连续分离气体混合物的目的。利用变压吸附脱除 CO_2 是纯物理过程。根据各种气体在吸附剂中不同的吸附量，将 CO_2 从变换气中选择吸附分离出来，利用吸附、减压或真空解吸再生过程，达到分离 CO_2 的目的。

（2）工艺流程　变压吸附工艺流程为变换气在一定的压力（≤0.8MPa）和温度（≤40℃）下，进入水分离器，将水分离掉，分离出的水排出，分离游离水后的变换气通过流量计精确计量，并且通过调节阀对气量进行调节后，分别经程控阀进入相对应的吸附塔，脱去二氧化碳的产品气从吸附塔上面引出，并通过程控阀以及流量计精确计量后，再经调节阀的压力调节后，连续输出，进入精脱硫工序，吸附塔的排放气由程控阀排出放空。

四、原料气精脱硫

现在合成甲醇的催化剂大多是铜基催化剂，对硫的作用十分敏感。精脱硫就是脱除脱碳气中的微量硫，使脱碳气中的总硫量低于 $0.01mL/m^3$。

因为脱碳气中的硫含量已经很低，因此精脱硫一般采用干法脱硫，现以干法脱硫中的氧化锌法为例讲解精脱硫工艺。

1. 精脱硫的基本原理

脱碳气中的硫氧化碳、二硫化碳等在氧化锌脱硫罐上部水解生成硫化氢：

$$CS_2 + 2H_2O \Longrightarrow 2H_2S + CO_2 + Q \qquad (6-27)$$

$$COS + H_2O \Longrightarrow H_2S + CO_2 + Q \qquad (6-28)$$

水解后气体中的硫化氢与氧化锌反应生成较稳定的硫化锌：

$$H_2S + ZnO \Longrightarrow ZnS + H_2O \qquad (6-29)$$

另外，氧化锌还可以脱除硫醇：

$$C_2H_5SH + ZnO \Longrightarrow ZnS + C_2H_5OH \qquad (6-30)$$

$$C_2H_5SH + ZnO \Longrightarrow ZnS + C_2H_4 + H_2O \qquad (6-31)$$

2. 精脱硫的工艺流程

精脱硫工艺流程如图 6-8 所示。由脱碳系统来的脱碳气（0.7MPa、40℃）进入第一脱硫塔 1，气体自上而下通过活性炭床层，脱除气体中的硫化氢，然后进入加热器 2 管程，利用管外的蒸汽间接加热到 57~80℃后，从顶部进入有机硫水解炉 3，经过有机硫水解催化剂和 ZnO 脱硫剂转化有机硫为无机硫后从底部出塔。出水解炉的气体从冷却塔 4 顶部进入管程与壳程内的冷却水换热到 40℃以后，从顶部进入第二脱硫塔 5，经过活性炭床层脱除硫化氢、氯、金属，使其含量为 $(0.05 \sim 0.1) \times 10^{-6}$，净化后气体从底部出塔送往压缩机三段入口。

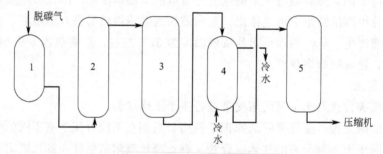

图 6-8 精脱硫工艺流程图

1—第一脱硫塔；2—加热器；3—有机硫水解炉；4—冷却塔；5—第二脱硫塔

【思考题】

简述一氧化碳变换及脱硫工艺。

学习情境四　甲醇的合成

一、甲醇合成反应原理及催化剂

1. 甲醇合成反应原理

（1）主反应

$$CO + 2H_2 \longrightarrow CH_3OH \qquad \Delta H = -90.8kJ \qquad (6-32)$$

$$CO_2 + 3H_2 \longrightarrow CH_3OH + H_2O \quad \Delta H = -58.6kJ \qquad (6-33)$$

合成甲醇的反应是可逆放热反应，反应时气体体积缩小，并且只有在催化剂存在条件下，反应才能较快进行。

（2）副反应 副反应又可分为平行副反应和连串副反应。

① 平行副反应

$$CO + 3H_2 \longrightarrow CH_4 + H_2O \tag{6-34}$$

$$2CO + 4H_2 \longrightarrow (CH_3)_2O + H_2O \tag{6-35}$$

$$2CO + 4H_2 \longrightarrow C_2H_5OH + H_2O \tag{6-36}$$

$$4CO + 8H_2 \longrightarrow C_4H_9OH + 3H_2O \tag{6-37}$$

② 连串副反应

$$2CH_3OH \longrightarrow CH_3OCH_3（二甲醚）+ H_2O \tag{6-38}$$

$$CH_3OH + nCO + 2nH_2 \longrightarrow C_nH_{2n+1}CH_2OH（高级醇）+ nH_2O \tag{6-39}$$

$$CH_3OH + nCO + 2(n-1)H_2 \longrightarrow C_nH_{2n+1}COOH（有机酸）+ (n-1)H_2O \tag{6-40}$$

这些副反应的产物还可能进一步反应，生成微量醛、酮、酯等副产物，也可能形成少量的 $Fe(CO)_5$。

副反应不仅消耗原料，而且影响粗甲醇的质量和催化剂的寿命。特别是生成甲烷的反应，是一个强放热反应，不利于操作控制，而且生成的甲烷不能随产品冷凝，存在于循环系统中更不利于主反应的化学平衡和反应速率。

2. 甲醇合成催化剂

甲醇合成催化剂最早使用的是 $ZnO\text{-}Cr_2O_3$ 二元催化剂。该催化剂活性较低，所需反应温度高（653～673K），为了提高平衡转化率，反应必须在高压下进行（称为高压法）。20世纪 60 年代中期开发成功的铜基催化剂，活性高、性能好，适宜的反应温度为 493～543K，现在广泛应用于低压法甲醇合成。表 6-4 列出了两种低压法甲醇合成铜基催化剂的组成。

表 6-4　甲醇合成铜基催化剂的组成　　　　　单位：%（质量分数）

组分 催化剂	Cu	Zn	Cr	V	Mn
ICI 催化剂	90～25	8～60	2～30	—	—
Lurgi 催化剂	80～30	10～50	—	1～25	5～50

铜基催化剂对硫极为敏感，易中毒失活，热稳定性较差。随着研究工作的进展，使含铜催化剂的性能大大改进，更主要的是找到了高效脱硫剂，延长铜基催化剂的使用寿命。铜基催化剂的活性与铜含量有关，实验表明铜含量增加则活性增加，但耐热性和抗毒（硫）性下降；铜含量降低，使用寿命延长。我国目前使用的 C_3O_1 型铜基催化剂为 $CuO\text{-}ZnO\text{-}Al_2O_3$ 三元催化剂，其大致组成为（质量分数）：Cu 45%～55%、ZnO 25%～35%、Al_2O_3 2%～6%。

二、甲醇合成的影响因素

1. 反应温度

合成甲醇反应是一个可逆放热反应，反应速率随温度的变化有一最大值，此最大值对应的温度即为最适宜的反应温度。

实际生产中的操作温度取决于一系列因素，如催化剂、压力、原料气组成、空速和设备使用情况等，尤其取决于催化剂的活性温度。由于催化剂的活性不同，最适宜的反应温度也不同。对 $ZnO\text{-}Cr_2O_3$ 催化剂，最适宜温度为 653K 左右；而对 $CuO\text{-}ZnO\text{-}Al_2O_3$ 催化剂，最适宜温度为 503～543K。

最适宜温度与转化深度及催化剂的老化程度也有关。一般为了使催化剂有较长的寿命，反应初期宜采用较低温度，使用一定时间后再升至适宜温度。其后随催化剂老化程度的增加，反应温度也需相应提高。由于合成甲醇是放热反应，反应热必须及时移除，否则易使催化剂温升过高，不仅会导致副反应（主要是高级醇的生成）增加，而且会使催化剂因发生熔结现象而活性下降，尤其是使用铜基催化剂时，由于其热稳定性较差，严格控制反应温度显得极其重要。

2. 反应压力

一氧化碳加氢合成甲醇的主反应和副反应相比，是摩尔数减少最多，而平衡常数最小的反应，因此增加压力对提高甲醇的平衡浓度和加快主反应速率都是有利的。$ZnO-Cr_2O_3$ 催化剂时，反应温度高，由于受平衡限制，必须采用高压，以提高其推动力。而采用铜基催化剂时，由于其活性高，反应温度较低，反应压力也可相应降至 $5\sim10MPa$。

3. 原料气组成

甲醇合成反应原料气的化学计量比为 $H_2 : CO = 2 : 1$。但生产实践证明，一氧化碳含量高不好，不仅对温度控制不利，而且会引起羰基铁在催化剂上的积聚，使催化剂失去活性，故一般采用氢过量。氢过量可以抑制高级醇、高级烃和还原性物质的生成，提高粗甲醇的浓度和纯度，同时，过量的氢可以起到稀释作用，且因氢气导热性能好，有利于防止局部过热和控制整个催化剂床层的温度。

增加氢的浓度，可以提高一氧化碳的转化率，但是，氢过量太多会降低反应设备的生产能力。工业生产上采用铜基催化剂的低压法甲醇合成，一般控制氢气与一氧化碳的摩尔比为 $(2.2\sim3.0) : 1$。

由于二氧化碳的比热容较一氧化碳高，其加氢反应热效应却较小，故原料气中有一定二氧化碳含量时，可以降低反应峰值温度。对于低压法合成甲醇，二氧化碳的体积分数为 5% 时甲醇收率最好，此外，二氧化碳的存在也可抑制二甲醚的生成。

原料气中有氮及甲烷等惰性物存在时，使氢气及一氧化碳的分压降低，导致反应转化率下降。由于合成甲醇空速大，接触时间短，单程转化率低，因此反应气体中仍含有大量未转化的氢气及一氧化碳，必须循环利用。为了避免惰性气体的积累，必须将部分循环气从反应系统中排出，以使反应系统中惰性气体含量保持在一定浓度范围。工业生产上一般控制循环气量为新鲜原料气量的 $3.5\sim6$ 倍。

4. 空间速度

空间速度（简称空速）的大小影响甲醇合成反应的选择性和转化率。表 6-5 列出了在铜基催化剂上转化率、生产能力随空速变化的实际数据。

表 6-5 空间速度对 CO 转化率和甲醇产量的影响

空速/h^{-1}	CO 转化率/%	粗甲醇产量/[m/(m³催化剂·h)]
20000	50.1	25.8
30000	41.5	26.1

从表中数据可以看出，增加空速在一定程度上意味着增加甲醇产量。另外，增加空速有利于反应热的移出，防止催化剂过热。但空速太高，转化率降低，导致循环气量增加，从而增加能量消耗。同时，空速过高会增加分离设备和换热设备负荷，引起甲醇分离效果降低，甚至由于带出热量太多，造成合成塔内的催化剂温度难以控制。适宜的空速与催化剂的活性、反应温度及进塔气体的组成有关。采用铜基催化剂的低压法甲醇合成，工业生产上一般

控制空速为 $10000 \sim 20000 \mathrm{h}^{-1}$。

三、甲醇合成的工艺流程

图 6-9 是目前各生产厂家普遍采用的工艺流程。由制气、压缩、合成和精制四大部分组成，此处主要讨论压缩、合成和精制部分。

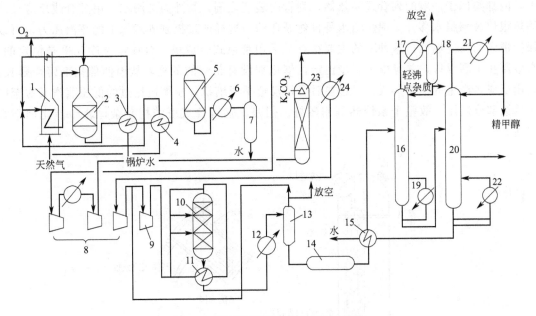

图 6-9 低压法甲醇合成的工艺流程图

1—加热炉；2—转化器；3—废热锅炉；4—加热器；5—脱硫器；6,12,17,21,24—水冷器；7—气液分离器；8—合成器压缩机；9—循环气压缩机；10—甲醇合成塔；11,15—热交换器；13—甲醇分离器；14—粗甲醇中间槽；16—脱氢组分塔；18—分离器；19,22—再沸器；20—甲醇精馏塔；23—CO₂吸收塔

利用天然气经水蒸气转化（或部分氧化）后得到的（$H_2 + CO$）合成气，再经换热脱硫[含硫（体积分数）小于 5×10^{-7}]、水冷却分出冷凝水后，进入合成压缩机（三段），压缩至压力略低于 5MPa，与循环气混合后在循环气压缩机 9 中增压至 5MPa，进入合成反应器 10，在催化床层中进行合成反应。合成反应器为冷激式绝热反应器，催化剂为铜基催化剂，操作压力为 5MPa，操作温度为 513～543K。由反应器出来的气体含甲醇 6%～8%，经热交换器 11 与合成气热交换后进入水冷器 12，使产物甲醇冷凝，然后在甲醇分离器 13 中将液态的甲醇与气体分离，再经闪蒸除去溶解的气体，得到反应产物粗甲醇送精制。甲醇分离器分出的气体含大量的氢和一氧化碳，返回循环气压缩机循环 9 使用，为防止惰性气体积累，将部分循环气放空。

粗甲醇中除含有约 8% 的甲醇外，还含有两大类杂质，一类是溶于其中的气体和易挥发的轻组分，如氢气、一氧化碳、二氧化碳、二甲醚、乙醛、丙酮、甲酸甲酯和羰基铁等；另一类是难挥发的重组分，如乙醇、高级醇、水分等。粗甲醇可利用两个塔予以精制。

粗甲醇首先进入第一个塔 16（称为脱轻组分塔），塔顶分出轻组分，经冷凝后回收其中所含甲醇，不凝气放空，此塔一般为板式塔，为 40～50 块塔板。塔釜液进入第二个塔 20（称为甲醇精馏塔或脱重组分塔），塔顶采出产品甲醇，重组分乙醇、高级醇等杂醇油在塔的加料板下 6～14 块板处侧线气相采出，水由塔釜分出，经回收余热后送废水处理。甲醇精馏塔为 60～70 块塔板。由于低压法合成的甲醇杂质含量少，净化比较容易，利用双塔精制流程，便可以获得纯度（质量分数）高达 99.85% 的精制产品甲醇。

四、甲醇合成的主要设备

低压甲醇合成塔主要有 Lurgi 型甲醇合成塔和 ICI 冷激式合成塔。

（1）Lurgi 型甲醇合成塔　如图 6-10 所示，Lurgi 型甲醇合成塔既是反应器又是废热锅炉，内部类似于一般的列管式换热器，列管内装催化剂，管外为沸腾水。甲醇合成反应放出的热很快被沸腾水移开。锅炉给水是自然循环的，这样通过控制沸腾水上的蒸汽压力，可以保持恒定的反应温度。这种塔的主要特点是采用管束式合成塔。合成塔温度几乎是恒定的，有效制止了副反应，并且由于温度恒定，催化剂没有超温的危险，从而使催化剂寿命延长；利用反应热产生的中压蒸汽，经过热后可带动透平压缩机，压缩机用过的低压蒸汽又送至甲醇精馏部分使用，故整个系统热利用较好。但是，这种合成塔结构复杂，装卸催化剂不太方便。

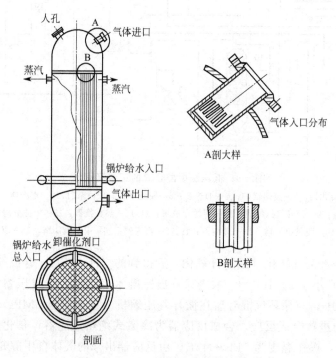

图 6-10　Lurgi 型甲醇合成塔结构图

（2）ICI 冷激式合成塔　如图 6-11 所示，ICI 冷激式合成塔主要由塔体、气体喷头、菱形分布器构成。塔体为单层全焊结构，不分内、外件，因此筒体为热壁容器，要求材料抗侵蚀能力强，强度高，焊接性好；气体喷头由四层不锈钢的圆锥体组焊而成，固定于塔顶气体入口处，使气体均匀分布于塔内，喷头可以防止气流冲击催化床而损坏催化剂；菱形分布器埋于催化床中，并在催化床的不同高度平面上各装一组，全塔共装三组，它使冷激气和反应气体均匀混合，以调节催化床层的温度，是合成塔的关键部件。

菱形分布器由导气管与气体分布管两部分组成。导气管为双重套管，与塔外的冷激气总管相连，导气管的内套管上，每隔一定距离，朝下设有法兰接头，与气体分布管呈垂直连接。气体分布管由内、外两部分组成，外部是菱形截面的气体分布混合管，它由四根长的扁钢和许多短的扁钢斜横着焊于长扁钢上构成骨架，并在外面包上双层金属丝网，内层为粗网，外层为细网，内部是一根双套管，内套管朝下钻有一排小孔。外套管朝上倾斜着钻有两排小孔，内、外套管小孔间距为 80mm。

冷激气经导气管进入气体分布器内部后，自内套管的小孔流出，再经外套管小孔喷出，在混合管内和流过的热气流混合，从而降低气体温度并向下移动，在床层中继续反应。在合成塔内，由于采用菱形分布器引入冷激气，气体分布均匀，床层的同平面温差很小，基本上能维持在等温下操作，从而延长催化剂的使用寿命；另外，这种合成塔装卸催化剂很方便。但是该合成塔温度控制不够灵敏，催化床不同位置要在不同温度下操作，操作温度严格地依赖于各段床层入口气体的温度，各段床层进口温度有效地变动，就会导致系统温度大的变化，这种温度的变化在一定程度上会影响合成塔的稳定操作。

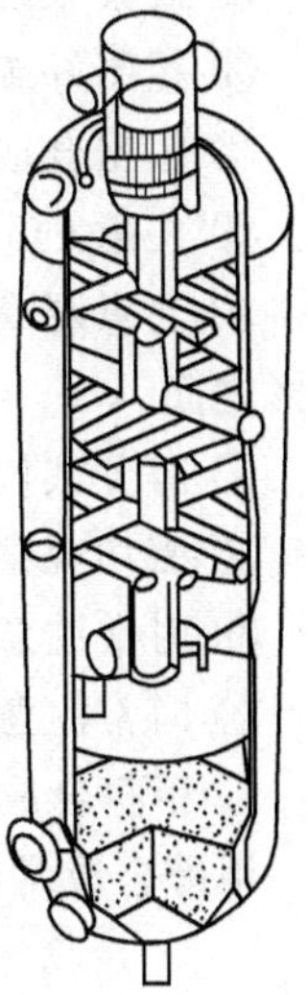

图 6-11 ICI冷激式合成塔结构图

五、甲醇合成工段开停车及操作要点

1. 甲醇合成工段的开车

（1）短期停车后开车

① 处于保压状态下，开循环机，启用电炉，催化剂温度达到活性温度后，通知压缩岗位送气。

② 视温度情况，停电炉，调整循环气量，稳定合成温度。

③ 合成温度正常后，逐步加负荷直至满量。

④ 合理调整放醇阀、弛放气阀、上水阀、后置锅炉出口蒸汽阀，保证液位正常，防止超温超压。

（2）长期停车后的开车 系统用氮气置换，分析 O_2 含量小于 0.1％ 时，用醇后气或提氢气对系统充压至 0.7MPa，启动循环机，用电炉进行升温。温度正常后，按短期开车步骤开车。

2. 甲醇合成工段的停车

（1）短期停车

① 合成塔保温，停一台循环机，启用电炉保温。通知现场操作人员关闭塔副线，关闭合成塔副线自动调节阀。

② 接停车信号后可通知循环机岗位把循环机全部停掉。

③ 通知现场操作人员关闭塔副线及各醇分的放醇阀，并注意闪蒸槽压力。

④ 注意合成塔温度，如有上涨可在塔后稍微放空，以便带走热量。

⑤ 关闭各设备倒淋阀，以免压力下降过快。

⑥ 关闭废热锅炉上水并关闭出口蒸汽总阀。

⑦ 关闭水冷器进出口水阀。

（2）长期停车 关闭补气阀，关废热锅炉去变换蒸汽阀，通过去提氢弛放气卸压，关醇分放醇阀，闪蒸槽无液时关去精馏阀，待压力卸至 2.2MPa 时，关去提氢弛放气阀，停循环机，开闪蒸槽去城市煤气阀，压力降至 0.15MPa 时，导通氮气盲板和截止阀，充入氮气，开 H_2 含水阀（冬季排净水，以防冻坏设备）。

（3）紧急停车 立即关闭补气阀，靠弛放气卸压至 2.2MPa 后，停循环机，关去提氢弛放气阀，注意塔温有无变化。

3. 甲醇合成工段的正常操作要点

① 时常注意合成塔各点的温度变化情况，以防超温和垮温。

② 观察系统压力，以防超压发生事故。

③ 控制好施放气的压力、流量，力求稳定。

④ 根据合成塔各点温度调节循环机近路及塔副线。

⑤ 注意 CO 指标及提氢气指标。

⑥ 注意观察废热锅炉蒸汽压力，调节好废热锅炉上水量，保证废热锅炉液位在 50%～60% 之间。

⑦ 醇分液位不准过高或过低，以防闪蒸槽超压或带醇。

⑧ 密切观察闪蒸槽压力和液位，以防超压。

⑨ 时常注意进入油分以及循环机进口流量。

⑩ 时常注意调节水冷后气体温度及合成塔进、出口温度。

4. 甲醇合成的异常现象及处理方法

甲醇合成常见异常现象及处理方法见表 6-6。

表 6-6　甲醇合成常见异常现象及处理方法

现　象	原　因	处 理 办 法
合成塔温度急剧上升	①循环量突然减少 ②新鲜气量增大 ③操作失误	①加大循环量 ②加大循环量 ③悉心操作
合成塔温度急剧下降	①循环量突然增加 ②新鲜气量减少 ③操作失误	①减少循环量 ②减少循环量或关小合成塔副线 ③悉心操作
醇后气一氧化碳含量高	①新鲜气一氧化碳含量高 ②催化剂床温度波动或跨温	①调整新鲜气一氧化碳含量 ②及时调整
合成塔压差过大	①新鲜气量太大 ②循环量过大 ③催化剂破碎	①降低进气一氧化碳含量或减轻负荷 ②减少循环量 ③及时处理

【思考题】

1. 甲醇合成中的副反应平行反应的原理。

2. 甲醇合成中的副反应连串反应的原理。

学习情境五　甲醇精馏

有机合成的生成物与合成反应的条件有密切关系，虽然参加甲醇反应的元素只有碳、氢、氧三种，但是往往由于合成反应的条件如温度、压力、空速、催化剂、反应气的组成以及催化剂的微量杂质等作用，都会使合成反应偏离主反应的方向，生成各种副产物，成为甲醇中的杂质。据定性、定量分析，粗甲醇中的杂质有几十种，为了获得高纯度甲醇，需要通过精馏或萃取工艺提纯，清除所含杂质。

一、甲醇精馏的原理

甲醇精馏的原理系利用液体混合物各组分具有不同的沸点，在一定温度下，各组分相应具有不同的蒸气压，当液体混合物受热汽化，达到平衡时，在气相中易挥发物质蒸气占较大比重，将此蒸气冷凝而得到含易挥发组分较多的液体，这就进行了一次简单的蒸馏。重复进行这个过程，最终就能得到接近纯组分的各物质。因此精馏的原理是将液体混合物进行多次部分汽化，多次部分冷凝并分别收集，最终达到分离提纯的目的。

二、甲醇精馏的工艺流程

粗甲醇的精馏工艺很多，主要有双塔精馏工艺和三塔精馏工艺。

1. 双塔精馏工艺

双塔精馏工艺流程如图 6-12 所示，在粗甲醇储槽的出口管（泵前）上，加入浓度为 8%～10%的 NaOH 溶液，其加入量约为粗甲醇加入量的 0.5%，控制经预精馏后的甲醇呈弱碱性（pH=8～9），其目的是促使胺类及羰基化合物分解，并且防止粗甲醇中有机酸对设备的腐蚀。

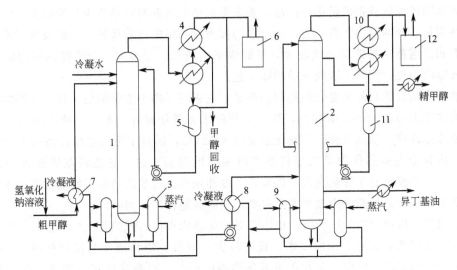

图 6-12　粗甲醇双塔精馏工艺流程图

1—预精馏塔；2—主精馏塔；3,9—再沸器；4,10—冷凝器；5,11—回流器；6,12—液封；7,8—热交换器

加碱后的粗甲醇，经过预热器用热水加热至 70～100℃后进入预精馏塔 1，为便于脱除粗甲醇中的杂质，根据萃取原理，在预精馏塔上部（或进塔回流管上）加入萃取剂，目前采用较多的是以蒸汽冷凝水作为萃取剂，预蒸馏塔塔底侧有循环蒸发器，以 0.3～0.35MPa 蒸汽间接加热，供给分馏、回流的热源，塔顶出来的蒸气含有甲醇、水及多种以轻组分为主的少量有机杂质，经过冷凝器 4 被冷却水冷却，绝大部分甲醇、水和少量有机杂质冷凝下来，送至塔内回流，回流比为 0.6～0.8（与入料比）。以轻组分为主的大部分有机杂质经塔顶液封槽后放空或回收作燃料。塔釜为预处理后的粗甲醇。

有的流程因对精甲醇有特殊要求，增设 T 次冷凝器，将一次冷凝温度适当提高，使沸点与甲醇接近的杂质通过预精馏塔进行更多的脱除，然后在二次冷凝器内再将被蒸出的甲醇加以回收。预处理后的粗甲醇在预精馏塔 1 底部引出，经主精馏塔入料泵送入主精馏塔 2，主精馏塔约 19 层塔板（或 17、23、26、30、36 层）。根据粗甲醇组分、温度以及塔板情况调节进料板。塔底侧有循环蒸发器，以蒸汽加热供给热源，甲醇蒸气和液体在每一块塔板上进行分馏，塔顶部蒸气出来经过冷凝器 10 冷却，冷凝液流入收集槽，再经回流泵加压送至塔顶进行全回流，回流比为 1.5～2.0。极少量的轻组分与少量甲醇经塔顶液封槽溢流后，不凝部分排入大气。在预精馏塔和主精馏塔顶液封槽内溢流的初馏物入事故槽（未画出）。精甲醇在塔顶自上数第 5～8 塔中采出，根据精甲醇质量情况调节采出口。经精甲醇冷却器冷却到 30℃以下的精甲醇利用势能送至成品槽。塔下部 8～14 层板中采出杂醇油，杂醇油和馏物均可在事故槽内加水分层，回收其中甲醇，其油状烷烃另作处理。塔釜残液主要为水及少量高碳烷烃。控制塔底温度大于−40℃，相对密度大于 0.993，甲醇含量小于 1％。随环保意识增强，甲醇残液不能排入地沟，较合理的方法是经过生化处理，另外也有送造气煤气发生炉夹套锅炉的，或一部分送入冷凝水储槽作为蒸馏塔的萃取水，另一部分燃烧处理。

塔中部 26、30、36 层设有中沸点采出口，少量采出有助于产品质量提高。主精馏塔塔板数在 75～85 层，目前采用较多的为浮阀塔，而新型的导向浮阀塔和金属丝网填料塔在使用中都各自显示了其优良的性能。

2. 双效三塔精馏工艺

双塔精馏流程所获得的精甲醇产品，要求甲醇中乙醇和有机杂质含量控制在一定范围内即可。特别是乙醇的分离程度较差，由于它的挥发度与甲醇比较接近，分离较为困难，并且双塔精馏和三塔精馏的能耗都比较大，甲醇收率也较低，近年来，为了提高甲醇质量和收率，降低蒸汽消耗，发展了双效三塔精馏工艺。

双效三塔精馏的目的是更合理地利用热量，它采用了两个主精馏塔，第一主精馏塔加压蒸馏，操作压力为 0.56～0.60MPa，第二主精馏塔为常压操作。第一主精馏塔由于加压操作，可使沸点升高，顶部气相甲醇液化温度约为 121℃，远高于第二主精馏塔塔釜液体的沸点温度，将其冷凝潜热作为第二主精馏塔再沸器的热源。这一方法较双塔流程节约热能 30％～40％，不仅节省了加热蒸汽，也节省了冷却用水，有效地利用了能量。两个主精馏塔塔板数增加了一倍，自然分离效率大大提高，然而其能耗却反而降低。

但是双效三塔精馏为加压精馏，加压塔对于向塔内提供热源的蒸汽要求较高，对受压容器的材料、壁厚及制造也有相应要求，投资较大。双效三塔精馏工艺流程如图 6-13 所示，粗甲醇进入预精馏塔 1 之前，先在粗甲醇预热器中用蒸汽冷凝液将其预热到 65℃，粗甲醇在预精馏塔中除去其中残余的溶解气体及低沸物。塔顶设置两个冷凝器 5，在塔内上升气中的甲醇大部分冷凝下来进入回流液收集槽 4，经预精馏塔回流泵进入预精馏塔顶作回流。不凝气、轻组分及少量甲醇蒸气通过压力调节后至加热炉作燃料，预精馏塔塔底由低压蒸汽加热的热虹式再沸器向塔内提供热量。

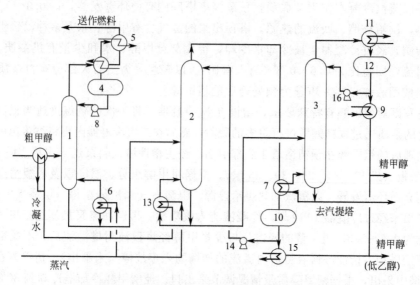

图 6-13　双效法三塔粗甲醇精馏工艺流程图

1—预精馏塔；2—第一精馏塔（加压）；3—第二精馏塔（常压）；4,10,12—回流液收集槽；
5,11—冷凝器；6,13—再沸器；7—冷凝再沸器；8,14,16—回流泵；9,15—冷却器

　　为了防止粗甲醇对设备的腐蚀，在预精馏塔下部高温区加入一定量的稀碱液，使预精馏塔底甲醇的 pH 值控制在 8 左右。

　　由预精馏塔塔底出来的预精馏甲醇，经加压塔进料泵加压后，进入第一主精馏加压塔2，塔顶甲醇蒸气进入冷凝再沸器 7，也就是第一精馏加压塔的气相甲醇又利用冷凝潜热加热第二精馏常压塔的塔釜，被冷凝的甲醇进入回流槽，在回流槽稍加冷却，一部分由加压塔回流泵升压至 0.8MPa 送到加压塔作回流液，其余部分经加压塔精甲醇冷却器 15 冷却到40℃后作产品送往精甲醇计量槽。

　　加压塔用低压蒸汽加热的热虹式再沸器向塔内提供热量，通过低压蒸汽的加入量来控制塔的操作温度。加压塔的操作压力约为 0.57MPa，塔顶操作温度约为 121℃，塔底操作温度约为 127℃。由加压塔塔底排出的甲醇溶液送往第二主精馏常压塔 3 下部，从常压塔塔顶出来的甲醇蒸气经常压塔冷凝器 11 冷却到 40℃后，进入常压塔回流液收集槽 12，再经常压塔回流泵加压后，一部分送到常压塔塔顶作回流，其余部分送到精甲醇计量槽。常压塔顶操作压力约为 0.006MPa，塔顶操作温度约为 36℃，塔底操作温度约为 95℃。常压塔的塔底残液另外由汽提塔进料泵加压后进入废水汽提塔，塔顶蒸汽经汽提塔冷凝后，进入汽提塔回流槽，由汽提塔回流泵加压，一部分送废水汽提塔塔顶作回流，另一部分经汽提塔甲醇冷却器15 冷却至 40℃，与常压塔采出的精甲醇一起送往产品计量槽。如果采出的精甲醇不合格，可将其送至常压塔进行回收，以提高甲醇精馏的回收率。

三、甲醇精馏的主要设备

　　对精馏过程来说，精馏设备是使过程得以进行的重要条件。性能良好的精馏设备，为精馏过程的进行创造了良好的条件，它直接影响到生产装置的产品质量、生产能力、产品收率、消耗定额、"三废"处理以及环境保护等方面。

　　1. 浮阀塔

　　浮阀塔主要是由浮阀、塔板、溢流管、降液管、受液盘及无阀区等部分组成的。浮阀塔板结构如图 6-14 所示。浮阀塔有很多优点，如生产能力大、塔板结构简单、安装容易、造价低、塔板效率高、操作弹性大、蒸汽分配均匀等。但是浮阀塔对浮阀的安装要求严格，对浮阀的三只阀脚要按规定进行弯曲，既不可被塔板的阀孔卡住，也不可被蒸汽吹脱；另外，浮阀塔的浮头容易脱落，严重影响塔板效率；浮阀塔仍然有液体返混现象。

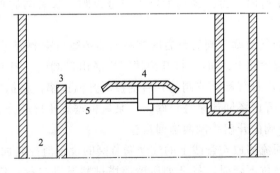

图 6-14　浮阀塔板结构图

1—受液盘；2—降液管；3—溢流管；4—浮阀；5—塔板

　　2. 丝网波纹填料塔

　　填料塔结构如图 6-15 所示，填料塔是由塔体、填料、液体分布器、支撑板等部件组成的。塔体一般是用钢板制成的圆筒形，在特殊情况下也可以用陶瓷或塑料制成。塔内填充有一定高度的填料层，填料的下面为支撑板，填料的上面有填料压板及液体分布器，必要时需将填料层分段，段与段之间设置液体再分布器。丝网波纹填料是网状填料发展起来的一种高效填料，它具有效率高、生产能力大、阻力小、滞留量小、放大效应不明显、加工易机械化等优点，因此广泛用于精馏操作。

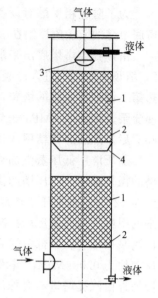

图 6-15　填料塔结构图
1—填料；2—支撑板；
3—喷头；4—液体再分布器

四、甲醇精馏工段的开、停车及操作要点

以双效三塔精馏为例介绍甲醇精馏工段的开、停车及操作要点。

1. 甲醇精馏工段的正常开车

三塔回流槽具有一定液位的开车，其开车步骤如下。

① 检查各电器、仪表、仪表空气是否具备开车条件，各台泵倒淋阀、取样阀是否关闭，打开循环泵进出口总阀和各冷却器、冷凝器进出口阀门，打开三塔回流流量计前后阀门，打开三塔回流气动调节阀，打开加压精馏、预精馏两塔冷凝泵气动调节阀前后阀，打开粗醇流量计前后阀，打开预热塔预热器前粗甲醇气动调节阀前后阀，打开预精馏塔预排气冷凝器和加压塔回流槽管线上气动调节阀前后阀，打开粗甲醇槽出口阀、常压回流槽放空阀。

② 联系调度长，通知两水岗位送循环水。

③ 打开配碱槽上软水阀门，配制 5% 左右的 NaOH 溶液，打开配碱槽出口阀门，使 5% 左右的 NaOH 溶液至碱槽备用。

④ 微开蒸汽界区线，打开蒸汽倒淋阀，排除管线内积水。

⑤ 打开预精馏塔再沸器蒸汽进口阀门，用冷凝泵出口气动调节阀开启度调节升温速度。

⑥ 根据预精馏塔回流槽液位，打开预精馏塔回流泵进口阀门，泵启动后表压上升，逐渐打开泵的出口阀门，用回流管线上的气动调节阀的开启度控制预精馏塔回流槽液位。

⑦ 用预精馏塔排气冷凝器放空气动调节阀的开启度控制预精馏塔顶压力。

⑧ 预精馏塔液位下降时，打开预精馏塔入料进口阀，泵启动后根据出口表压，逐渐打开泵出口阀。

⑨ 用入料管线上的气动调节阀的开启度控制入预精馏塔粗醇流量。

⑩ 当预精馏塔底温度达 82℃ 时，打开预精馏塔底出口阀门。打开加压精馏塔再沸器蒸汽进口阀门，用冷凝泵出口气动调节阀的开启度控制升温速率。根据加压精馏、常压精馏两塔回流槽液位，分别打开两塔回流泵进口阀，启泵后根据表压逐渐开启出口阀门，并用两塔回流管线上的气动调节阀的开启控制两塔回流量。

⑪ 用加压精馏塔回流槽放空管线上的气动调节阀的设定值控制加压精馏塔顶压力。

⑫ 当加压精馏塔液位下降时，打开加压精馏塔进料泵进口阀，启泵后根据表压逐渐开启出口阀开度，并用入料管上的气动调节阀的开启度控制加压精馏塔入料。

⑬ 当常压精馏塔液位下降时，打开常压精馏塔入料管上气动调节的前后阀，根据常压精馏塔液位，调节气动阀的开启度。

⑭ 常压精馏塔底温度大于 105℃，分析残液合格，打开残液管上气动调节阀的前后阀，

用气动调节阀的开启度控制常压精馏塔底液位。

　　⑮ 加压精馏、常压精馏两塔回流分析合格后，打开两塔采出气动阀的前后阀，用采出气动调节阀的开启度控制加压精馏、常压精馏两塔回流槽液位。

　　2. 停车程序

　　（1）短期正常停车

　　① 关闭加压精馏、常压精馏两塔采出管线上的气动调节阀及其前后阀。

　　② 停预精馏塔入料泵和碱液泵并关其进出口阀门，停加压精馏塔入料泵并关其进出口阀门，关常压精馏塔进料和残液排放气力调节阀和其前后阀门。

　　③ 关闭蒸汽总阀、预精馏塔和加压精馏塔再沸器蒸汽进口阀并打开蒸汽倒淋阀。

　　④ 根据三塔回流液位，调节三塔回流管上的气力调节阀的开启度，当液位降至下限时，停三塔回流泵，并关闭气动调节阀及前后阀门。

　　⑤ 当塔温降至 40℃ 以下时，联系调度停循环水。

　　⑥ 关闭开车所有开启阀门，以防泄漏。

　　（2）长期停车　因生产需要必须进行长期停车或检修设备的停车其停车步骤如下。

　　① 停止碱液泵。

　　② 关闭粗甲醇预热器蒸汽阀。

　　③ 停预精馏塔进料。

　　④ 打开精甲醇管线和粗甲醇管线上的连通阀，将精甲醇采往粗醇槽，并关闭精甲醇成品槽进口阀。

　　⑤ 减少向加压精馏塔进料，逐渐减少预精馏塔回流液。

　　⑥ 当预精馏塔和预精馏塔回流槽的液位降到最低时，停预精馏塔回流泵，关预精馏塔再沸器蒸汽入口阀。

　　⑦ 向预精馏塔系统充氮气。

　　⑧ 随着加压精馏塔进料减少，减少加压精馏塔向常压精馏塔进料，减少加压精馏塔和常压精馏塔采出和回流液。

　　⑨ 当加压精馏塔回流槽和常压精馏塔回流槽液位降到最低时，关闭加压精馏塔再沸器蒸汽进口阀，关闭加压精馏塔精甲醇采出气控阀和常压精馏塔精甲醇气控阀，停止两塔采出。

　　⑩ 停加压精馏塔入料泵和回流泵，关常压精馏塔入料气控阀，停常压精馏塔回流泵和常压精馏塔残液排放气控阀，向精馏塔内充氮气。

　　⑪ 当加压精馏系统压力降至 0.1MPa 时，向塔内充氮气。

　　⑫ 当三塔温度降至 40℃ 以下时，停各冷凝器循环水。

　　3. 正常操作与调节

　　① 通过调节碱液泵的行程来调节加入粗甲醇中的碱液量，从而达到调节粗甲醇 pH 值的目的，使粗甲醇的 pH 值在 8 左右。

　　② 通过调节预精馏塔预热器的蒸汽冷凝气控阀，使预热后的粗甲醇升温到 65℃。

　　③ 通过调节预精馏塔回流管线上的气控阀，控制预精馏塔回流槽液位在 50%～70% 之间。

　　④ 通过调节预精馏塔分凝式冷凝器的放空气控阀，达到调节预精馏塔底和塔顶压力的目的，使塔顶压力为 0.03MPa。

　　⑤ 通过调节预精馏塔再沸器的蒸汽冷凝水气控阀，来调节预精馏塔底温度达到 82℃。

　　⑥ 通过调节加压精馏塔入料泵气控阀或预精馏塔入料气控阀，来控制预精馏塔的液位

在 50％～80％之间。

⑦ 通过调节加压精馏塔再沸器的蒸汽冷凝泵气控阀，调节加压精馏塔底温度为 125℃。

⑧ 通过调节常压精馏塔的入料气控阀，调节加压精馏塔的液位在 50％～80％之间。

⑨ 通过调节加压精馏塔精甲醇采出管线上的气控阀，调节加压精馏塔回流槽的液位在 50％～70％之间。

⑩ 通过调节加压精馏塔回流槽管线阀的放空气控阀，达到调节加压精馏塔回流槽和加压精馏塔底及塔顶压力的目的。使加压精馏塔回流槽的压力为 0.54MPa。

⑪ 通过调节加压精馏塔回流管线上的流量调节气控阀，使回流量为进料量的一倍左右。

⑫ 通过调节常压精馏塔残液的气控阀控制常压精馏塔底液位，使之在 50％～80％之间。

⑬ 通过调节常压精馏塔回流管线上的流量调节气控阀，使常压精馏塔回流量为进料量的 1.5～2.5 倍。

⑭ 通过常压精馏塔采出管线上的气控阀，调节常压精馏塔回流槽的液位在 50％～70％之间。

⑮ 通过控制常压精馏塔回流槽的放空阀来控制常压塔底、塔顶及回流槽的压力，使塔顶压力为 0.003MPa。

4. 甲醇精馏过程中的常见异常现象及处理方法

甲醇精馏过程中的常见异常现象及处理方法见表 6-7。

表 6-7 甲醇精馏过程中的常见异常现象及处理方法

现 象	原 因	处 理 方 法
向塔中供料急剧增加或减少	供料管线上的调节阀故障	手动或旁路调节或消除故障
回流液量不正常	回流液管线的调节系统故障	手动或旁路调节或消除故障
预精馏塔压力增大	①冷凝器放空阀故障 ②再沸器调节系统故障 ③冷凝器供水中断	①手动或旁路调节或消除故障 ②手动或旁路调节或消除故障 ③恢复循环水供应
甲醇中水超标	①甲醇采出量大 ②回流量小	①减少甲醇采出量 ②增大回流量
塔底液位急剧变化	塔底液位自动调节系统故障	手动或旁路调节或消除故障
回流槽液位急剧下降	回流槽液位自动调节系统故障	手动或旁路调节或消除故障

【思考题】

1. 何为粗甲醇？其主要成分有哪些？

2. 简述三塔精馏工艺的优缺点。

[拓展与提高]　我国甲醇工业的基本情况

2010 年我国甲醇产能、产量、消费量均居世界第一。

甲醇是重要的基础化工原料和能源替代品。以甲醇为基础的下游产业众多，产品覆盖面广，特别是甲醇制烯烃和甲醇燃料等新兴下游产品的应用开发，为甲醇开拓了更为广阔的应用前景，使其在国民经济中的地位更加重要。

我国甲醇工业起步于 20 世纪 50 年代，70 年代自主开发了合成氨联产甲醇生产工艺，随着 90 年代精脱硫工艺的成功研发和推广应用，甲醇工业进入以联醇工艺生产为主的第一个快速发展期；"十一五"期间，随着市场需求的增加和对新兴下游应用的预期，以及大型甲醇装置设计和制造技术的日臻完善，出现了以甲醇生产工艺为主的第二个快速发展期。

"十一五"期间，我国甲醇产业在生产规模、技术水平、管理能力、融资环境、下游应用开发等方面都有了很大的发展，表现出以下主要特点。

1. 产能、产量、表观消费量均大幅增长，但市场价格受到抑制

"十一五"期间，我国甲醇产能、产量有很大增长。据中国氮肥工业协会甲醇专业委员会统计，到2010年底，我国甲醇行业共有企业291家，产能达到3840万吨，比"十一五"初期增长三倍，年均增长率达到32%；2010年产量为1752万吨，比"十一五"初期增长169%，年均增长率约为22%。

到2010年，我国甲醇表观消费量达到了2270万吨，比"十一五"初期增长近两倍，年均增长率为24%。醋酸、甲醛、DMF等传统下游产品有一定幅度的增长，甲醇燃料应用的增长幅度较大，甲醇制烯烃在2010年有少量应用。

甲醇市场价格在2008年下半年全球金融危机之前处于较高位置，之后国外甲醇大量低价向我国出口，使国内甲醇市场价格急跌，导致市场价格长期与生产成本倒挂，行业亏损严重。2010年以来这种情况有所改观，市场价格企稳回升，部分企业盈利，但仍有部分企业在成本线附近艰难生存。

2010年甲醇行业产能发挥率仅为46%，2011年也仅仅提高到约50%。

2. 企业布局向资源地集中

我国甲醇生产企业主要分布在原料资源地和重点消费地区，近年来向原料资源地发展的趋势明显。以煤为原料的企业主要集中在山东、河南、内蒙古、河北、山西、陕西等省；以天然气为原料的企业主要集中在西南、西北，其中内蒙古、海南、陕西、重庆产能最大；以焦炉气为原料的企业主要集中在山西、河北、内蒙古、山东等省。2010年山东、内蒙古、河南、陕西、山西和河北6省的甲醇产能占到全国总产能的65%。

华东、华中及华南地区为甲醇主要调入地区。

3. 原料结构趋向煤的利用

我国是缺油少气、煤炭资源相对丰富的国家，因此，甲醇生产以煤为主、天然气为辅的原料路线适合我国国情。"十一五"期间，随着国家原料政策调整和技术进步，新建装置主要以煤为原料，特别是以非无烟煤为原料的装置发展很快；天然气受气源紧张的影响，产能降低；焦炉气制甲醇作为资源综合利用得到重视，产能增加。2010年我国甲醇产能中以煤为原料占66%，以天然气为原料占23%，以焦炉气为原料占11%。

4. 企业规模大幅增加，集中度提高

"十一五"期间甲醇产业的特点是：联醇企业甲醇产能伴随着合成氨的发展而增加；大型甲醇装置快速发展；装置规模大幅提高。到2010年底已形成神华、兖矿、中海油、内蒙古远兴能源等4家百万吨级超大型企业；上海焦化、平煤蓝天、榆林天然气、新奥能源、神木化工、联盟化工、龙宇煤化工等10家50万～100万吨级企业；年甲醇产能在30万吨以上的大型企业36家。但企业规模在10万吨以下的小型甲醇企业还有175家，其中大部分是合成氨、炼焦联产甲醇装置。

5. 技术水平

近年来，我国成功研发了一批具有自主知识产权的先进工艺技术与装备：多喷嘴对置式水煤浆气化技术、粉煤加压气化技术、经济型气流床分级气化技术、甲醇低压合成技术及装置、精脱硫技术；醇烃化技术、醇氨联产技术、新型低温甲醇合成催化剂、超滤甲醇分离技术；甲醇精馏技术以及自动化、信息化管理技术等的开发应用，使甲醇生产技术水平进一步提高。特别是以煤、天然气、焦炉气为原料的甲醇装置的大型化，提升了我国甲醇工业整体水平，部分装置已经接近或达到世界先进水平。

习　题

一、填空题

1. 甲醇是最简单的一元醇，其分子式为＿＿＿＿＿，相对分子质量为＿＿＿＿＿。

2. 甲醇的用途有＿＿＿＿＿、＿＿＿＿＿、＿＿＿＿＿、＿＿＿＿＿等。

3. 甲醇的生产方法有＿＿＿＿＿、＿＿＿＿＿、＿＿＿＿＿。

4. 合成气是＿＿＿＿＿和＿＿＿＿＿的混合气体。

5. 甲醇原料气的脱硫一般采用＿＿＿＿＿、＿＿＿＿＿、＿＿＿＿＿三步脱硫工艺。

6. 制甲醇原料中的硫化物分为两大类：一类是＿＿＿＿＿＿；另一类是＿＿＿＿＿。

7. 甲醇原料气的一氧化碳变换是指＿＿＿＿＿＿＿＿＿。

8. 甲醇原料气中的脱碳方法有＿＿＿＿＿和＿＿＿＿＿。

9. 合成气制甲醇的传统选用的催化剂有＿＿＿＿＿和＿＿＿＿＿。

10. 甲醇合成的影响因素有＿＿＿＿＿、＿＿＿＿＿、＿＿＿＿＿和＿＿＿＿＿。

11. 高（中）温 CO 变换催化剂为＿＿＿＿＿＿＿＿＿。

12. 低温 CO 变换催化剂为＿＿＿＿＿。

13. 低压合成甲醇的工艺有＿＿＿＿＿、＿＿＿＿＿。

14. 不经合成气的甲醇生产工艺有＿＿＿＿＿、＿＿＿＿＿、＿＿＿＿＿等。

二、简答题

1. 天然气水蒸气转化制合成气的原理？

2. 简述 Lurgi 低压甲醇合成工艺流程。

项目七　天然气制合成氨及下游产品

【学习任务】
　　1. 准备资料：氨的性质及用途。
　　2. 主题报告：氨的供需情况及国内外生产情况。
　　3. DCS 操作合成氨生产流程图。

【情境设计】
　　在实训室里设置活动现场，使用电子图书、网络资源，了解氨的发展过程、生产特点、生产现状。

【效果评价】
　　1. 在教师引导下分组讨论、演讲，每位学生提交任务报告单。
　　2. 教师根据学生研讨及任务报告单的完成情况评定成绩。

学习情境一　合成氨的生产发展

一、合成氨概述

1. 氨的性质

氨在常温常压下是无色有强烈刺鼻催泪作用的有毒气体，比空气轻。氨的主要性质列于表7-1。氨易溶于水而生成氨水溶液，在水中的溶解度随压力增加而增大，随温度上升而减小。

表 7-1　氨的主要性质

项　　目	数据	项　　目	数据
相对分子质量	17.0312	临界压缩系数	0.242
摩尔体积(0℃,101.3kPa)/(L/mol)	22.08	临界热导率/[kJ/(K·h·m)]	0.522
液体密度/(g/cm³)		临界黏度/mPa·s	23.9×10^{-3}
0℃,101.3kPa 时，	0.6386	标准生成焓(25℃,气相)/(kJ/mol)	−45.72
−33.4℃,101.3kPa 时	0.682	标准熵(25℃,101.3kPa)/(kJ/mol)	192.731
气体密度/(g/L)		自由能/(kJ/mol)	−16.391
0℃,101.3kPa 时	0.7714	低热值 LHV/(kJ/g)	18.577
−33.4℃,101.3kPa 时	0.888	高热值 HHV/(kJ/g)	22.543
熔点(三相点)/℃	−77.71	电导率(−35℃)/(S/cm)	
熔融热(−77℃)/(kJ/kg)	332.3	纯品	1×10^{-11}
蒸气压力(三相点)/kPa	6.077	工业品	3×10^{-5}
沸点(101.3kPa)/℃	−33.43	着火点(DIN51794 测定法)/℃	651
蒸发热(101.3kPa)/(kJ/kg)	1370	爆炸范围,NH₃%(体积)	
临界压力/MPa	11.28	氨氧混合	15～79
临界温度/℃	132.4	氨空气混合	
临界密度/(g/cm³)	0.235	0℃,101.3kPa	16～27
临界体积/(cm³/g)	4.225	100℃,101.3kPa	15.5～28

2. 液氨的质量指标

中国国家标准 GB536—1988 规定合成无水液氨分为优等级、一等品、合格品三级。各级商品的质量应符合表 7-2 的要求。

表 7-2　中国液氨的规格（GB 536—1988）

指标名称		质量指标		
		优等品	一等品	合格品
氨含量/%	≥	99.9	99.8	99.6
残留物含量/%	≤	0.1(重量法)	0.2	0.4
水分/%	≤	0.1	—	—
油含量/(mg/kg)	≤	5(重量法) 2(红外光谱法)	—	—
铁含量/(mg/kg)	≤	1		

3. 氨的用途

氨是具有广泛用途的基础化学品，最主要的用途是生产氮肥，全球有 85%～90% 的氨用于生产尿素及多种其他氮肥。氨还是生产许多无机及有机含氮化合物的根本氮源，氨氧化制硝酸是世界上生产硝酸的主流方法，此外氨可用于生产氢氰酸、甲胺、丙烯腈、烷醇胺、乌洛托品等种类繁多的产品。

液氨是常用的制冷剂，它还作为净化溶剂、缓蚀剂及还原剂使用等。图 7-1 为氨的用途及下游产品的示意图。

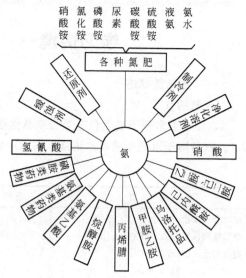

图 7-1　氨的用途与下游产品示意图

4. 世界氨的供需情况

世界氨的供需统计数据列在表 7-3 中。1997～2010 年的数据是 Chem，Systems 的估计数据。从表 7-3 列出的数据看出，在 1988～1993 年间全球合成氨产能无明显增长，消费量呈下降状态，产能开工率从 86% 降到 79%。1994 年以来全球氨消费量回升，产能亦逐步扩大，开工率保持在 85% 左右的较高水平，预计这种状态不会保持太久，因新建产能速度超过了消费的增长速度。

二、中国氨的供需情况

1. 氨的产能

中国长期采取大中小厂并举的方针发展合成氨，以逐步实现国产氨自给的目的。我国是世界上最大的合成氨生产国，产量约占世界总产量的 1/3。"十一五"期间，合成氨及下游产品生产规模继续保持快速增长，根据中国氮肥工业协会统计，2010 年合成氨产量达到 5220.9 万吨，2011 年合成氨产能为 6550 万吨，产量 5364.1 万吨。中国合成氨产能中 58% 是单系列产能小于 10×10^4 t/a 的装置，受生产成本高的限制，目前开工率甚低。中国合成氨产能构成如表 7-4 所示。

表 7-3 世界氨的供需状况（以 N 计）

年　份	年产能/10^4t	产能开工率/%	消费量/10^4t	贸易量/10^4t
1984	105885	84	89149	7663
1988	113490	86	97978	9375
1989	115630	85	98283	9830
1990	114555	84	96405	10067
1991	112860	83	93502	9647
1992	113885	82	93165	9279
1993	113925	79	90045	9042
1994	114550	81	93328	10069
1995	116995	85	99722	10793
1996	120415	86	103235	10948
1997	124225	85	105329	7100
1998	128223	84	108292	7149
2002	140750	84	118104	12900
2005	145862	87	127383	7490
2010	157909	90	142262	7193

表 7-4 中国合成氨的产能构成（以 N 计）　　　　单位：10^4t/a

年　份	全国产能	产能构成		
		大型氨厂	中型氨厂	小型氨厂
1978	1187.92	169.54	262.41	755.97
1996	2927.88(2550)	(750)		(1800)
1997	3130.0(2628.4)	(778.5)		(1800)
1998	3177.35	740.34	593.42	1843.59

中国以天然气为原料的大型氨厂列于表 7-5 中。

表 7-5 中国以天然气为原料的大型合成氨装置

序号	厂　　名	装置能力/(万吨/年)	装置类型
1	四川化工总厂	30	Kellogg-TEC 型（KT 型）
2	辽河化肥厂	30	Kellogg 型（K 型）
3	泸州天然气化学工业公司	30	K 型
4	沧州化肥厂	30	K 型
5	云南天然气化工厂	30	K 型
6	赤水天然气化肥厂	30	K 型
7	吴泾化工总厂	30	国产化
8	中原化肥厂	30	ICI(AMV 法)型
9	四川天华股份有限公司	30	Braun 型
10	建峰化肥厂	30	Braun 型
11	锦西天然气化工总厂	30	Braun 型
12	海南化学工业有限公司	30	ICI-AMV 型
13	大庆石化总厂化肥厂[①]	30	K 型
14	齐鲁石化公司第二化肥厂	30	KT 型
15	乌鲁木齐石化总厂化肥厂（第二套）[②]	30	Braun 型
16	宁夏二化肥[①]	30	Kellogg 节能工艺

①中国石油所属企业。

②同上注。

2. 氨的生产情况

中国是全球的产氨大户。1996 年中国氨产量已占全球的 23.2％。中国氨的年产量统计数据列在 7-6 中。1996 年以后，中国小型氨厂开工率急剧下降，到 1998 年已降到 77％，这种趋势还将继续。

表 7-6　中国氨的产量（以 N 计）　　　　　　　　　　单位：10^4 t/a

年度	产量	产量构成			年度	产量	产量构成		
		大型	中型	小型			大型	中型	小型
1978	973.5	169.5	262.4	541.6	1998	2599.7	762.2	496.4	1341.1
1996	2520.3	549.4	453.8	1517.1	2008	5049.5	1486.9	2467.7	1094.8

3. 氨的消费情况

中国是全球最大的氨消费国，约占全球消费量的 23％。表 7-7 列出了中国氨的消费量数据，其中 1996 年是 SRI 的统计，1997～1998 年是 Chem Systems 的统计。

表 7-7　中国氨的表观消费量（实物）

年度	1990	1991	1992	1993	1994	1995	1996	1997	1998	2008
消费量/10^4 t	2129	2201.5	2298.0	2206.6	2442.2	2764.8	2978.1	2963.8	3048.6	5019

中国的氨消费呈持续增长趋势，国内生产现已满足需求的 99％左右。表 7-8 是 1990～2008 年间中国尿素进口量统计数据，1990～1998 年共进口实物 $4517×10^4$ t，年均实物 $502×10^4$ t，相当于进口氨 $234×10^4$ t/a（以 N 计），占全国氨消费的 10％左右，自 1998 年后，我国尿素产量已能满足国内需求，进口量很少。

表 7-8　中国进口尿素量

年度	1990	1991	1992	1993	1994	1995	1996	1997	1998	2008
进口量/10^4 t	781	673	738	361	313	696	601	342	12	0.05

中国氨主要消费在农业方面，2010 年合成氨产量的 87％用于氮肥生产，仅生产尿素和碳酸氢铵就分别消耗合成氨产量的 63％和 12％；另外，硝酸、硝酸盐等化工产品以及制冷剂消耗 13％左右。

三、天然气合成氨的原理

1. 反应热力学

N_2 和 H_2 生成 NH_3 的化学反应如下：

$$\frac{1}{2}N_2 + \frac{3}{2}H_2 =\!\!=\!\!= NH_3 \tag{7-1}$$

合成氨是一个放热可逆反应，反应过程的结果是体积缩小，加压有利于 NH_3 生成，要在高温、高压下才能获得工业上可行的单程转化率，系统在这样条件下已不能按理想气体来计算平衡常数。工程上，根据实验数据导出经验公式计算出的反应平衡常数如表 7-9 所示。

利用平衡常数可求得在平衡条件下混合气中的氨平衡浓度。

表 7-9　氨合成反应的平衡常数

温度/℃	压力/(kg/cm²)					
	10	50	100	300	600	1000
200	0.64880	0.63780	0.73680	0.97200	2.49300	10.35000
300	0.06238	0.06654	0.06966	0.08667	0.17330	0.51340
400	0.01282	0.01310	0.01379	0.01717	0.02791	0.06035
500	0.00378	0.00384	0.00409	0.00501	0.00646	0.00978
600	0.00152	0.00146	0.00153	0.00190	0.00200	0.00206
700	0.00017	0.00066	0.00070	0.00087	0.00085	0.00052

注：$1kg/cm^2 = 98.01kPa$，下同。

2. 反应动力学

N_2 和 H_2 在铁基催化剂上生成 NH_3 的反应是典型的多相催化过程，普遍认为氮在催化剂上的典型的活性吸附式反应速率的控制步骤。1939 年推出的捷姆金-佩热夫动力学方程式获得了普遍认同，已知式合成氨反应塔设计的基础之一。这项动力学方程的主要假设条件为：氮在催化剂上的活性吸附式反应速率的控制步骤；催化剂表面活性不均匀，氮的吸附遮盖程度为中等；气体为理想气体并且反应距离平衡近。捷姆金-佩热夫方程的表达式如下：

$$v = K_1 p_{N_2} \left(\frac{p_{H_2}^3}{p_{NH_3}^2} \right)^\alpha - K_2 \left(\frac{p_{NH_3}^2}{p_{H_2}^3} \right)^\beta \tag{7-2}$$

式中　　　　　v——过程瞬时总速率，$kmol/(m^2 \cdot h)$；

K_1，K_2——合成及分解反应的速率常数，atm/h（$1atm = 0.101325MPa$）；

p_{NH_3}，p_{H_2}，p_{N_2}——氨，氢，氮组分的分压，atm；

α，β——常数（$\alpha + \beta = 1$）。

工程应用经验表明，该方程对空速和温度的变化是符合的，但对压力的变化，速率常数不能恒定，为此捷姆金等又对方程做了修正，可参见文献。后来的动力学研究表明，在合成条件下反应器中气速大，外扩散对反应速率的影响可忽略不计，以期获得的合成氨宏观动力学规律。

四、氨合成的催化剂

1. 发展情况

合成氨催化剂经过 80 多年的发展，铁基加助催化剂而制成的催化剂仍然是使用最广泛的品种。早年的铁基催化剂 Fe^{2+}/Fe^{3+} 比在 $0.5 \sim 0.7$ 范围，助催化剂为碱金属和铝、镁、硅、铬等的氧化物，只能在较高的温度（大于 500℃）和压力（$20 \sim 30MPa$）下才能达到可接受的时空产率，其低温活性甚差。

随着大型氨厂的出现，节省投资和降低压缩功耗的要求更为迫切，开发低温活性好的催化剂成为关注的重点。研究中发现将铁基催化剂的 Fe^{2+}/Fe^{3+} 比调节到 $0.36 \sim 0.5$ 范围可大为改善低温活性，接着又发现在铁基催化剂中加入钴可大大增加催化剂的比表面并使结晶粒度更小，从而大幅度提高催化剂的低温活性。现今工业上广泛使用的铁基催化剂 ICl74-1、A201 等即是这类品种，它们可在 $7 \sim 8MPa$ 压力下获得满意的时空产率。

20 世纪 90 年代，Kellogg 公司在 BP 公司室内研究的基础上，开发出钌基（Ru）催化剂（Ke-1520），采用高表面积石墨（HSAG）为担体，5%～10%（质量分数）Ru 并加助催化剂。Ke-1520 催化剂的活性比常用的铁基催化剂高 10～20 倍，在加拿大投入工业应用，成为 Kellogg 公司开发的氨新工艺 KAAP 的核心技术。

中国于 1950 年即已开发了自己的铁基合成氨催化剂。经过几十年的不懈努力，国产合成氨催化剂在品种和性能方面都已能满足大、中、小型合成氨装置的工艺要求。

2. 催化剂的粒度和形状

催化剂的颗粒大小和形状对催化剂的活性和床层压力降有明显的影响，见表 7-10。常用的合成氨催化剂都有不规则的外形，这种形状的产品制备方法简单，成品率高而价格也较低，也有制成小球状的，其压力降较小，而价格较贵。

表 7-10　催化剂颗粒大小对催化剂活性和床层相对压降的影响

颗粒规格/mm	6～12	6～9	3～9	3～6	2～4	1～3	1～1.5
相对活力	1.00	1.02	1.09	1.00	1.19	1.26	1.28
相对压力降	1.00	1.14	1.80	2.14	3.35	6.04	8.22

3. 催化剂的还原和预还原

合成氨催化剂必须还原处理后才有活性，还原过程主要化学反应为：

$$Fe_3O_4 + 4H_2 \rightleftharpoons 3Fe + 4H_2O \qquad (7-3)$$

还原反应是吸热的，需外供热，同时，CoO 也还原为金属钴。

研究表明，在还原过程中催化剂的晶体结构、微孔结构和表面性能都发生了变化，随还原过程进行，微孔体积和表面积随还原程度呈线性增长。就单粒催化剂而言，在还原中其孔系中生成的水蒸气浓度会一直保持很大，使金属铁表面直到还原完成后才会暴露出来。从过程分析看，低的温度和水蒸气浓度对还原有利，为此还原过程必须控制在高空速下进行。

工业上常采用合成气（$H_2/N_2 = 3:1$）为还原气体，控制合成塔中水蒸气在 3000mg/L 以下，还原终点以出水量达理论水量的 95% 为准。显然，在工业装置上很难达到最佳的还原条件，因此市场上出现了预还原产品。这类产品一般是在预还原后再做钝化处理，含有约 2% 可还原氧，使用时须做活化处理以恢复活性。

4. 催化剂的寿命与中毒

合成氨催化剂寿命可达 10～20 年，主要取决于工厂操作的好坏。一些毒物会缩短催化剂寿命，高活性催化剂对毒物更为敏感。

硫、磷、砷会使催化剂永久性中毒，催化剂含硫 0.1% 以下即完全失活。卤素也能使催化剂永久性中毒，催化剂本身含氯也必须小于 5mg/L。含氧化物（CO、CO_2、H_2O 等）是使催化剂中毒的主要因素，铜、镍的氧化物也是催化剂的毒物。此外，油类会阻塞催化剂孔隙，造成暂时性中毒。防止催化剂中毒主要是做好合成气的净化处理。

【思考题】

1. 中国合成氨的发展。

2. 新疆合成氨的发展。

学习情境二　天然气制氨工艺

一、氨合成的工艺条件

从工艺原理看，氨的合成由三个工序组成工艺回路，如图 7-2 所示。

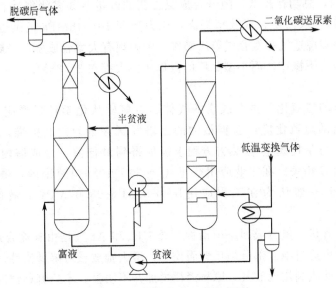

图 7-2　氨的合成工序示意图

优化回路的工艺参数，实现操作费用低、危险性小、设备寿命长和停工时间短的条件下生产出所需液氨产品。工艺参数优化也一直是合成氨工艺改进的目标之一。表 7-11 列了氨合成回路主要参数对回路设计、操作和性能方面的影响，也是下面进行工艺条件分析的摘要。

表 7-11　操作参数对合成回路性能的影响

参数	增　　加	减　　小
温度	(1)有利于反应速率 (2)催化剂活性降低时升高温度 (3)需加大气体循环量 (4)促进氢与氮对合成塔内件的腐蚀	(1)平衡有利于提高氨浓度 (2)氨分离器出气中氨含量降低,提高了单程合成率和产率
压力	(1)有利于提高氨平衡浓度 (2)允许提高空速操作 (3)有利于产品的冷凝 (4)增加了补充气压缩的功率	(1)单程合成率降低 (2)需要加大循环量 (3)需要低温冷冻系统 (4)降低了总的压缩机功率
惰性气	(1)减少了反应物的分压,使产量减少 (2)单程合成率降低 (3)氨平衡浓度减少 (4)循环气量需加大 (5)合成气排放损失减少	(1)氨合成率增加,由于回路中排放的气量大,使补充气压缩机功率增加 (2)补充气中惰性气含量降低时,可以减少排放气量 (3)在一定生产下,允许在较低压力操作
氢氮比	在补充气压缩机能力一定的情况下,补充气中氢氮比高则产量低	(1)降低比率可改善回路的性能 (2)最适宜的比率在 2.5～3.0 之间
循环器量	单程合成率降低,出其中氮含量降低,催化剂床层温度降低,由于通气量增大使产量增加(若合成塔在高峰值下操作)	转化率增加

1. 合成压力

氨合成的压力在过去几十年变化很大。在 1940～1960 年间，使用活塞式压缩机时，合成压力在 29.4～58.8MPa 范围。1970 年以后，采用离心式循环压缩机的大型合成氨装置，合成压力在 14.7～26.5MPa 范围。

工程设计中为了减少压力功耗和设备管线投资，往往必须降低合成压力，合成压力在 22～27MPa 范围内，总功耗较低。随着合成氨工艺的改进（如多级氨冷、低压降径向合成塔和高效催化剂等），从而使合成效率提高，压力降到 10～15MPa 范围也不会使总功耗上升，进一步目标是实现造气和氨合成等压操作。中国现有大型合成氨厂一般在 14.71MPa 和 26.38 MPa 两种压力下操作，而小型氨厂的操作压力大都是 31.38MPa。

2. 气体组成

（1）入塔气体的氢氮比　进合成塔的气体的氢氮比从化学计量看应为 3∶1，然而在工程实践上最适宜的氢氮比应以获得最大的出塔气氨含量为判断标准，其适宜值与反应距平衡远近相关，可从捷姆金-佩热夫方程求极值得到最佳值。合成塔内反应距平衡远近与塔内气体空速直接相关。在工业应用空速（1～3）×10^{4}h^{-1} 范围内，最适宜的氢氮比在 2.5～2.9 之间，但一般认为在工程应用压力 9.81～98.07MPa 下最佳氢氮比仍应是 3∶1。

（2）惰性气体含量　氨合成回路中惰性气体 CH_4 和 Ar 气是由补充合成气带入回路的。回路中惰性气含量可通过弛放部分循环气而控制，增大弛放量可降低惰性气含量，但使天然气耗量增加，但如回收利用弛放气，原料消耗增加并不明显。不论哪种情况下，补充合成气惰性组分含量增加都会使压缩和循环功耗加大。

在工业装置运行中，回路中的入塔气惰性气含量远大于补充合成气中惰性气含量。在低压回路中控制惰性气含量在 8%～15% 范围，在高压回路中可控制在 16%～20%。

（3）循环气的氨含量　循环气的氨含量越高，合成氨过程的氨净值就越低，生产效率也就越差。循环气的氨含量主要取决于氨分离系统的效率，对于已设定回路压力的系统只能通过调节冷凝温度以控制循环气的氨含量。工业上，当采用低压回路时（小于 15MPa），控制 NH_3 含量在 2%～3.2%；中压下（26MPa 左右）在 2.8%～3.8%，高压（38MPa 左右）下应小于 6.5%。

3. 温度

温度对合成氨反应的影响是双重的，当系统远离平衡时，温度升高会使转化率提高；在近平衡条件下，温度上升则使转化率下降。在系统不同的物料组成条件下各有其最适宜的反应温度，在工程上要实现这样的温度控制是十分困难的。工程上优化合成塔结构设计亦只能满足合成条件控制的基本要求。

具体的温度适宜分布与选用的催化剂相关。一般而言，催化剂床层的进口温度应不低于催化剂的起始反应温度，而最高温度不得超过催化剂的耐热温度。目前国内外普遍使用的催化剂起始反应温度为 350～360℃，而耐热温度均不超过 500℃。

4. 空速

空速直接影响合成氨系统产能。工业上可用提高空速来增产，但过高的空速会使 NH_3 合成率下降，循环气中氨含量减少，同时也使分离 NH_3 冷量、合成系统阻力、循环气压缩功、设备投资等稍有增加，因此，空速也存在优化设计问题。工业上，通常根据合成压力、反应器结构和动力价格等因素综合平衡选择，一般低压合成氨回路选择较低的空速，在

$5000\sim10000h^{-1}$，中压回路在 $15000\sim30000h^{-1}$，而高压回路空速可达 $60000h^{-1}$。

二、天然气制合成气

1. 天然气制氨的工艺步骤

以天然气为原料生产氨的工艺步骤见图 7-3。

从图 7-3 可见，天然气精脱硫后经蒸汽转化、CO 变换、脱除 CO_2 及甲烷化（脱除微量 CO_2），压缩入氨合成塔，分离后循环，弛放少量气体，不少装置还回收弛放气中的氢气。也有一些合成氨工艺在图 7-3 所示的工艺的基础上有所变化。

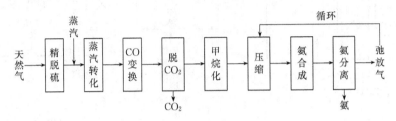

图 7-3 天然气制氨的工艺过程图

2. 天然气转化制合成气

（1）转化工段基本原理 制取合成氨原料气的方法主要有固体燃料气法、重油气法和气态烃法。其中气态烃法又有蒸汽转化法和间歇催化转化法。

制取合成氨原料气所用的气态烃主要是天然气（甲烷、乙烷、丙烷等）。蒸汽转化法制取合成氨原料气分两段进行，首先在装有催化剂（镍催化剂）的一段炉转化管内，蒸汽与气态烃进行吸热的转化反应，反应所需的热量由管外烧嘴提供。一段转化反应方程式如下：

$$CH_4 + H_2O \rightleftharpoons CO + 3H_2 \quad \Delta H = 206.4kJ \tag{7-4}$$

$$CH_4 + 2H_2O \rightleftharpoons CO_2 + 4H_2 \quad \Delta H = 165.1kJ \tag{7-5}$$

气态烃转化到一定程度后，送入装有催化剂的二段炉，同时加入适量的空气和水蒸气，与部分可燃性气体燃烧提供进一步转化所需的热量，所生成的氮气作为合成氨的原料。二段转化反应方程式如下：

① 催化床层顶部空间的燃烧反应

$$2H_2 + O_2 \rightleftharpoons 2H_2O(g) \quad \Delta H = -484kJ \tag{7-6}$$

$$2CO + O_2 \rightleftharpoons 2CO_2 \quad \Delta H = -566kJ \tag{7-7}$$

② 催化床层的转化反应

$$CH_4 + H_2O \rightleftharpoons CO + 3H_2 \quad \Delta H = 206.4kJ \tag{7-8}$$

$$CH_4 + CO_2 \rightleftharpoons 2CO + 2H_2 \quad \Delta H = 247.4kJ \tag{7-9}$$

二段炉的出口气中含有大量的 CO，这些未变换的 CO 大部分在变换炉中氧化成 CO_2，从而提高了 H_2 的产量。变换反应方程式如下：

$$CO + H_2O \rightleftharpoons CO_2 + H_2 \quad \Delta H = -566kJ \tag{7-10}$$

用于合成氨的氮氢合成气需在天然气转化过程中导入氮，通常采用两段转化工艺：在一段进行蒸汽转化，使出口气中的 CH_4 含量降至 10% 以下，二段导入空气，利用 CO 及 H_2 燃烧所产生的热量使 CH_4 进一步转化降至 0.3% 左右。转化的气体经变换工序使 CO 转化为 CO_2，在脱碳工序脱除 CO_2，再经甲烷化工序除去微量碳氧化物，得到氮氢合成气去合成氨工序。图 7-4 为天然气两段转化制氮氢合成气及 CO 变换工序的工艺流程图。

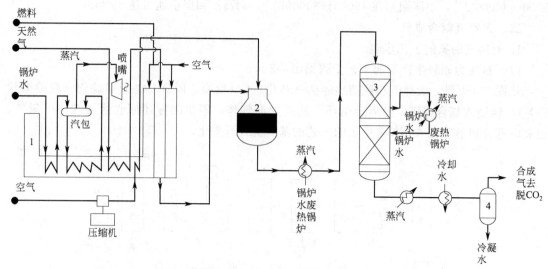

图 7-4　天然气两段转化制氮氢合成气及 CO 变换工序的工艺流程图

1——段转化炉；2—二段蒸汽转化炉；3—反应器；4—热交换器

（2）转化催化剂

① 一段转化催化剂。国外公司生产的一段蒸汽转化催化剂有英国 ICI 的 ICI 57-3，美国 UCI 的 C11-2 及 C11-9，丹麦 Topsoe 的 RKNR、RK-68、RK-67 及 RK-69，德国 BASF 的 G1-21 及 G1-25 等。中国辽河、川化、西南化工研究院及齐鲁石化等企业生产的天然气一段蒸汽转化催化剂见表 7-12。

表 7-12　国产天然气一段蒸汽转化催化剂

型号		Z108-1	Z109-1Y	Z111Y	CN-16	Z412W/Z413W
生产厂		辽河	川化	西南院	西南院	齐鲁
外观		瓦灰色七筋车轮	瓦亮灰色七筋车轮	瓦灰色五筋车轮	七孔圆柱	瓦灰色七筋车轮
规格（直径×高度/筋数）/mm×mm		$\phi16\times16/7$ $\phi16\times8/7$	$\phi16\times16$ $\phi16\times7$	$\phi16\times16$ $\phi16\times9$	$\phi16\times16/3.5$ $\phi16\times8/3.5$	
组分/%	NiO	≥15	≥12	≥14	≥14	11.8/12.0
	ReO	—	—	2~5	—	<2
	Al_2O_3	约85	约85	>80	约83	约85
堆密度/(kg/L)		0.95~1.20	1.0~1.1	1.21	1.05/1.10	1.15/1.16
比表面/(m²/g)			3		6.1	2.9/3.1
孔容/(mL/g)			0.17		0.41	0.17/0.19
空隙率/%			约40		57	
侧压强度/(N/cm)		≥250	300/350		>250	660/560
压力/MPa		1.0~5.0	0.1~4.0	0.1~4.51	0.1~3.5	0.1~3.5
温度/℃		430~850	450~860	400~860	400~1000	500~850
碳孔速/h⁻¹		≤1800	500~2500	500~2000		500~2000
H_2O/C		3~5	3~6	≥2.5	2.5~4.0	4
出口 CH_4 含量/%		6~10				

② 二段转化催化剂。国外公司生产的二段蒸汽转化催化剂有英国 ICI 的 ICl54-4，美国

UCI 的 C11-4 及 C15-1，丹麦 Topsoe 的 RKS-2，德国 BASF 的 G1-12 及 G1-26 等。国内企业生产的天然气二段蒸汽转化催化剂见表 7-13。

表 7-13　天然气二段蒸汽转化催化剂

型号		Z203 1	Z204	Z205	CZ-4	CZ-5
外观		七筋车轮	拉西环	拉西环	拉西环	球形
外型尺寸(直径×高度/筋数)/mm×mm		$\phi19\times19/7$	$\phi16\times16/6.5$ $\phi19\times19/9$	$\phi25\times17/10$	$\phi19\times19/9$	$\phi18$
组分	NiO/%	≥13	≥14	5~7	≥8	≥8
	Al_2O_3/%	≥85	约55	约90	约87	约87
	$S/\times10^{-6}$	≤0.2	≤0.2	≤0.2	≤0.2	≤0.2
	CaO/%	1~2	3~10			
	烧失重		≤25	约3.5	约3	1.4
堆密度/(kg/L)		≤1.2	1.16~1.19	1.10~1.15	1.0~1.1	1.4~1.7
比表面/(m²/g)			50			
孔容/(mL/g)			0.2			
空隙率/%			47			
侧压强度/(N/cm)		≥200	≥490	≥894		
压力/MPa		1.0~5.0	0.1~4.5	≤4.5	3.2~3.5	≤4.0
温度/℃		450~1300	450~1350	<1500	450~1350	430~1350
H_2O/C		0.9~1.2	≥2.5	≥2.5	3.0	3.0
使用场合		二段	二段	二段上部耐热层	二段	二段上部热保护层

③ 催化剂的性能及中毒。催化剂是蒸汽转化过程中最关键的因素之一，要求它具有活性高、寿命长、强度好、热稳定性好、抗析炭能力强和易还原等性能。

a. 活性。转化催化剂的活性与镍（NiO）含量密切相关，在 NiO 含量低的范围内，活性随其含量增大而提高，抗中毒力也提高。活性还同催化剂的制备工艺相关，浸渍法制备的催化剂含 NiO 在 10%~14% 时的活性已与沉淀法（黏结法）制备的含 NiO 在 20%~35% 的催化剂活性相当。添加稀土元素作助催化剂会改善催化剂的活性。

b. 强度。催化剂的强度是影响使用寿命的主要因素之一。工业运行经验表明，约 75% 的转化催化剂是因运行中强度下降而更换的。由于一段转化管装填的催化剂层高一般达 10m，其侧压强度至少要大于 40~50N/颗才能满足要求。目前，常用的蒸汽转化催化剂其侧压强度在 300~1000N/cm 范围内，能满足使用要求。二段催化剂的强度要求稍低，在 200~800N/cm 范围内。

c. 寿命。催化剂的寿命不仅与制备工艺相关，也与使用条件相关。目前生产商提供的催化剂保证寿命一般是一段催化剂 2~3 年，二段催化剂 3~5 年。

d. 外形。转化催化剂的外形经历了从块状、条状发展到环状和异形的过程。外形的改进也使催化剂的性能得以改进。外形会影响催化剂的活性、强度、装填性、传热和床层阻力降等。近 10 多年研究认定车轮状和多孔蜂窝形是较理想的外形。

e. 还原性能　镍的氧化物无催化转化活性。催化剂制造厂的产品都是含 NiO 和 NiO_2 的固溶体，使用前必须还原处理转化为金属镍才具催化活性。催化剂的可还原性与制造工艺相关，一般情况下高温煅烧温度超过 1100℃ 时，NiO_2 全部转化为 NiO，还原性更好。如果在制备过程中 NiO 和载体 Al_2O_3 生成了镍铝尖晶石（$NiAl_2O_4$）或 NiO 和 MgO 的固溶体，则其还原性会变差。还原处理还会除掉制造过程中一些带入催化剂的有害物质，如石墨等。

在工业装置中，转化催化剂还原大都采用通水蒸气升温至 700℃ 以上后，再加入含氢天然气，保持在 800℃ 左右可得到较好的还原效果。通常，压力对还原影响小，为便于操作，控制压力在 0.6～1.0MPa 即可。

f. 抗析炭。天然气蒸汽转化过程中催化剂上析炭将使其失去活性，出现局部过热，甚至使催化剂破碎，床层阻力降增大，直至被迫停车。因此，催化剂抗析炭性能十分重要。同时，在运行过程中还应控制好水碳比，原料气严格净化并保持转化管出口端催化剂处于良好的还原状态。

g. 催化剂中的杂质。催化剂中的有害杂质是 SiO_2 和石墨。后者可在还原中除去。催化剂中 SiO_2 会降低其抗析炭能力。SiO_2 是在制造过程中所用黏结材料带进的，目前一段控制 SiO_2 在催化剂中含量小于 0.2%。在较高压力下转化时，SiO_2 会挥发入蒸汽相而沉积在废热锅炉传热面和变换催化剂上引起热效率和变换率下降、阻力降上升等不良后果。此外，K、Na 的氧化物也是常见的有害杂质，会使活性和耐热性下降，并发生迁移而为害后续过程，通常其含量应小于 0.2%。

h. 催化剂的中毒。引起转化催化剂中毒的主要毒物是硫化合物。中毒是由于镍原子化学吸附硫而破坏镍晶粒活性中心的催化作用引起的。中毒作用对高活性催化剂在较低温度下几乎是不可逆的。即使在 700℃ 以上，中毒后催化剂经脱附处理也只能恢复 50% 左右活性。由此可见，严格控制原料中硫含量是十分必要的。卤素对转化催化剂的毒性类似于硫。砷对转化催化剂的毒害也是不可逆转的，而且是滞后性的，它会渗透入转化管壁内，只有用机械刮除才能消除危害。

(3) 转化工艺条件分析　气态烃蒸汽转化的工艺条件包括压力、温度、水碳比。

① 压力。从热力学的角度而言，压力愈低愈有利于甲烷的蒸汽转化，但工程上却采用加压转化，弥补转化率损失的途径是提高温度。

a. 提高转化压力可以使合成氨全过程压缩功降低达到节能目的。计算表明，转化压力超过 3.5MPa 后，总功耗随压力上升而缓慢下降，因此，通常转化压力选择在 3.5～4.5MPa 范围。

b. 从转化过程本身看，压力升高会加快反应速率，因而工程上可采用更高的空速。例如，常压下空速在 $500h^{-1}$ 左右，而压力下转化空速常在 $1000～2000h^{-1}$ 范围。由于转化过程是一个强吸热反应，要求转化管内应有较大的给热系数，而升压后过程气密度加大使雷诺数增大，从而使给热系数大大提高。以上因素都有利于减小转化炉体积节省投资。

c. 有利于回收废热。升压后，废热回收设备容积更小，投资下降，同时，压力升高也使蒸汽温度上升，利用价值增大。

② 温度。压力下甲烷蒸汽转化需在较高温度下才能达到残余甲烷含量不大于 0.3% 的目标，例如在水碳比可行范围内，在 3.5～4.5MPa 压力下，转化温度应大于 1000℃。但是，此温度受到转化管材料耐温性能的限制，目前开发的转化管材尚没有能耐温 1000℃ 的，如 HP-50 亦只能耐 950℃ 左右的壁温，相应的转化温度仅 850℃ 左右。从工艺思路上看，由于合成氨需引入氮气，这使两段转化工艺应运而生：一段转化炉出口气温控制在 800℃ 左右以适应转化管材质的承受力，转化气在接近绝热态下进入二段炉在 1000℃ 完成 CH_4 转化 99.7% 以上的工艺任务。

③ 水碳比。水碳比（H_2O/CH_4）是天然气蒸汽转化中最易调变的工艺条件。从工艺角度看，水碳比应是一个全局因素，它会影响到一、二段转化、变换和脱碳等工序。提高水碳比有利于降低转化气中甲烷残余浓度、增加反应速率和防止转化催化剂积炭；但从节约工艺蒸汽消耗和降低燃料气消耗角度看应选择较低的水碳比。

通过选择抗积炭高活性催化剂、提高进二段炉的空气预热温度、选择耐温转化管材质以及在变换工序补加蒸汽等措施，可使水碳比从传统的 3.5 左右降到 2.5～2.7，达到降低能耗效果。

（4）转化炉

① 一段转化炉。传统的一段转化炉由辐射段和对流段组成，辐射段依靠燃料气燃烧通过炉管向蒸汽转化反应供热；对流段系回收烟气热量以预热工艺气体或发生蒸汽。

目前居于主导地位的一段炉型是顶烧炉，Kellogg、ICI 及 Uhde 等均为此类；Topsoe 则采用侧烧炉，小型装置常用梯台炉。此外，20 世纪 90 年代还开发了换热式转化炉。

顶烧炉的主要特点是燃料气燃烧的烧嘴置于炉顶，原料气系从上部进入，因此，火焰与转化炉管处于平行位置，而且，就转化反应而言，在距顶 1/3 的区域所需热量最多，恰好燃烧所供热量也在此区域最多，烟气的温度最高，所以对转化反应十分有利。此种炉型的主要缺点是无法调节沿炉管管长方向的温度梯度。Topsoe 侧烧炉将烧嘴布置在两个侧面炉墙上，因而可根据需要在转化炉管的不同高度上调节温度；其缺点是热损失大、易烧坏炉管且烧嘴能力小而数量多。

② 二段转化炉。二段转化炉由于系工艺气体燃烧供热而无需外部供热，故其炉子结构较一段转化炉简单得多。

③ 换热式转化炉。为降低投资并更合理地利用能量，开发了取消第一段蒸汽转化用火管而以第二段自热转化提供所需能量的新工艺，代表性工艺有 ICI 的气体加热转化（Gas treated Reformer，GHR）和 Kellogg 的转化换热系统（Kellogg. Reforming Exchanger Svstem，KRES）等工艺。

3. 工艺仿真操作

（1）原料气脱硫　原料天然气中含有 6.0mg/L 左右的硫化物，这些硫化物可以通过物理的和化学的方法脱除。天然气首先在原料气预热器（141-C）中被低压蒸汽预热，流量由 FR30 记录，温度由 TR21 记录，压力由 PRC1 调节，预热后的天然气进入活性炭脱硫槽（101-DA、102-DA 一用一备）进行初脱硫。经氧化锌脱硫槽（108-D）脱硫后，天然气中的总硫含量降到 0.5mg/L 以下，用 AR4 记录，然后进用蒸汽透平驱动的单缸离心式压缩机（102-J）压缩到所要求的操作压力。

（2）原料气的一段转化　脱硫后的原料气与压力为 3.8MPa 的中压蒸汽混合，蒸汽流量由 FRCA2 调节。混合后的蒸汽和天然气以分子比 4：1 的比例通过一段炉（101-B）对流段高温段预热后，送到 101-B 辐射段的顶部，气体从一根总管被分配到八根分总管，分总管在炉顶部平行排列，每一根分总管中的气体又经猪尾管自上而下地被分配到 42 根装有催化剂的转化管中，原料气在一段炉（101-B）辐射段的 336 根催化剂反应管进行蒸汽转化，管外由顶部的 144（仿真中为 72）个烧嘴提供反应热，这些烧嘴是由 MIC1～MIC9 来调节的。经一段转化后，气体中残余甲烷在 10%（AR1-4）左右。

（3）转化气的二段转化　一段转化气进入二段炉（103-D），在二段炉中同时送入工艺空气，工艺空气来自空气压缩机（101-J），压缩机有两个缸。从压缩机 101-B 最终出口管送往二段炉的空气量由 FRC3 调节，工艺空气可以由电动阀 SP3 的动作而停止送往二段炉。工艺空气在电动阀 SP3 的后面与少量的中压蒸汽汇合，然后通过 101-B 对流段预热。蒸汽量由 FI51 计量，由 MIC19 调节，这股蒸汽是为了在工艺空气中断时保护 101-B 的预热盘管。开工旁路 LLV37 不通过预热盘，以避免二段转化催化剂在用空气升温时工艺空气过热。

工艺气从 101-D 的顶部向下通过一个扩散环而进入炉子的燃烧区，转化气中的 H_2 和空气中的氧燃烧产生的热量供给转化气中的甲烷在二段炉催化剂床中进一步转化，出二段炉的工艺气残余甲烷含量 AR1-3 在 0.3% 左右，经并联的两台第一废热锅炉 101-CA/B 回收热量，再经第二废热锅炉 102-C 进一步回收余热后，送去变换炉 104-D。废锅炉的管侧是来自 101-F 的锅炉水。102-C 有一条热旁路，通过 TRC10 调节变换炉 104-D 的进口温度（370℃左右）。

（4）变换　变换炉 104-D 由高变和低变两个反应器，中间用蝶形头分开，上面是高变炉，下面是低变炉。低变炉底部有蒸汽注入管线，供开车时以及短期停车时催化剂保温用。从第二废热锅炉 102-C 来的转化气约含有 12%～14% 的 CO，进入高变炉，在高变催化剂的作用下将部分 CO 转化成 CO_2，经高温变换后 CO 含量降到 3%（AR9）左右，然后经第三废热锅炉 103-C 回收部分热能，传给来自 101-F 的锅炉水，气体从 103-C 出来，进换热器 104-C 与甲烷化炉进气换热，从而得到进一步冷却。104-C 之前有一放空管，供开车和发生事故时高变出口气放空用的，由电动阀 MIC26 控制。103-C 设置一旁路，由 TRC11 调节低变炉入口温度。转化气进入低变炉在低变催化剂的作用下将其余 CO 转化为 CO_2，出低变炉的工艺气中 CO 含量约为 0.3%（AR10）。开车或发生事故时气体可不进入低变炉，它是通过关闭低变炉进气管上的 SP4、打开 SP5 实现的。

（5）蒸汽系统　合成氨装置开车时，将从界外引入 3.8MPa、327℃ 的中压蒸汽约 50t/h。辅助锅炉和废热锅炉所用的脱盐水从水处理车间引入，用并联的低变出口气加热器 106-C 和甲烷化出口气加热器 134-C 预热到 100℃ 左右，进入除氧器 101-U 脱氧段，在脱氧段用低压蒸汽脱除水中溶解氧后，然后在储水段加入二甲基硐肟除去残余溶解氧。最终溶解氧含量小于 7μg/L。

除氧水加入氨水调节 pH 至 8.5～9.2，经锅炉给水泵 104-J/JA/JB 经并联的合成气加热器 123-C、甲烷化气加热器 114-C 及一段炉对流段低温段锅炉给水预热盘管加热到 295℃（TI1-44）左右进入汽包 101-F，同时在汽包中加入磷酸盐溶液，汽包底部水经 101-CA/CB、102-C、103-C 一段炉对流段低温段废热锅炉及辅助锅炉加热部分汽化后进入汽包。经汽包分离出的饱和蒸汽在一段炉对流段过热后送至 103-JAT，经 103-JAT 抽出 3.8MPa、327℃ 中压蒸汽，供各中压蒸汽用户使用。103-JAT 停运时，高压蒸汽经减压，全部进入中压蒸汽管网，中压蒸汽一部分供工艺使用、一部分供凝汽透平使用，其余供背压透平使用，并产生低压蒸汽，供 111-C、101-U 使用，其余为伴热使用在这个工段中，缩合/脱水反应是在三个串联的反应器中进行的，接着是一台分层器，用来把有机物从液流中分离出来。

（6）燃料气系统　从天然气增压站来的燃料气经 PRC34 调压后，进入对流段第一组燃料预热盘管预热。预热后的天然气，一路进一段炉辅锅炉 101-UB 的三个燃烧嘴（DO121、DO122、DO123），流量由 FRC1002 控制，在 FRC1002 之前有一开工旁路，流入辅锅的点火总管（DO124、DO125、DO126），压力由 PCV36 控制；另一路进对流段第二组燃料预热盘管预热，预热后的燃料气作为一段转化炉的 8 个烟道烧嘴（DO113～DO120）、144 个顶部烧嘴（DO001～DO072）以及对流段 20 个过热烧嘴（DO073～DO092）的燃料。去烟道烧嘴气量由 MIC10 控制，顶部烧嘴气量分别由 MIC1～MIC9 等 9 个阀控制，过热烧嘴气量由 FIC1237 控制。

4. 转化工段 DCS 图

一段转化 DCS 如图 7-5 所示，二段转化 DCS 如图 7-6 所示。

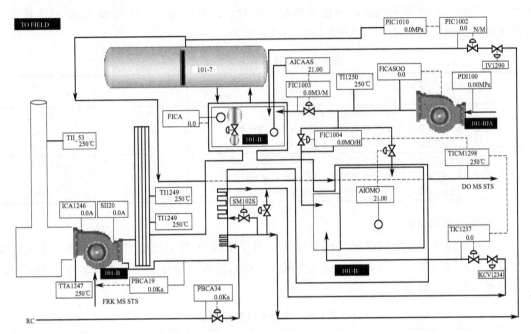

图 7-5　一段转化 DCS 图

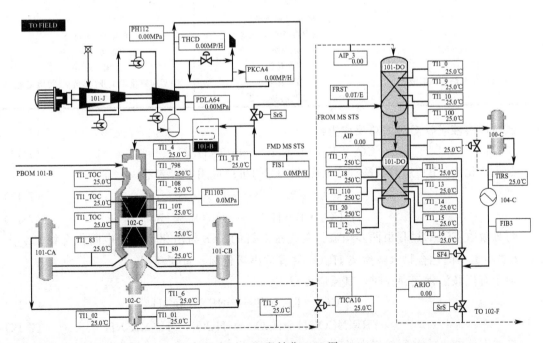

图 7-6　二段转化 DCS 图

三、合成气中 CO_2 的脱除

天然气蒸汽转化所得合成气 CO_2 浓度约为 18%，以吨氨计需脱除的 CO_2 量约为 $635m^3$，大大低于以重油或煤为原料时的 CO_2 量。

常用的脱 CO_2 方法有化学吸收法和物理吸收法。物理吸收法能耗低，但净化度与压力相关，很难满足合成氨的工艺要求。化学吸收法中，净化度与压力关系不大，特别适用于 CO_2 分压不高而净化度要求甚高的场合，因而在合成氨中应用广泛。表 7-14 列出了合成氨生产中应用的几种化学吸收法的净化结果和能耗对比，其中 Benfield 法和 MDEA 法是天然气制氨中应用最广的方法，而 MEA 法已很少被采用。

表 7-14　几种脱 CO_2 工艺比较

工艺名称		吸收剂	净化气 CO_2 含量 /(mL/m^3)	相对能耗 /%
醇胺法	MEA	20%单乙醇胺水溶液	<50	100
	缓蚀性 MEA	20%单乙醇胺水溶液＋胺类缓蚀剂	<50	45~65
	MDEA	40%甲基二乙醇胺水溶液	<50	28~32
热钾碱法	Benfield	25%~30%K_2CO_3水溶液＋DEA 等	500~1000	30~34
	G-V	K_2CO_3水溶液＋As_2O_3＋甘氨酸	500~1000	<50
	Catacarb	25%~30%K_2CO_3水溶液＋添加剂	500~1000	<50

1. 热碳酸钾溶液法

热碳酸钾溶液法简称热钾碱法或钾碱法。由于 K_2CO_3 溶液吸收 CO_2 速度慢，净化度较低并腐蚀性大等问题，出现各种改良热钾碱法，都是采取加活化剂到碳酸钾溶液中而形成各自的专利和方法，如表 7-15 所示。

表 7-15　各种改良热钾碱法

方法名称	活化剂	专利者
Benfield 法	二乙醇胺	美国 UOP
G-V 法	氧化砷和氨基酸	意大利 Giammarco
Catacarb	烷基醇胺的硼酸盐	美国 Eickmeyer
Carsol 法	烷基醇胺	比利时 Carbochim
Flexsorb 法	空间位阻胺	美国 Exxon
复合催化剂热钾碱溶液法	多种活化剂	中国南京化学工业(集团)公司研究院
SCC-A 法	二亚乙基三胺	中国四川化工总厂

碳酸钾溶液吸收 CO_2 的总反应为：

$$CO_2 + K_2CO_3 + H_2O \Longrightarrow 2KHCO_3 \qquad (7\text{-}11)$$

加入活化剂（B）后的碳酸钾溶液吸收 CO_2 的机理可用下式表示：

$$CO_2(溶解) + B \Longrightarrow CO_2 \cdot B \qquad (7\text{-}12)$$

$$CO_2 \cdot B + H_2O \Longrightarrow HCO_3^- + H^+ + B \qquad (7\text{-}13)$$

可见吸收 CO_2 的过程由两步构成：首先是溶解的 CO_2 与活化剂生成中间化合物 $CO_2 \cdot B$，第二步是中间化合物水解生成 HCO_3^- 并释放出活化剂，重新利用。

对于有机胺活化剂存在时，其反应可写成：

$$CO_2 + RR'NH \Longrightarrow RR'NCOOH \qquad (7\text{-}14)$$

$$RR'NCOOH + H_2O \Longrightarrow HCO_3^- + H^+ RR'NH \qquad (7\text{-}15)$$

碳酸钾溶液也能将原料气中的 COS、CS_2 水解为 H_2S 和 CO_2 而吸收，因而也具脱硫净

化功能。

大型合成氨装置应用热钾碱法大都采用两段吸收两段再生流程，并将吸收和再生分别组合两个塔内。由于 CO_2 的脱除负荷主要分配在半贫液吸收段，而贫液吸收段主要起保证净化度作用，因而吸收塔设计成下大上小形状。

2. 活化 MDEA 法

甲基二乙醇胺（MDEA）是一种选择性吸收天然气中 H_2S 的溶剂。1970 年德国 BASF 公司在 MDEA 水溶液中加入活化剂以加快其吸收 CO_2 的速度，开发出活化 MDEA 脱除气体中 CO_2 的方法，以后又使配方系列化以适应不同的工况。到 20 世纪 90 年代，活化 MDEA 法脱碳装置已超过 90 套，并有进一步增多的趋势。脱 CO_2 的化学反应为：

$$CO_2 + H_2O + R_3N \Longrightarrow R_3NH^+ + HCO_3^- \tag{7-16}$$

MDEA 与 CO_2 之间并不生成稳定的氨基甲酸盐，而生成不稳定的碳酸氢盐，因而容易再生。活化剂通常是哌嗪（对二氮己环，$NHC_2H_4NHC_2H_4$），加量约 3%。

溶液无毒，设备无腐蚀，溶液有多种再生方案，用于合成氨装置脱 CO_2 时通常使用压力下闪蒸加蒸汽汽提的流程，典型工艺参数见表 7-16。

表 7-16　活化 MDEA 法工艺参数

溶液组成/%		再生热/	吸收温度/℃			CO_2 回收率/%	CO_2 纯度/%
MDEA	哌嗪	(kJ/m^2)	气入塔	塔上部	塔下部		
35～40	3	2280	75	53.5	66.5	99～100	99.70

3. 脱碳工段仿真操作

（1）脱碳工艺说明　变换气中的 CO_2 是氨合成催化剂（镍的化合物）的一种毒物，因此，在进行氨合成之前必须从气体中脱除干净。工艺气体中大部分 CO_2 是在 CO_2 吸收塔 101-E 中用活化 aMDEA 溶液进行逆流吸收脱除的。从变换炉（104-D）出来的变换气（温度 60℃、压力 2.799MPa），用变换气分离器 102-F 将其中大部分水分除去以后，进入 CO_2 吸收塔 101-E 下部的分布器。气体在塔 101-E 内向上流动穿过塔内塔板，使工艺气与塔顶加入的自下流动的贫液 [解吸了 CO_2 的 aMDEA 溶液，40℃（TI_24）] 充分接触，脱除工艺气中所含 CO_2，再经塔顶洗涤段除沫层后出 CO_2 吸收塔，出 CO_2 吸收塔 101-E 后的净化气去往净化气分离器 121-F，在管路上由喷射器喷入从变换气分离器（102-F）来的工艺冷凝液（由 LICA17 控制），进一步洗涤，经净化气分离器（121-F）分离出喷入的工艺冷凝液，净化后的气体，温度 44℃，压力 2.764MPa，去甲烷化工序（106-D），液体与变换冷凝液汇合液由液位控制器 LICA26 调节去工艺冷凝液处理装置。

从 CO_2 吸收塔 101-E 出来的富液（吸收了 CO_2 的 aMDEA 溶液）先经溶液换热器（109-CB1/2）加热、再经溶液换热器（109-CA1/2），被 CO_2 汽提塔 102-E（102-E 为筛板塔，共 10 块塔板）出来的贫液加热至 105℃（TI109），由液位调节器 LIC4 控制，进入 CO_2 汽提塔（102-E）顶部的闪蒸段，闪蒸出一部分 CO_2，然后向下流经 102-E 汽提段，与自下而上流动的蒸汽汽提再生。再生后的溶液进入变换气煮沸器（105-CA/B）、蒸汽煮沸器（111-C），经煮沸成汽液混合物后返回 102-E 下部汽提段，气相部分作为汽提用气，液相部分从 102-E 底部出塔。

从 CO_2 汽提塔 102-E 底部出来的热贫液先经溶液换热器（109-CA1/2）与富液换热降温后进贫液泵，经贫液泵（107-JA/JB/JC）升压，贫液再经溶液换热器（109-CB1/2）进一步冷却降温后，经溶液过滤器 101-L 除沫后，进入溶液冷却器（108-C1/2）被循环水冷却至

40℃（TI1_24）后，进入 CO_2 吸收塔 101-E 上部。

从 CO_2 汽提塔 102-E 顶部出来的 CO_2 气体通过 CO_2 汽提塔回流罐 103-F 除沫后，从塔 103-F 顶部出去，或者送入尿素装置或者放空，压力由 PICA89 或 PIC24 控制。分离出来的冷凝水由回流泵（108-J/JA）升压后，经流量调节器 FICA15 控制返回 CO_2 吸收塔 101-E 的上部。103-F 的液位由 LICA5 及补入的工艺冷凝液（VV043 支路）控制。

（2）脱碳工段 DCS 图　脱碳工段 DCS 如图 7-7 所示。

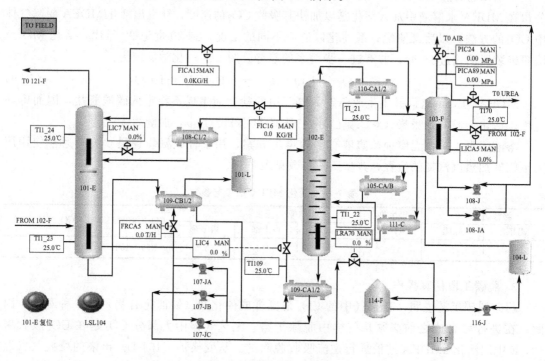

图 7-7　脱碳系统 DCS 图

四、甲烷化

甲烷化是除去合成气中 CO 和 CO_2 的最后工序，使其转化为 CO_2。为了减少氢的消耗，有些大型装置在脱除 CO_2 前增设一选择催化氧化工序，将 CO 转化为 CO_2，CO 浓度可降至 $1\sim2mL/m^3$。许多小型氨厂采用铜氨液吸收除去 CO 及 CO_2，而不是甲烷化。

1. 甲烷化反应原理

甲烷化反应如下：

$$CO+3H_2 \longrightarrow CH_4+H_2O+Q \tag{7-17}$$

$$CO_2+4H_2 \longrightarrow CH_4+2H_2O+Q \tag{7-18}$$

在一定条件下，还可以发生副反应。

析炭反应：
$$2CO \Longrightarrow C+CO_2 \tag{7-19}$$

羰基镍的生成：
$$4CO+Ni \Longrightarrow [Ni(CO)_4] \tag{7-20}$$

2. 工艺流程

甲烷化的典型工艺流程如图 7-8 所示。

3. 甲烷化工段仿真操作

（1）甲烷化工艺说明　因为碳的氧化物是氨合成催化剂的毒物，因此在进行合成之前必须去除干净。甲烷化反应的目的是要从合成气中完全去除碳的氧化物，它是将碳的氧化物通

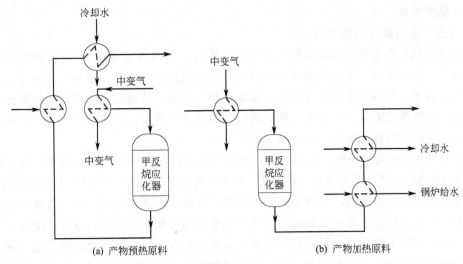

(a) 产物预热原料　　　　　　　　　(b) 产物加热原料

图 7-8　甲烷化的典型工艺流程图

过化学反应转化成甲烷来实现的，甲烷在合成塔中可以看成是惰性气体，可以达到去除碳的氧化物的目的。

　　甲烷化系统的原料气来自脱碳系统，该原料气先后经合成气-脱碳气换热器（136-C）预热至 117.5℃（TI104）、高变气-脱碳气换热器（104-C）加热到 316℃（TI105），进入甲烷化炉（106-D），炉内装有 $18m^3$、J-105 型镍催化剂，气体自上部进入 106-D，气体中的 CO、CO_2 与 H_2 反应生成 CH_4 和 H_2O。系统内的压力由压力控制器 PIC5 调节。甲烷化炉（106-D）的出口温度为 363℃（TIA1002A），依次经锅炉给水预热器（114-C），甲烷化气脱盐水预热器（134-C）和水冷器（115-C），温度降至 40℃（TI139），甲烷化后的气体中 CO（AR2_1）和 CO_2（AR2_2）含量降至 10mg/L 以下，进入合成气压缩机吸收罐 104-F 进行气液分离。

　　（2）甲烷化 DCS 图　甲烷化 DCS 如图 7-9 所示。

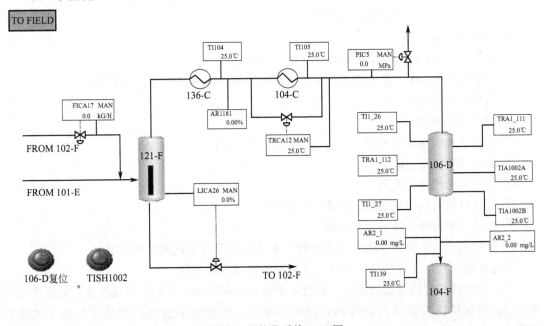

图 7-9　甲烷化系统 DCS 图

五、氨的合成

1. 合成反应的操作控制条件

合成系统是从合成气体压缩机的出口管线开始的，气体（氢氮比为 3∶1 的混合气）的消耗量取决于操作条件、催化剂的活性以及合成回路总的生产能力，被移去的或反应了的气体是由压缩机来的气体不断进行补充的，如果新鲜气过量，产量增至压缩机的极限能力，新鲜气就在一段压缩之前从 104-F 吸入罐处放空，如果气量不足，压缩机就减慢，回路的压力下降直至氨的产量降低到与进来的气量成平衡为止。

为了改变合成回路的操作，可以改变一个或几个条件，且较重要的控制条件为：新鲜气量、合成塔的入口温度、循环气量、氢-氮比、高压吹出气量、新鲜气的纯度、催化剂层的温度。

注意这里没有把系统的压力作为一个控制条件列出，因为压力的改变常常是其他条件变化的结果，以提高压力为唯一目的而不考虑其他效果的变化是很少的。合成系统通常是把压力控制在极限值以下适当处，把吹出气量减少到最小程度，同时把合成塔维持在足够低的温度以延长催化剂寿命，在新鲜气量及放空气量正常以及合成温度适宜的条件下，较低的压力通常是表明操作良好。

下面是影响合成回路各个条件的一些因素，操作人员要注意检查它们的过程中是否有不正常的变化，如果把这些情况都弄清楚了，操作人员就能够比较容易地对操作条件的变化进行解释，能够改变一个或几个条件进行必要的调正。

(1) 合成塔的压力　能单独地或综合地使用合成回路压力增加的主要因素有：

① 新鲜气量增加；

② 合成塔的温度下降；

③ 合成回路中的气体组成偏离了最适宜的氢氮比 $[(2.5\sim3.0)∶1]$；

④ 循环气中氨含量增加；

⑤ 循环气中惰性气体含量增加；

⑥ 循环气量减少；

⑦ 由于合成气不纯引起催化剂中毒；

⑧ 催化剂衰老。

反过来说，与上述这些作用相反就会使压力降低。

(2) 催化剂的温度　能单独地或综合地使催化剂温度升高的主要因素有：

① 新鲜气量增加；

② 循环气量减少；

③ 氢氮比比较接近于最适比值 $[(2.5\sim3.0)∶1]$；

④ 循环气中氨含量降低；

⑤ 合成系统的压力升高；

⑥ 进入合成塔的冷气近路（冷激）流量减少；

⑦ 循环气中惰性气体的含量降低；

⑧ 由于合成气不纯引起催化剂暂时性中毒之后，接着催化剂活性又恢复。

反过来说，与上述这些作用相反就会使催化剂的温度下降。

(3) 稳定操作时的最适宜温度　适宜温度就是使氨产量最高时的最低温度；但温度还是要足够高以保证压力波动时操作的稳定性，超温会使催化剂衰老并使催化剂的活性很快下降。

（4）氢氮比　能单独地或者综合地使循环气中的 H_2、N_2 比变化的主要因素有：

① 从转化及净化系统来的合成气的组成有变化；

② 新鲜气量变化；

③ 循环气中氨的含量有变化；

④ 循环气中惰性气体的含量有变化。

进合成塔的循环气中氢氮比应控制在（2.5～3.0）：1.0，氢氮比变化太快会使温度发生急剧变化。

（5）循环气中氨含量　能单独地或综合地使合成塔进气氨浓度变化的因素有：

① 高压氨分离器 106-F 前面的氨冷器中冷却程度的变化；

② 系统的压力。

预期的合成塔出口气中的氨浓度约为 13.9%，循环气与新鲜气混合以后，氨浓度变为 4.15%，经过氨冷及 106-F 把氨冷凝和分离下来以后，进合成塔时混合气中的氨浓度约为 2.42%。

（6）循环气中的惰性气含量　循环气中惰性气体的主要成分是氩气和甲烷，这些气体会逐步地积累起来而使系统的压力升高，从而降低了合成气的有效分压，反映出来的就是单程的合成率下降，控制系统中惰性气体浓度的方法就是引出一部分气体经 125-C 与吹出气分离罐 108-F 后放空，合成塔入口气中惰性气体（甲烷和氩）的设计浓度约为 13.6%（分子），但是经验证明惰性气体的浓度再保持得高一些，可以减少吹出气带走的氢气，氨的总产量还可以增加。

从上面的合成氨操作的讨论中可以看出：合成的效率是受开头部分列出的各种控制条件的影响的，所有这些条件都是相互联系的，一个条件发生变化对其他条件都会有影响，所以好的操作就是要把操作经验以及对影响系统操作的各种因素的认识很好结合起来，如果其中有一个条件发生了急剧的变化，经验会作出判断为了弥补这个变化应当采取什么步骤，从而使系统的操作保持稳定，任何变化都要缓慢地进行以防引起大的波动。

2．合成气中无水液氨的分离

在合成塔中生成的氨会很快地达到不利于反应的程序，所以必须连续地从进塔的合成循环气中把它除去，这是用系列的冷却器和氨冷器来冷却循环气，从而把每次通过合成塔时生成的净氨产品冷却下来，循环气进入高压氨分离器时的温度为 -21.3℃。在 11.7MPa 的压力下，合成回路中气体里的氨冷凝并过冷到 -23.3℃ 以后，循环气中的氨就降至 2.42%，冷凝下来的液氨收集在高压氨分离器 106-F 中，用液位调节器 LC-13 调节后就送去进行产品的最后精制。

3．氨合成岗位仿真操作

（1）合成系统

从甲烷化来的新鲜气（40℃、2.6MPa、$H_2/N_2 = 3:1$）先经压缩前分离罐 104-F 进合成气压缩机 103-J 低压段，在压缩机的低压缸将新鲜气体压缩到合成所需要的最终压力的 1/2 左右，出低压段的新鲜气先经 106-C 用甲烷化进料气冷却至 93.3℃，再经水冷器 116-C 冷却至 38℃，最后经氨冷器 129-C 冷却至 7℃，后与氢回收来的氢气混合进入中间分离罐 105-F，从中间分离罐出来的氢氮气再进合成气压缩机高压段。

合成回路来的循环气与经高压段压缩后的氢氮气混合进压缩机循环段，从循环段出来的合成气进合成系统水冷器 124-C。高压合成气自最终冷却器 124-C 出来后，分两路继续冷却，第一路串联通过原料气和循环气一级和二级氨冷器 117-C 和 118-C 的管侧，冷却介质都是冷冻用液氨，另一路通过就地的 MIC-23 节流后，在合成塔进气和循环气换热器 120-C 的壳侧冷却，两路会合后，又在新鲜气和循环气三级氨冷器 119-C 中用三级液氨闪蒸槽 112-F 来的冷冻用液氨进行冷却，冷却至 −23.3℃。冷却后的气体经过水平分布管进入高压氨分离器 106-F，在前几个氨冷器中冷凝下来的循环气中的氨就在 106-F 中分出，分离出来的液氨送往冷冻中间闪蒸槽 107-F。从氨分离器出来后，循环气就进入合成塔进气—新鲜气和循环气换热器 120-C 的管侧，从壳侧的工艺气体中取得热量，然后又进入合成塔进气-出气换热器 121-C 的管侧，再由 HCV-11 控制进入合成塔 105-D，在 121-C 管侧的出口处分析气体成分。

SP-35 是一专门的双向降爆板装置，是用来保护 121-C 的换热器，防止换热器的一侧卸压导致压差过大而引起破坏。

合成气进气由合成塔 105-D 的塔底进入，自下而上地进入合成塔，经由 MIC-13 直接到第一层催化剂的入口，用以控制该处的温度，这一近路有一个冷激管线，和两个进层间换热器副线可以控制第二、第三层的入口温度必要时可以分别用 MIC-14、15、16 进行调节。气体经过最底下一层催化剂床后，又自下而上地把气体导入内部换热器的管侧，把热量传给进来的气体，再由 105-D 的顶部出口引出。

合成塔出口气进入合成塔的锅炉给水换热器 123-C 的管侧，把热量传给锅炉给水，接着又在 121-C 的壳侧与进塔气换热而进一步被冷却，最后回到 103-J 高压缸循环段（最后一个叶轮）而完成了整个合成回路。

合成塔出来的气体有一部分是从高压吹出气分离缸 108-F 经 MIC-18 调节并用 FI-63 指示流量后，送往氢回收装置或送往一段转化炉燃料气系统。从合成回路中排出气是为了控制气体中的甲烷和氩的浓度，甲烷和氩在系统中积累多了会使氨的合成率降低。吹出气在进入分离罐 108-F 以前先在氨冷器 125-C 冷却，由 108-F 分出的液氨送低压氨分离器 107-F 回收。

合成塔备有一台开工加热炉 102-B，它是用于开工时把合成塔引温至反应温度，开工加热炉的原料气流量由 FI-62 指示，另外，它还设有一低流量报警器 FAL-85 与 FI-62 配合使用，MIC-17 调节 102-B 燃料气量。

（2）冷冻系统　合成来的液氨进入中间闪蒸槽 107-F，闪蒸出的不凝性气体通过 PICA-8 排出作为燃料气送一段炉燃烧。分离器 107-F 装有液面指示器 LI-12。液氨减压后由液位调节器 LICA-12 调节进入三级闪蒸罐 112-F 进一步闪蒸，闪蒸后作为冷冻用的液氨进入系统中。冷冻的一、二、三级闪蒸罐操作压力分别为：0.4MPa（G）、0.16MPa（G）、0.0028MPa（G），三台闪蒸罐与合成系统中的第一、二、三氨冷器相对应，它们是按热虹吸原理进行冷冻蒸发循环操作的。液氨由各闪蒸罐流入对应的氨冷器，吸热后的液氨蒸发形成的气液混合物又回到各闪蒸罐进行气液分离，气氨分别进氨压缩机 105-J 各段汽缸，液氨分别进各氨冷器。

由液氨接收槽 109-F 来的液氨逐级减压后补入到各闪蒸罐。一级闪蒸罐 110-F 出来的液氨除送第一氨冷器 117-C 外，另一部分作为合成气压缩机 103-J 一段出口的氨冷器 129-C 和闪蒸罐氨冷器 126-C 的冷源。氨冷器 129-C 和 126-C 蒸发的气氨进入二级闪蒸罐 111-F，110-F 多余的液氨送往 111-F。111-F 的液氨除送第二氨冷器 118-C 和弛放气氨冷器 125-C 作为冷冻剂外，其余部分送往三级闪蒸罐 112-F。112-F 的液氨除送 119-C 外，还可以由冷氨产品泵 109-J 作为冷氨产品送液氨贮槽贮存。

　　由三级闪蒸罐 112-F 出来的气氨进入氨压缩机 105-J 一段压缩，一段出口与 111-F 来的气氨汇合进入二段压缩，二段出口气氨先经压缩机中间冷却器 128-C 冷却后，与 110-F 来的气氨汇合进入三段压缩，三段出口的气氨经氨冷凝器 127-CA、CB，冷凝的液氨进入接收槽 109-F。109-F 中的闪蒸气去闪蒸罐氨冷器 126-C，冷凝分离出来的液氨流回 109-F，不凝气作燃料气送一段炉燃烧。109-F 中的液氨一部分减压后送至一级闪蒸罐 110-F，另一部分作为热氨产品经热氨产品泵 P-1，2 送往尿素装置。

　　4. 合成工段 DCS 图

　　合成工段 DCS 如图 7-10 所示，氨合成塔 DCS 如图 7-11 所示。

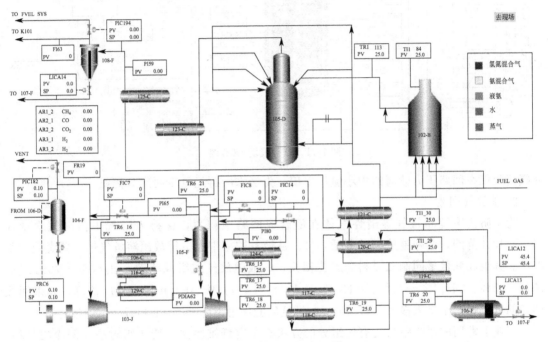

图 7-10　合成工段 DCS 图

六、氨的分离与弛放气回收

1. 氨的分离

　　出合成塔混合气氨含量与入塔气中氨含量之差称为合成过程的氨净值。前已述及循环气中氨含量越高，合成氨装置的生产效率越低，也就是合成过程的氨净值越小。而循环气中氨含量取决于氨分离系统的操作压力和温度，如图 7-11 所示。合成氨回路压力是全局因素一般难以调控变化，因此，为了获得可接受的生产效率，只能调控氨分离系统的温度。

　　操作压力在 20~30MPa 的合成氨回路，水冷却只能将循环气中氨含量降到 7%~10%，进一步冷却到 0℃ 以下才能降到 2%~4%。而回路操作压力小于 15MPa 时，则需冷到 -3℃ 以下才能使循环气中氨含量降到 2% 以下。工程上分离出塔气中氨通常采用冷凝分离法。高压下操作的小型氨厂则采用水吸收分离法。

　　典型的冷凝分离流程有一次分氨和两次分氨两种，前者系大多数大型氨厂采用的流程，又可分为循环压缩机之前和之后分氨两类。均可使循环气中氨含量保持在 2% 左右的较低水平。当要求产品为液氨时，还必须设氨压缩系统，将其冷凝冷却液化而进入产品贮罐。两次

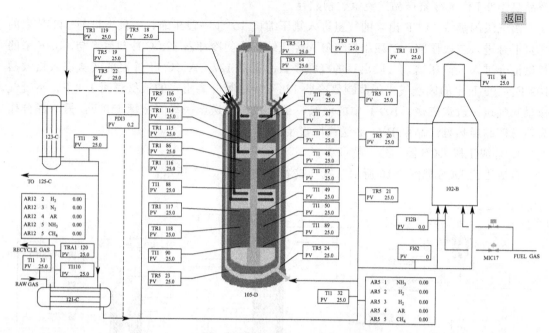

图 7-11   氨合成塔 DCS 图

分氨流程仅在回路压力较高的中小氨厂采用，先经水冷再经氨冷两次分离氨。

2. 弛放气回收

为了防止甲烷和氩气等惰性气体在氨合成回路中积累，保持入塔气中惰性气含量在 10％～13％范围，必须弛放一部分循环气。从液氨贮槽中也会排放出溶解气体。两者统称弛放气。其组成和数量同制氨原料和工艺相关。一般弛放气的组成范围：H_2 60％～70％、N_2 20％～25％、CH_4 7％～13％、NH_3 2％、Ar 3％～8％。按 10^3 t/d 合成氨厂估算，如果回收 85％的氢，相当于每天多产 NH_3 40～50t，氨厂能耗可下降 0.5～1.2GJ/t（NH_3）。

工业上常用的回收弛放气有用组分的方法有中空纤维膜法、变压吸附法和深冷法三种。在大型氨厂中应用最多的是中空纤维膜法和变压吸附法。三种方法的比较可见表 7-17。

表 7-17   弛放气中回收 H_2、N_2 气的方法比较

项 目 \ 方 法	中空纤维膜法	深冷法	变压吸附法
装置规模/（m^3/h）	10000～17200	10000～30000	1000～50000
压力/MPa	14（膜内外压差7）	4～6	1.4～2.8
温度/℃	35	一级 100K，二级 85K	常温
氢回收率/%	86	90～95	50～85
氢纯度/%	87～95	87～95	99.99
动力（弛放气 1000m^3/h）/（kW·h）	1	20～97	41.5
冷却水/（m^3/h）	—	250	16.8
软水/（t/h）	—	0.63～1	0.086
投资回收年限/a	1.5	3	3
工业化情况	工业化	工业化	工业化

（1）中空纤维膜法   中空纤维膜法是美国孟山都（Monsanto）公司于 1979 年首先在氨厂中应用成功。分离器是用聚砜选择性渗透膜制成的中空纤维管束组装而成，其外形类似换

热器。外形尺寸范围是直径为 100～200mm，高 3～6m，结构如图 7-12 所示。中空纤维管外径 0.4～0.5mm，内径约 0.2mm。可将多个分离器串联或并联组合而满足不同规模和分离的要求。图 7-13 是一种 8 个分离器串联而回收两种压力等级富氢气和燃料气的 Prism 装置。由于聚砜膜不耐 NH_3，弛放气须经水洗除 NH_3 至小于 20mg/L 才进装置。

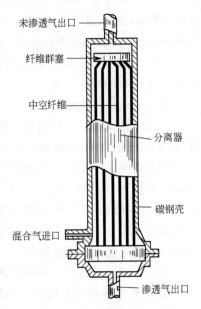

图 7-12 中空纤维膜分离器结构图

回收的富氢气体含 H_2 90％左右、N_2 6％左右；燃料气含氢 64％左右。中国引进的大型氨厂大多采用这种方法，由于装置无转动设备，操作简单可靠。

(2) 变压吸附法 变压吸附法在 20 世纪 60 年代已开始在美国氨厂中用于回收弛放气中的氢气，现已成为应用相当广泛的方法。该法是利用分子筛吸附剂对不同气体分子吸附强弱与压力相关的原理而实现气体分离的。其分离过程分为吸附、均压、顺向减压、冲洗、充压和最终充压六个步骤形成一个循环过程反复进行而实现气体分离，装置一般由 4～10 个床组成。此方法的关键是各步骤按时间切换进行的程序控制部件的工作可靠性和耐久性，其流程是很简单的。国内西南化工研究院于 1974 年开发成功此方法的成套装置，至今已在各行业中推广应用，装置已达 400 套左右，其自控系统和操作可靠性均已处于先进水平。

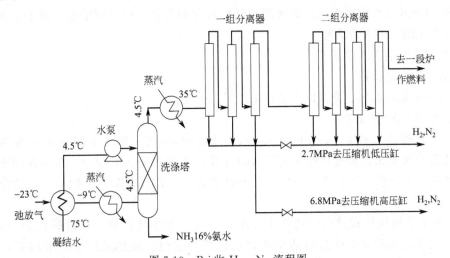

图 7-13 Pri 收 H_2，N_2 流程图

(3) 深冷法 深冷法的氢回收率可达 90％～95％，操作压力可达 6.8MPa，氨回收率约为 30％，在三种常用方法中其回收率是最高的，但对弛放气的预处理要求严格，需设分子筛吸附器把关。

七、天然气制氨的工艺对比

天然气制氨工艺经半个多世纪的发展，已形成多种各具特色的工艺。它们均成熟可靠，综合能耗水平也大致接近。本节将主要介绍凯洛格和布朗深冷两种工艺的概况和特点。美国 M W Kellogg 公司的节能型工艺和上世纪末开发的改进制氨工艺（Kellogg Improved Ammonia Process），亦称为 KRES-KAAP 工艺（Kellogg Reforming Exchanger System-Kellogg Advanced Ammonia Process）；美国 Brown&Rott Braun 公司的深冷净化工艺（Braun Purifier Process）。在新疆主要是以上两种工艺为主，其中乌石化总厂采用凯洛格工艺，新疆化肥厂采用布朗深冷工艺。

1. Kellogg 节能型工艺

（1）工艺概述 全球制氨产能约有一半是 Kellogg 公司设计的。传统的 Kellogg 天然气制氨装置物耗、能耗均较高，综合能耗在 37.7～41.8GJ/t（NH$_3$）范围，中国 20 世纪七八十年代引进的 30×10^4 t/a 装置就是这种类型。20 世纪 80 年代中期，Kellogg 在多年经验的基础上开发出节能型工艺，1984 年建成第一套装置，综合能耗小于 31.4GJ/t（NH$_3$），随后又在荷兰等地建厂。中国四川化学集团公司也建有 600t/d 此类工艺的天然气制氨装置，工艺流程见图 7-14。天然气经两段蒸气转化制合成气，再经高低温变换、脱碳、甲烷化、压缩与脱水后进入合成塔制氨。

（2）主要工艺特点 与传统工艺相比 Kellogg 主要工艺特点如下。

① 天然气转化压力从 3.14MPa 提高到 3.65MPa；两段蒸汽转化炉负荷做 TNN，减少一段负荷增加二段负荷，这样可使一段炉管操作条件趋于缓和；二段炉的工艺空气改用汽轮机驱动压缩机供给。

② 采用了新型的浮头式换热器，设备简单并节约了管材。

③ 采用物理溶剂 Selexol 脱碳工艺，可节约蒸汽消耗，但 CO$_2$ 回收率低，不能满足下游产品尿素生产的需要。

④ 甲烷化后的合成气采用分子筛干燥净化，可直接送入氨合成塔。

⑤ 采用卧式氨合成塔系统，并采用小颗粒催化剂和提高出口氨浓度，减少了合成回路的循环比及压缩机的动力消耗。

⑥ 采用新型组合式换热器。

⑦ 采用四级氨冷器。

⑧ 完善了蒸汽系统，冷凝液的处理采用了汽提法。

2. KRES-KAAP 工艺

（1）工艺概述 Kellogg 公司将其在 20 世纪 90 年代开发的 KRES 转化换热系统和 KAAP 改进合成氨工艺相结合而完成了 KRES-KAAP 制氨新工艺设计。虽然此项组合新工艺尚未建成工业装置，但上述两项新工艺都已工业化。KRES-KAAP 制氨工艺的原理流程见图 7-15。

KRES 工艺用换热式转化炉代替了传统的一段外加热转化炉，二段转化炉为自热式，其出口气在换热式转化炉中进行热交换以供所需转化热。换热式转化炉采用开口管式结构，转化管可自由伸缩管束可拆卸，催化剂装卸方便。KRES 工艺投资和能耗降低 5%～8%。

KAAP 合成氨工艺采用 Kellogg 公司新开发的钌基催化剂。由于钌基催化剂的活性甚高，因此合成塔的催化剂装填量少，床层薄可防止过热发生。1992 年在加拿大 Ocelot 氨厂工业应用表明，可使合成回路投资下降 15%～20%，节能 25%。

（2）工艺特点

① KRES 造气工艺与两段蒸汽转化相比，设备造价低，占地面积少，投资节省 5%～10%。设备结构简化，操作灵活性更大，维修工作量减少，可利用的烟气余热少，蒸汽发生

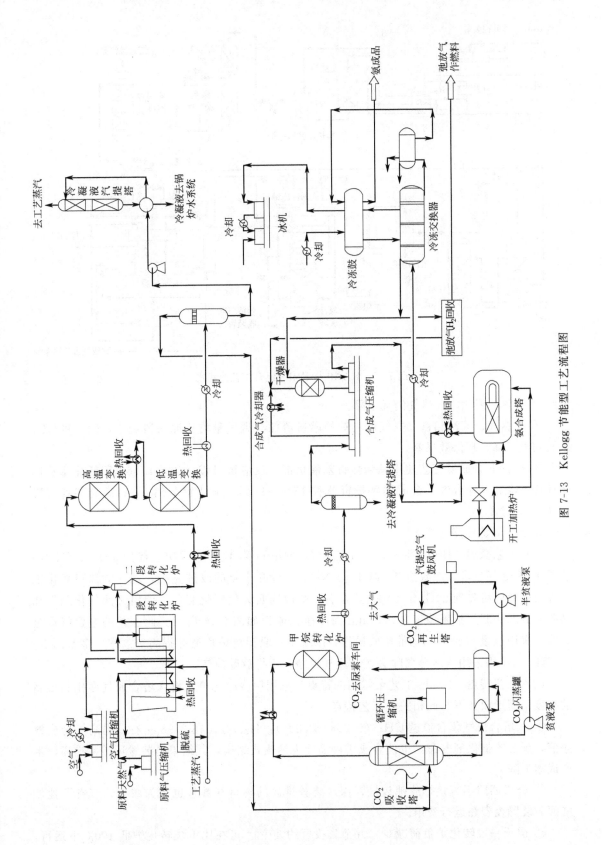

图 7-13 Kellogg 节能型工艺流程图

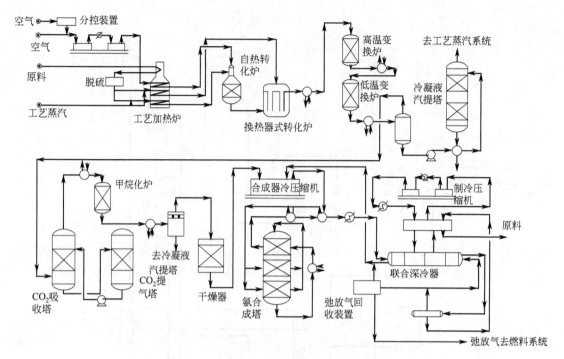

图 7-15　KAAP 与 KRES 组合工艺流程图

量约少 20%，因此，天然气消耗下降。

② 天然气、蒸汽和富氧空气加热炉的燃料消耗与烟气量均比原一段炉小，CO_2 和 NO_x 排放明显下降，环保效果好。

③ KAAP 合成氨工艺使用高活性钌基催化剂，反应塔可设计得小，且单程转化率更高循环比下降。其综合效果合成回路投资节省 15%～20%，全装置节约 5%；综合能耗下降 1.16GJ/t（NH_3）。

3. Braun 深冷净化工艺

（1）工艺概述　Braun 深冷净化工艺于 20 世纪 60 年代开发成功，首套 680t/d（NH_3）装置于 1968 年投产，综合能耗 34GJ/t（NH_3）。经几十年的改进完善，现代的深冷净化工艺综合能耗已可降到 29GJ/t（NH_3）左右。中国锦西天然气化肥厂、四川天然气化肥厂和乌鲁木齐二化肥厂都用该工艺。Braun 深冷净化流程如图 7-16 所示。此工艺的主要特点是二段炉采用过量 50%～75% 的空气操作，以减少一段转化炉负荷并提高热效率。多余的 N_2 及 CH_4、Ar 则采用深冷分离除去，合成气纯净，不排放弛放气。

（2）工艺特点　Braun 工艺最鲜明的特点是采用深冷净化单元将入塔合成气净化到很高的程度，而形成如下与此相关的工艺特点。

① 入塔合成气仅含痕量 CH_4（0.2%～0.3%），H_2/N_2 比在 2.98 左右。提高了合成氨净值，延长了催化剂寿命，也使合成塔可设计为绝热式结构，其结果是装置运转率提高，生产成本下降。

② 合成回路不直接排放弛放气，深冷装置排放的燃料气数量也大为减少，节省了弛放气回收装置投资和运行费用。

③ 由于一段转化炉负荷减少，并节省投资约 30%。可在比传统转化炉低 100℃ 下运行，

炉管寿命延长、维修工作减少。

④ 调整两段转化负荷分配和采用富氧（30%O₂）后，提高了两炉热效率，一段炉效率在 82%～92%，二段炉接近 100%。

⑤ 全装置综合能耗可降到 28.4%～29.3%GJ/t（NH₃）。

4. 两种工艺的比较

Kellogg 节能型工艺和 Braun 深冷净化工艺性能摘要见表 7-18。

表 7-18　天然气制氨工艺性能比较

<table>
<tr><td colspan="2">项目 ＼ 方法</td><td>Kellogg 节能型</td><td>Braun 深冷净化</td></tr>
<tr><td rowspan="5">原材料
及公用
工程
消耗</td><td>原料及燃料天然气/[m³/t(NH₃)]</td><td>859</td><td>853</td></tr>
<tr><td>电/[kW·h/t(NH₃)]</td><td>56</td><td>81.41</td></tr>
<tr><td>循环冷却水/[m³/t(NH₃)]</td><td>260</td><td>190.5</td></tr>
<tr><td>脱盐水/[m³/t(NH₃)]</td><td>1.0</td><td>3.38</td></tr>
<tr><td>中压蒸汽输出/[t/t(NH₃)]</td><td>1.64</td><td>2.11</td></tr>
<tr><td rowspan="24">工
艺
参
数
及
特
点</td><td>(1)一段转化</td><td></td><td></td></tr>
<tr><td>转化炉型</td><td>顶部点火</td><td>侧面点火</td></tr>
<tr><td>水碳比</td><td>3.2</td><td>2.7</td></tr>
<tr><td>出口甲烷含量(体积分数)/%</td><td>11</td><td>25</td></tr>
<tr><td>出口温度/℃</td><td>805</td><td>700</td></tr>
<tr><td>出口压力/MPa</td><td>3.6</td><td>3.1</td></tr>
<tr><td>燃烧空气预热</td><td>对流部分</td><td>气体透平出口气</td></tr>
<tr><td>(2)二段转化</td><td>过量空气</td><td>过量空气</td></tr>
<tr><td>工艺空气</td><td>10%</td><td>50%</td></tr>
<tr><td>出口甲烷含量(体积分数)/%</td><td><0.5</td><td>1.3</td></tr>
<tr><td>空气压缩机</td><td>气体透平带动</td><td>蒸汽透平带动</td></tr>
<tr><td>(3)CO变换</td><td>传统中低变</td><td>传统中低变</td></tr>
<tr><td>CO出口含量/%(体积分数)</td><td>0.3</td><td>0.2～0.5</td></tr>
<tr><td>(4)CO₂脱除</td><td>Selexol 或低热耗 Benfield</td><td>低热耗 Benfield 或 MDEA 法</td></tr>
<tr><td>(5)甲烷化</td><td>传统法</td><td>传统法</td></tr>
<tr><td>(6)分子筛干燥</td><td>一般提供</td><td>提供</td></tr>
<tr><td>(7)深冷净化</td><td>没有</td><td>有,脱除 CH₄ 和部分氩,并调整
H₂/N₂=3</td></tr>
<tr><td>(8)氨合成压力/MPa</td><td>14.5</td><td>18</td></tr>
<tr><td>合成塔</td><td>卧式径向</td><td>三个单层绝热壁合成塔串联,塔</td></tr>
<tr><td></td><td>层间换热</td><td>间副产蒸汽</td></tr>
<tr><td>弛放气回收</td><td>Prism 或深冷法</td><td>不需</td></tr>
<tr><td>反应热回收</td><td>副产高压蒸汽</td><td>副产高压蒸汽</td></tr>
<tr><td colspan="2">能耗/[GJ/t(NH₃)]</td><td>28.4～30.0</td><td>28.4～29.3</td></tr>
<tr><td rowspan="2">建厂
情况</td><td>国外</td><td>2(1000,1360t/d)</td><td>8(1360～1500t/d)</td></tr>
<tr><td>国内(1997 年以前)</td><td>1</td><td>4</td></tr>
</table>

【思考题】

1. 叙述 Braun 深冷净化工艺流程。

2. 氨合成工艺中操作条件变化对生产有哪些影响？

3. 什么叫 CO 变换？有什么作用？

4. CO 的危害有哪些？

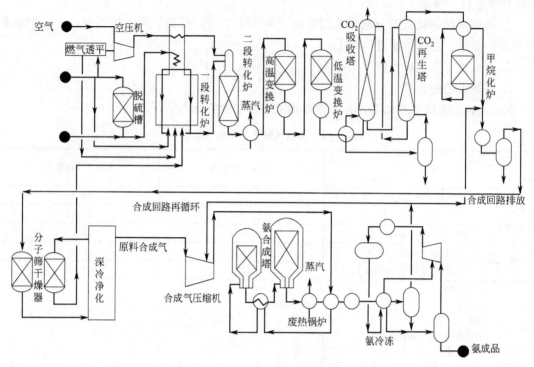

图 7-16　Braun 深冷净化工艺流程图

学习情境三　氨的下游产品

一、尿素

尿素的工业生产始于 1920 年。第二次世界大战之后，由于农业应用的迅速扩展，使生产规模快速增长。现在，作为肥料用消费尿素已占全部消费的 80% 以上，成为产量最大的合成氨下游产品。尿素的其他消费领域是用作生产脲醛树脂和三聚氰胺树脂（又称蜜胺树脂）、黏合板和涂料的主要生产原料。在炼油工业中尿素用作脱蜡剂，尿素也是生产肼、尿烷、盐酸、氨脲、氯化异氰脲酸等化工产品的原料。在医药工业中，尿素用于生产巴比妥利尿剂、镇静剂、止痛剂、洁齿剂等药品。尿素也用作动物饲料添加剂。

1. 尿素的性质和质量指标

（1）尿素的性质　尿素的化学名称为碳酰二胺，分子式为 $CO(NH_2)_2$。纯尿素呈白色、无臭、无味的针状或棱状结晶，其主要性质见表 7-19。

表 7-19　尿素的主要性质

项　目	数值	项　目	数值
相对分子质量	60.058	比热容(20℃)/[kJ/(kg·℃)]	1.344
熔点(101.325kPa)/℃	132.6	黏度(140℃)/mPa·s	2.33
密度(晶状)/(g/cm³)	1.335	表面张力(熔融态)/(N/m)	6.949×10^{-6}
折射率(20℃)	1.484	热导率(135℃)/[W/(m·℃)]	0.421
临界温度/℃	102.3	溶解热(在水中)/(kJ/kg)	242
临界压力/MPa	0.6409	燃烧热/(kJ/mol)	634.72

(2) 尿素的质量指标　中国尿素国家标准 GB 2440—1991 按用途分为工业用和农业用两类，如表 7-20 所示。

表 7-20　中国尿素产品标准（GB 2440—1991）

指标名称	工业用			农业用		
	优等品	一等品	合格品	优等品	一等品	合格品
颜　色	白色			白色或浅色		
总氮(N)含量(以干基计)/%	≥46.3	≥46.3	≥46.3	≥46.3	≥46.3	≥46.0
缩二脲含量/%	≤0.5	≤0.9	≤1.0	≤0.9	≤1.0	≤1.5
水分含量/%	≤0.3	≤0.5	≤0.7	≤0.5	≤0.5	≤1.0
铁含量(以 Fe 计)/%	≤0.005	≤0.005	≤0.001			
碱度(NH_3计)/%	≤0.01	≤0.02	≤0.03			
硫酸盐含量(以 SO_4^{2-} 计)/%	≤0.005	≤0.01	≤0.02			
水不溶物含量/%	≤0.05	≤0.01	≤0.04			
粒度(如 $\phi 0.85\sim2.8mm$)/%	≥90	≥90	≥90	≥90	≥90	≥90

2. 尿素生产原理及生产工艺发展概况

(1) 尿素生产的反应原理　NH_3 和 CO_2 在合成塔中首先生成氨基甲酸铵（简称甲铵），然后脱水生成尿素：

$$2NH_3 + CO_2 \longrightarrow NH_2COONH_4 \tag{7-21}$$

$$NH_2COONH_4 \longrightarrow CO(NH_2)_2 + H_2O \tag{7-22}$$

总的合成反应为：

$$2NH_3 + CO_2 \longrightarrow CO(NH_2)_2 + H_2O \tag{7-23}$$

由于合成反应体系是由 NH_3、CO_2、尿素和 H_2O 等组成的多组分多相复杂体系，难以按化学反应计算生成物组成和转化率，通常根据研究结果采用经验公式或图表计算平衡转化率。

在合成两步反应中，第一步反应速率快，强放热而转化率高，第二步反应慢，弱吸热转化率较低。因而，从动力学上看合成反应速率决定于第二步（甲铵脱水）的速率。在工业生产条件下实测的反应时间在 $30\sim50min$ 内，随温度 NH_3/CO_2、H_2O/CO_2 等可调参数而变动。

(2) 生产工艺发展概述　1920 年德国 I. G. Farben Industries AG 公司建成首套尿素工业生产装置，以 NH_3 和 CO_2 为原料用不循环工艺，CO_2 转化率可达 70%，而 NH_3 的总转化率仅 35%，未转化的 NH_3 用硫酸吸收副产硫酸铵，每产 1t 尿素副产 $5\sim7t$ 硫酸铵，消耗和生产成本甚高，也制约了装置规模仅在 5t/d。

$1950\sim1970$ 年间，开发了半循环和全循环工艺。只有甲铵水溶液全循环工艺得到广泛应用，生产装置规模达到 600t/d。20 世纪 60 年代中期，汽提法被开发出来，显示出比水溶液全循环法更大的优越性而得以快速发展。因汽提剂不同而有 CO_2 汽提法和 NH_3 汽提法之分。这些尿素生产方法与不循环法或半循环法相比，生产成本大幅度降低，而且不副产硫酸铵，单套装置规模发展到 1000t/d 以上。

20 世纪 70 年代后期，合成氨与尿素连接生产的优点为工业界认同，至少在理论上应能节省投资和操作费用。两项工艺的压力范围是一致的，有可能使用相同的操作压力；以天然气为原料合成氨工艺过程中放出的 CO_2 量接近于用 NH_3 合成尿素的需要量。具体的连接方式是在合成气脱 CO_2 工序与尿素制造中生成甲铵的工序结合起来，这对中小型氮肥厂具吸引力，而大型工厂因灵活性差而不一定合算。

20 世纪 80 至 90 年代汽提法获得推广和完善，形成了节能、环保型现代尿素生产工艺工程，主要有荷兰 Stamicarbon 公司的 CO_2 汽提工艺、意大利 Snamprogetti 公司的 NH_3 汽提法、日本东洋公司（TEC）的 ACES 工艺、意大利 Montedison 公司等压双汽提工艺（IDR 法）和美国尿素技术公司（UTI）的热循环工艺（UTI 法），这些生产技术的共同点均是用汽提技术大幅度降低生产消耗，它的工艺特点对比列在表 7-21 中。

表 7-21　各种尿素生产技术的比较

	方法 项目	CO_2 汽提工艺	NH_3 汽提工艺	ACES 工艺	IDR 工艺	UTI 工艺
工艺特点	一、流程复杂性	流程短	流程较长	流程较长	流程较长	
	(1)高压区设备台数	4	4	5	6	1
	(2)分解级数	1(低压)	2(中、低压)	2(中、低压)	2	2
	(3)甲铵循环回路数	1	2	2	2	1
	(4)氨循环回路数	0	1	2	2	0
	二、装置的操作运行性能					
	(1)开工率/%	达 100	达 98.4	达 100	达 100	＞95
	(2)框架高度/m	池式 38，降膜 56	32	～70	较高	20
	(3)操作维修	较方便	方便	不方便	不方便	方便
	(4)操作弹性/%	60～105	40～110	50～105		
	三、安全性能					
	(1)钝化空气用量 [O_2/CO_2，%(体积分数)]	0.6	0.3	0.7	0.2	0.1
	(2)安全、防爆措施	工艺放空气除经洗涤回收外，还增加了原料 CO_2 气的脱氢装置，脱除了放空尾气中的氢气	中低放空尾气经洗涤回收，减少了放空尾气中可以形成爆炸气体的组分含量	中低压的放空气经洗涤回收，减少了放空尾气中可能形成爆炸的气体组分含量	无爆炸危险	无爆炸危险
	四、环保措施					
	(1)废气处理	工艺放空气经洗涤后几乎不含氨，故基本对环境无污染；造粒塔顶废气含尿素粉尘(50mg/m³空气)该排放量符合中国排放标准				
	(2)废水处理	工艺凝液经深度水解，尿素和氨的含量均小于 1×10^{-6} 可回收甩作锅炉给水				
产品规格	尿素含氮量					
	(以干基)(质量分数)/%	＞46.3	46.4	＞46.5	＞46.4	＞46.5
	缩二脲(质量分数)/%	＜0.9	＜0.8	＜0.85	＜0.9	≤0.7
	水分(质量分数)/%	＜0.3	＜0.25	＜0.25	＜0.3	＜0.3
	粒度(1～2.5mm)/%	＞95	＞97	＞96		
	＜1.0mm/%	1～2.4	＜3	＜3	＞95	＞95
应用情况	第一套装置建成时间	1967 年	1970 年	1983 年	1981 年	1977 年
	第一套装置规模/(t/d)		70	600	300	300
	最大装置规模/(t/d)	2000	2400	1725	1200	1500

3. 尿素生产工艺

(1) CO_2 汽提工艺

① 工艺简述。由荷兰 Stamicarbon 公司开发的 CO_2 汽提工艺于 1967 年工业化，世界范围内已承建了 200 多套装置，总能力大约为 5000×10^4 t/a，占世界尿素总能力的 45%，目前中国已有 18 套大型装置在运行。

尿素生产工艺包括原料压缩、尿素合成及未反应物的高压分解和回收、未反应物的低压分解和回收、尿液浓缩造粒、工艺冷凝水处理等工序。该工艺用 CO_2 作汽提剂，在与合成等压条件下将合成塔出料在汽提塔内加热汽提，使未转化的大部分甲铵分解成 CO_2 和 NH_3，蒸出、分解及气化所需的热量由 2.45MPa 蒸汽提供。汽提塔出气在高压冷凝器内生成甲铵冷凝液，冷凝反应所放出的热量副产低压蒸汽，供低压分解、尿液蒸发使用。汽提塔出液减压后进入精馏塔，将残余甲铵和氨进一步加热分解并蒸出，然后经真空闪蒸，两段真空蒸发浓缩至 99.7% 的尿液送造粒塔造粒。CO_2 汽提工艺流程见图 7-17。

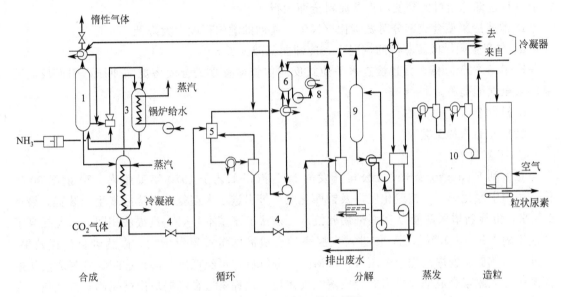

图 7-17 CO_2 汽提工艺流程图

1—合成塔；2—汽提塔；3—冷凝器；4—膨胀阀；5—精馏塔；6—分离器；7—氨基甲酸铵泵；
8—冷凝器；9—解吸塔-水解系统；10—熔融尿素泵

② 主要特点

a. 流程简单。由于合成工段汽提效率很高，降低了下游工序的复杂程度。CO_2 汽提工艺是目前唯一工业化的只有单一低压回收工序的尿素生产工艺，因为流程简单，所以带来许多好处，如操作方便、投资省、可靠性强、运转率高、维修费用低等。

b. 高压圈工艺在优化指标下运行。合成压力采用最低平衡压力 13.6MPa、氨/碳比采用最低共沸组成时的氨/碳比（2.95）、温度为 180～183℃、合成转化率 57%。冷凝温度为 167℃，汽提温度约 190℃，汽提效率在 80% 以上。这些参数都比较温和，因而采用 316L 或 25-22-2CrNiMo 材料即可达到材质耐强腐蚀性的要求，设备制造和维修都比较方便。

c. 电耗低。因为 CO_2 汽提工艺操作压力比其他汽提工艺都低，因而高压氨泵、高压甲铵泵的功耗也低。另外，由于汽提效率高且没有中压回收工段，没有单独的液氨需循环回收，甲铵液的循环量也少，因而进一步降低了循环氨、甲铵所必需的功耗。

③ 技术进展 Stamicarbon 公司一直致力于减少工艺的设备台数，降低尿素生产工艺框架高度。20 世纪 90 年代的重大改进是优化合成塔设计，采用池式冷凝器和池式反应器，从而在 1996 年推出了 2000™ 工艺，其优点如下。

a. 高压合成段的设备数由 4 台减少至两台。

b. 总体高度由 52m 降低至 26m。

c. 因设备集成，昂贵的高压连接管线及喷嘴大大减少，相应地减少了泄漏和堵塞的概率。

d. 在立式合成塔顶部，由于大量气体滞留，在合成塔的液面上存在着逆效应，但这种现象在该水平装置中则完全避免，从而为合成部分简便的全自动控制铺平了道路。该逆效应在高框架布置中很严重，在中度框架布置中仍有一定程度的存在。迄今为止，除非采用先进的控制，合成段压力以及合成塔的液位都是手动控制的。

e. 由于反应器水平布置，克服了开车时由分批进料向连续生产转换的困难。该工厂用水启动后逐渐稳定过渡到使用正常原料全面运行。

f. 池式冷凝使合成部分对氨碳比（N/C）波动的敏感程度大大降低。

g. 在产生同样低压蒸汽的情况下，冷却面积减少了50％。

h. 由于框架降低，并且检查水平池式反应器较检查立式合成塔更加便捷，因而反应装置的安全性能提高。

i. 投资节省10％左右。

（2）NH_3汽提工艺

① 工艺简述。

意大利 Snamprogetti 设计公司开发的 NH_3 汽提工艺于 1970 年工业化。20 世纪 80 年代，中国中原化肥厂、涪陵化肥厂及锦西化肥厂等引进了大型氨汽提法尿素生产装置。最近 5 年来，世界新增尿素能力 70％采用此技术。该法工序基本与 CO_2 汽提法相同，只是提高了合成塔的 NH_3/CO_2 摩尔比，使进入汽提塔的合成液中游离氨量增大，以达到自汽提效果。另外，出汽提塔的尿液先经中压（1.77MPa）分解后，再经低压分解。过剩氨冷凝成液氨返回系统。从尿素合成塔顶排出的合成液及气体进入汽提塔，在汽提塔内被壳侧蒸汽加热，底部排出液送中压分解，顶部排出气与中压循环来的高压甲铵液一起进入甲铵冷凝器，壳侧副产蒸汽，冷凝液及未被冷凝物送至分离器分离，冷凝液随液氨经喷射泵带入合成塔，气体送至中压分解作为中压汽提气。NH_3汽提工艺流程见图 7-18。

② 主要特点。

a. 合成塔进料 NH_3/CO_2 摩尔比较高，CO_2 转化率较高，从而可减少高压回路以后的循

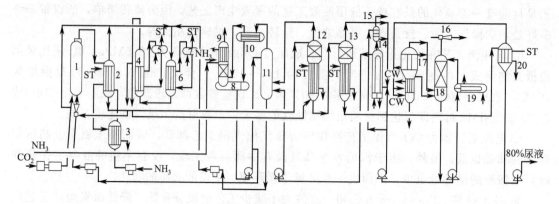

图 7-18 NH_3 汽提法工艺流程图

1—尿素合成塔；2—汽提塔；3—氨加热塔；4、6—第一、第二甲铵冷凝器；5、7—副产蒸汽汽包；
8—液氨贮槽；9—氨冷凝吸收器；10—氨冷凝器；11—碳铵液吸收塔；12—中压分解塔；
13—低压分解塔；14—低压冷凝器；15—精馏段；16—真空喷射泵；17—真空冷凝器；
18—低压吸收塔；19—冷却塔；20—真空分解分离器；ST—蒸汽；CW—冷却水

环回收负荷。

b. 由于合成系统 NH_3/CO_2 摩尔比较高（3.3～3.6）和设备选材恰当（如汽提塔采用衬铝材料），大大减轻了设备的腐蚀问题，操作条件要求不苛刻，开车无需专门钝化高压系统设备。另外，即使事故停车，可以封塔几天而无需排放。一般封塔三天再开车后尿素产品仍为白色，这样将减少 NH_3 及 CO_2 的损失，并可快速开车，大大提高了装置的运转率。

c. 中、低压分解加压塔均为降膜式，操作过程持液量少，即使停车排放，NH_3 和 CO_2 的损失量也少。

d. 由于采用了甲铵喷射泵，所有高压设备均可布置在地面上，无需高层框架，可节约投资，大大加快建设进度，施工、安装、操作和维修均安全方便。

e. 由于有中压分解段，增加了操作的灵活性和弹性，还可以通过改变汽提效率和高压甲铵冷凝器的副产蒸汽量来调节整个装置的蒸汽平衡，使之在最佳的条件下操作。但由于有中压分解系统，也增加了约 10 台设备。

f. 工艺冷凝液经水解解吸处理后，尿素和氨的含量均可小于 $1mg/L$，不但彻底消除了污染，减少了氨和尿素的损失，而且处理后的冷凝液还可作为锅炉给水。造粒改用转鼓造粒技术，克服了喷淋造粒尿素硬度小、粒径小、易结块且从塔顶排放的氨和尿素粉尘污染环境的缺点。

③ 技术改进。

a. 低压放空氨回收。增加吸收塔回收低压系统放空的氨，可降低尿素装置氨耗，预计每年可回收氨 300～500t。

b. 汽提塔换热管以衬锆双金属不锈钢材质代替钛材，可有效地防止冲刷腐蚀。

c. 放空管线及放空烟囱由不锈钢材质代替目前设计的碳钢材料。

d. 柱式高压氨泵以脱盐水代替密封油，每年可节约油 $2 \times 10^4 L$。

e. 采用转鼓造粒技术，可增强成品的硬度，使颗粒增大，不易结块。

（3）ACES 工艺

① 工艺简述。ACES（Advanced：Process for Cost and Energy Saving）工艺是日本东洋工程公司（TEC）开发的节能型尿素生产工艺，它将 CO_2 汽提工艺的高汽提效率与全循环工艺的高的单程转化率有机地结合起来。合成塔内氨碳比高达 4.0，可基本上忽略腐蚀问题。在 190℃ 与 17.1MPa 的操作条件下，合成转化率达到 68%，大大减少了汽提塔用于分解和分离未反应物所需的中压蒸汽量，使其成为当今工业化尿素工艺中能耗最低的工艺。其设备选材也有独到之处，主要有高、中压设备都采用 TEC 参与开发的双相不锈钢（DP-3），能很好地解决设备的腐蚀问题。其缺点是高压圈内设备台数较多，操作、控制比较复杂，高压圈内物料循环靠设备的位差来实现，工艺框架较高，增加了一次性土建费用，设备的操作、维修也不方便。20 世纪 90 年代中国先后引进了三套 ACES 装置在渭河化肥厂、四川化肥厂和齐鲁石化公司第二化肥厂。

ACES 工艺流程见图 7-19，来自合成塔的合成液进入 CO_2 汽提塔，汽提气分别进入第一、第二甲铵冷凝器。第一甲铵冷凝器用于汽提后尿素液的加热；第二甲铵冷凝器副产蒸汽。来自中压循环的高压甲铵液分别进入第一甲铵冷凝器和高压洗涤器。合成塔顶排气在高压洗涤器内经甲铵液洗涤后去中压系统。高压洗涤器底部排液进入第二甲铵冷凝器。

② 主要特点。

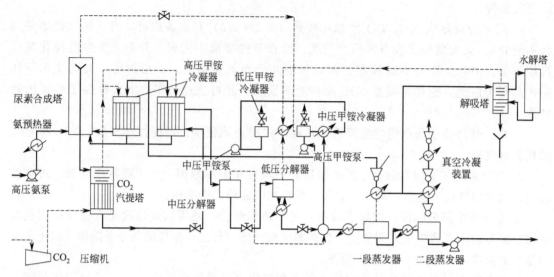

图 7-19　ACES 法工艺流程图

a. 能耗低。合成塔的操作条件最优化，汽提塔内结构特殊设计以及分解、分离所需的热量不需外部供应，这些促成了 ACES 工艺能耗最低。

b. 转化率高。该法 NH_3/CO_2 摩尔比高，因而 CO_2 转化率也高。

c. 开工率高。ACES 法在腐蚀性强的地方采用双相不锈钢，各种设备很少被腐蚀，工厂可以连续运转。

d. 采用专利的特殊汽提塔，具有高效的 CO_2 汽提设施。

（4）IDR 工艺

① 工艺简述。意大利 Montedison 公司开发的等压双汽提流程简称 IDR 法。该法采用两个串联的汽提塔分解合成未转化的甲铵。第一汽提塔采用预热氨汽提，出口溶液进入第二汽提塔。第二气提塔用原料 CO_2 汽提，进一步分解甲铵及蒸出游离氨。该法主要用于老厂改造，例如泸州天然气化工厂即将原 500t/d 水溶液全循环法改造为 700t/d 的 IDR 法，效果良好。IDR 工艺流程见图 7-20。

② 主要特点。

a. 合成系统压力温度较高，NH_3/CO_2 摩尔比也较高，可使 CO_2 的转化率高达 70% 以上。合成塔分为上下两段，在下段的下部加入部分新鲜氨提高 NH_3/CO_2 摩尔比，进一步提高转化率。由于转化率高，可降低循环冷却水、电、水蒸气的消耗量及分解回收部分的负荷。

b. 汽提塔为两台，第一汽提塔以氨为汽提剂，部分未转化为尿素的甲铵被分解，并以气相形式返回合成塔。第二汽提塔以 CO_2 为汽提剂，使大部分过剩氨蒸出，因此第二汽提塔出液中的 NH_3 和 CO_2 含量均较低。

c. 高压甲铵冷凝器为卧式，具有列管与管段间不存在应力腐蚀的优点。高压甲铵冷凝器为两台，第一甲铵冷凝器副产 7MPa（绝）的低压蒸汽，第二甲铵冷凝器副产少量 4MPa（绝）的低压蒸汽。此蒸汽用于中压分解，一、二段蒸发，解吸等部分。由于副产蒸汽压力较高，可提高各加压设备的传热温差，从而减少各加热设备的传热面积，节省投资。另外在高压甲铵冷凝器内部设置了甲铵喷射泵，加大甲铵在冷凝器内部的循环量，提高了传热效果。

d. 为达到设备的防腐，加入少量的空气，空气的加入量约为 CO_2 汽提工艺的 1/4。防腐空气由空气压缩机压至合成压力，分别加至 CO_2 气体管线及液氨管线。此外，还在合成塔至 NH_3 汽提塔、NH_3 汽提塔至 CO_2 汽提塔及甲铵分离器至合成塔的管线上加入少量液体钝化剂，以保证设备的液相部分形成良好的钝化膜。由于较好地解决了设备的防腐问题，工厂可在 40% 的设计负荷下运行。

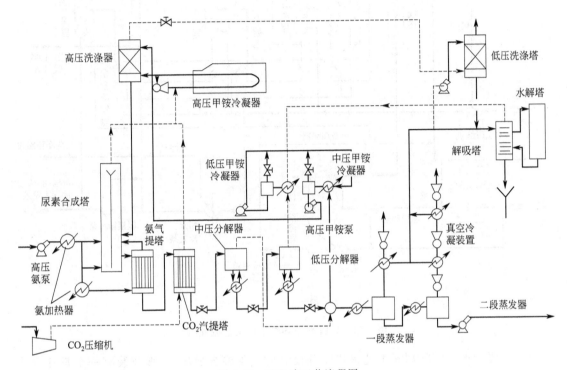

图 7-20 IDR 法工艺流程图

（5）UTI 热循环法

① 工艺简述。美国 UTI 公司开发了热循环尿素工艺，成功地建设了 14 套装置（有新建厂，也有对全循环工艺的老厂进行节能增产改造）。热循环尿素工艺具有低成本、低能耗、合成系统简单且无需特殊结构材料的高压设备、腐蚀轻微、年运转率高、产品质量好和无污染等特点。装置最大规模为 2000t/d。该工艺较适合于传统的全循环工艺的老厂节能增产改造，投资回收期较短，中国尚未引进。此法高压部分只有一个合成塔，并未组成高压圈。其合成转化率较高，热利用较好。全量 60% 的 CO_2、全量 70% 的液氨和返回的高压甲铵液送至合成塔顶部的分配器，将三物料均匀分配，然后送至两组（每组六根）呈十字交叉的"弓"形弯管中，弯管末端在合成塔下部另设一种罩式分布器，物料经管外上流从塔顶排出，减压到 2.06MPa，经分配器送至第一换热器，再经第一分解器（蒸汽加热）入第一分离器。从第一分离器中分离出的气体在第一换热器管外与二段来的稀甲铵液以及少于全量 40% 的 CO_2 化合生成甲铵液，反应生成的热量被换热器中管内的尿素移走。由第一分离器分离下来的液体在第二换热器管内与管外的物质（由第一换热器来的物料和另一小部分 CO_2 反应生成的化合物）进行热交换，然后送至第二分离器。分离后气体送至二段冷凝器。由第二分离器下来的液体进入第三换热器管内，与管外的由第二换热器来的物料以及另一小部分 CO_2，

反应所生成的甲铵液再进行换热，然后进入浓缩分离器。经浓缩分离器分离出的气体送至真空冷凝器，而此时浓度为86％的尿液则送去进一步浓缩。第三换热器管外的浓甲铵液进一步换热后加热送至合成塔。UTI热循环法工艺流程见图7-21。

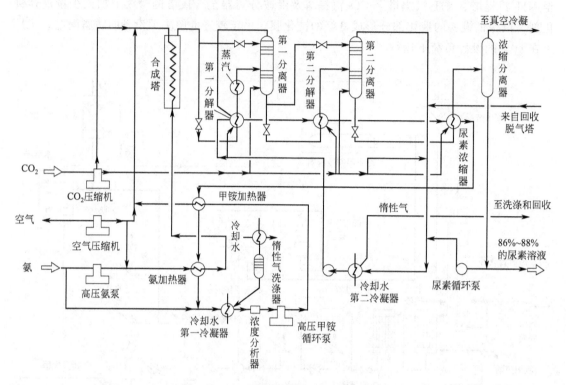

图 7-21 UTI热循环法生产工艺流程图

② 主要特点。UTI尿素工艺采用特殊设计的"等温合成塔"，该塔装有一个贯穿合成塔、且内部开口的原料盘管，循环返回的甲铵及约60％的原料CO₂从合成塔顶的盘管送入，沿盘管向下流动，反应生成甲铵，然后沿盘管外表面向上流动，管内生成甲铵的反应热经盘管传递，以促进甲铵脱水生成尿素。

二、硝酸

1. 硝酸的用途

硝酸是三种主要的无机酸之一，大部分用于生产硝铵和硝酸磷肥，也可用于制造三硝基甲苯（TNT，炸药）以及精制核原料钍。硝酸是重要的有机合成原料，可制备硝基化合物及系列衍生产物，它还用于生产各种硝酸盐和金属酸洗。

2. 硝酸性质与质量指标

（1）硝酸的性质　硝酸的化学式为 HNO_3，相对分子质量63.013，在室温下可分解产生 NO_2 溶并溶于硝酸中而呈黄色，在其冰点−41℃下呈白色晶体。

硝酸不仅是强酸，而且是强氧化剂，浓硝酸几乎可以氧化所有金属以及一些非金属。随其水含量增加，氧化性能减弱。3体积浓盐酸和1体积浓硝酸混合可形成化学性能特别强，可溶解所有金属的"王水"。

硝酸会对人体皮肤产生严重的灼伤，溅入眼中危险。硝酸蒸气在低浓度时会刺激呼吸道黏膜造成咳嗽，高浓度时导致头痛、胸闷，严重时出现肺气肿。因此，中国规定工作场所中

NO_2浓度不得超过 $0.085mg/m^3$ 当硝酸灼伤皮肤时，应以大量水或小苏打水清洗，并送医院。

(2) 硝酸的质量指标　中国浓硝酸的国家标准见表 7-22。

表 7-22　浓硝酸国家标准（GB 337—84）

指　标	HNO_3 含量/%	HNCH 含量/%	H_2SO_4 含量/%	灼烧残渣/%
一级品	≥98.2	≤0.15	≤0.08	≤0.02
二级品	≥97.2	≤0.20	≤0.10	≤0.04

注：硫酸含量的控制，仅限于硫酸浓缩法制得的浓硝酸。

3. 硝酸生产工艺

目前工业上生产硝酸均以氨催化氧化再以水吸收制得。

(1) 化学反应

$$4NH_3 + 5O_2 \Longrightarrow 4NO + 6H_2O \quad \Delta H = -904kJ \tag{7-24}$$

$$2NO + O_2 \Longrightarrow 2NO_2 \quad \Delta H = -180.6kJ \tag{7-25}$$

$$3NO_2 + H_2O \Longrightarrow 2HNO_3 + NO \quad \Delta H = -135.6kJ \tag{7-26}$$

总反应式为：

$$NH_3 + 2O_2 \Longrightarrow HNO_3 + H_2O \tag{7-27}$$

氨氧化反应需使用铂催化剂，并在高温下进行。

(2) 稀硝酸的生产　稀硝酸的生产有中压法、高压法、综合法及双加压法等工艺。中国于 20 世纪 60 年代建有生产能力为 270t/d 的中压法装置，1979 年又建成了双加压法稀硝酸装置，规模为 900t/d。双加压法生产稀硝酸的工艺流程见图 7-22，主要特点是氨氧化和吸收均在一定压力下进行。这些生产工艺的一些工艺参数见表 7-23。

表 7-23　稀硝酸生产的工艺参数

工　艺	温度/℃	氧化压力/kPa	催化剂	产品浓度/%	尾气 NO_x/(mL/m³)
中压法	850	460	8 层铂网	56	<200
综合法	780	常压	Pt-Rh-Pd 合金网	49	—
双加压法	870	525	5 层 Pt-Rh 网	60	150~170
高压法	920	710~1220	20 层铂网	60	—

(3) 浓硝酸的生产　生产浓硝酸既可采用将稀硝酸提浓的间接法，也可用 N_2O_4 直接氧化水化得浓硝酸。采用直接蒸馏的方法无法得到浓硝酸，因为 68.4% 的硝酸为恒沸混合物。目前工业上使用的方法是以浓硫酸或硝酸镁为脱水剂，可以获得浓度在 97% 以上的浓硝酸。直接合成法的关键是将 NO_2 化为 N_2O_4，通常系在低温下以稀硝酸吸收 NO_2 成为发烟硝酸，再转化为 N_2O_4，然后在高压釜内将 N_2O_4 液体与水按 1:1 摩尔比混合，通入纯氧，生成浓度为 98% 的硝酸。

还有一种方法是共沸蒸馏法，以 68.4% 的共沸酸吸收 NO_2 生成 73%~74% 的超共沸酸，在精馏塔内蒸馏，塔顶得 98% 浓硝酸，塔底为共沸酸循环使用。

(4) 硝酸尾气排放标准及其治理　硝酸生产装置排出的尾气含有一定量的氮氧化物（NO_x），中国国标 GB 16297—1996 规定了限定的 NO_x 的排放指标，见表 7-24。

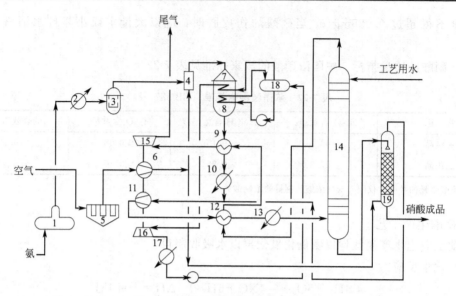

图 7-22　双加压法生产稀硝酸流程图

1—氨蒸发器；2—氨过热器；3—氨过滤器；4—混合器；5—空气过滤器；6—空气压缩机；7—氧化炉；8—废热锅炉；

9—尾气加热器；10—冷却冷凝器；11—NO$_x$压缩机；12—尾气加热器；13—冷却冷凝器；14—吸收塔；

15—尾气膨胀透平；16—蒸汽透平；17—蒸汽透平冷凝器；18—蒸汽包；19—漂白塔

表 7-24　中国 NO$_x$ 排放限值（GB 16297—1996）

最高允许排放浓度 /(mg/m³)	排气筒高度 /m	最高允许排放速率/(kg/h)			监控浓度限值 /(mg/m³)
		一级	二级	三级	
1700 (1400)①	15	0.47	0.91(0.77)	1.4(1.2)	0.15(0.12)
	20	0.77	1.5(1.3)	2.3(2.0)	
	30	2.6	5.1(4.4)	7.7(6.6)	
	40	4.6	8.9(7.5)	14(11)	
	50	7.0	14(12)	21(18)	
	60	9.9	19(16)	29(25)	
	70	14	27(23)	41(35)	
	80	19	37(31)	56(47)	
	90	24	47(40)	72(61)	
	100	31	61(52)	92(78)	

① 表中括弧内为新建硝酸装置的限值。

　　从表 7-24 可见，国家对硝酸装置尾气的 NO$_x$ 排放实行了排放总量和排放浓度的双重控制，对新建装置的标准较之现有装置更为严格，且不能建于一级地区。目前工业上治理 NO$_x$ 的主要方法有催化还原法及溶液吸收法；前者以 CH$_4$ 或 NH$_3$ 为还原剂，催化剂为 Pd、Pt 或 V$_2$O$_5$ 催化剂，后者则以碱液为吸收剂。

【思考题】

1. 合成氨的典型用途有哪些？

2. 简述新疆地区的尿素工业发展状况。

3. 实验室中硝酸有哪些用途。

[拓展与提高]　　**合成气的利用**

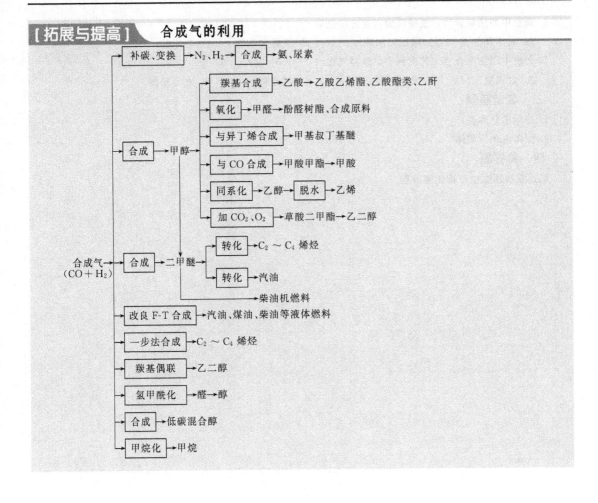

习　　题

一、填空题

1. 氨合成时，保持氢氮比等于_____，平衡氨含量最大。

2. 通过变换反应，不但可除去 CO，同时还可制得等体积的_____。

3. 铁铬系催化剂还原前的主要成分是_____。

二、选择题

1. 下列关于氨的性质的叙述中，错误的是（　　　）。

　　A. 氨易溶于水　　　　　　　　B. 氨气可在空气中燃烧生成氮气和水

　　C. 液氨易汽化　　　　　　　　D. 氨气与氯化氢气体相遇，可生成白烟

2. 变换时，增加（　　　）的用量，可提高 CO 变换率。

　　A. CO_2　　　　　　B. H_2O（g）　　　　　　C. H_2S　　　　　　D. CH_4

3. 在气体组成和催化剂一定的情况下，对应最大（　　　）时的温度称为该条件下的最适宜温度。

　　A. 流量　　　　　　B. 压力　　　　　　C. 反应时间　　　　　　D. 反应速率

4. （　　　）在催化剂表面上的活性吸附是合成氨过程的控制步骤。

　　A. H_2　　　　　　B. N_2　　　　　　C. NH_3　　　　　　D. CH_4

5. 变换反应是（　　　）反应。

　　A. 可逆吸热　　　　B. 可逆放热　　　　C. 体积减少　　　　D. 非催化

6. 低温甲醇法脱碳时,脱碳液的再生方法是(　　)。

　　A. 减压和气提　　B. 减压和加热　　　　C. 气提和加热　　D. 都不是

7. 传统中压法氨合成工艺流程中,新鲜气在(　　)中加入。

　　A. 合成塔　　　　B. 油分离器　　　　　C. 氨分离器　　　D. 水冷却器

三、名词解释

1. 冷凝法分离氨

2. 固体催化剂载体

四、简答题

简述双加压法生产稀硝酸流程。

项目八 天然气为主要原料的其他产品

【学习任务】

1. 准备资料：天然气为主要原料的其他产品的用途。
2. 主题报告：天然气产品的供需情况及国内外生产情况。
3. DCS操作生产流程图。

【情境设计】

1. 在实训室里设置活动现场，使用电子图书、网络资源，了解二甲醚发展过程、生产特点、生产现状。
2. 在实训室里设置活动现场，使用电子图书、网络资源，了解羰基合成产品发展过程、生产特点、生产现状。
3. 在实训室里设置活动现场，使用电子图书、网络资源，了解甲烷氯化物发展过程、生产特点、生产现状。

【效果评价】

1. 在教师引导下分组讨论、演讲，每位学生提交任务报告单。
2. 教师根据学生研讨及任务报告单的完成情况评定成绩。

学习情境一 天然气制二甲醚

一、二甲醚的用途及发展动向

1. 二甲醚的现实用途

二甲醚（DME）是一种最简单的脂肪醚，目前消费量不大，中国2011年产能合计约1100万吨。它可作优良的萃取剂，作为原料或中间体可用于合成若干化工产品，在制药、染料、农药等工业中可作为杀虫剂、喷漆、涂膜和抛光剂、防锈剂等，高浓度的二甲醚可作为麻醉剂，还可作氟里昂的代用品，在定型发胶、摩丝、空气清新剂中作为喷气推进剂。

2. 二甲醚的潜在用途

由于二甲醚优良的燃烧性能和环保优势，其最大的潜在市场是替代柴油用作清洁的汽车燃料和替代液化气作民用燃料。

（1）二甲醚代替柴油 发达国家要求柴油硫含量小于0.05%，甚至小于0.005%，十六烷值则要大于51，甚至大于53。中国不少柴油的十六烷值仅有40，优质柴油的硫含量还是0.2%，差距颇大。经测试，二甲醚可用于压缩点火而替代柴油的清洁燃料，它不含硫、氮、芳烃及重金属，十六烷值在55以上。国内外已经并仍在对其性能进行广泛研究，表8-1为其燃烧性质与柴油的对比。

表 8-1　二甲醚与柴油的燃烧性质

指标	十六烷值	点火温度/℃	低温热值/(MJ/kg)	理论空气量/(kg/kg)	空气中可燃范围/%
二甲醚	55～60	235	28.4	9	3.4～18
柴油	40～55	250	42.5	14.6	0.6～6.5

二甲醚自身含氧故可燃烧完全，它产生的烟气量、CO、NO_2 及 SO_2 均显著低于柴油。西安交通大学已研制出以 DME 为燃料的汽车（现已行驶 2000 余公里），其行车结果表明，DME 发动机有高的比功率（比柴油机高 10%～15%），高热效率（比柴油机高 2%～3%），低噪声（比柴油机低 10～15dBA）和超低排放（能实现无烟燃烧，NO_x、CO、SO_2 分别为柴油机的 30%、40%、50%），所排放尾气无需用催化转化处理就能满足较为严格的美国加利福尼亚有关汽车超低排放尾气的标准，因而以 DME 代替柴油作汽车燃料具有明显的环保优势。

（2）二甲醚代替液化石油气　二甲醚也可代替液化石油气作民用燃料，表 8-2 给出了两者的燃烧性能对比。

表 8-2　二甲醚与 LPG 的燃烧性质

指标	蒸气压(60℃)/MPa	平均热值/(MJ/kg)	预混气热值/(MJ/m³)	理论燃烧温度/℃	爆炸下限/%
二甲醚	1.35	31.45[①]	4.219	2250	3.4
LPG	1.92	45.76	3.909	2055	1.7

①高位热值。

总的说来，二甲醚热值较低，但无污染，热效率较高且安全性也较好。

二、二甲醚的性质与质量指标

1. 二甲醚的性质

二甲醚，又名甲醚，是一种无色气体，有令人愉快的气味，燃烧时火焰略有光亮，分子式为 CH_3OCH_3。二甲醚可与大多数有机溶剂混溶，与水也能部分混溶；室温下蒸气压与 LPG 相似，易冷凝易汽化；毒性试验表明，二甲醚不致癌，也不会致变或畸形。表 8-3 为其主要物理性质。

表 8-3　二甲醚的物理性质

性　质	数　值	性　质	数　值
沸点/℃	−25.1	液相密度/[g/cm³(20℃)]	0.67
熔点/℃	−141.5	蒸发潜热/(kJ/kg)	467.7
闪点/℃(开杯法)	−41.4	饱和蒸气压(25℃)/kPa	618

2. 二甲醚的质量指标

中国尚无二甲醚产品国家标准，作为气雾剂使用时其质量指标为：二甲醚大于 99.9%，甲醇小于 $10mL/m^3$，轻组分（H_2、CO、C_1～C_5）不大于 0.1%，水小于 50×10^{-6}，蒸发残留物小于 $10mL/m^3$。二甲醚用作柴油或 LPG 的代用品，应另有质量指标。

三、二甲醚的生产工艺

目前工业上生产二甲醚均以甲醇为原料脱水，但由合成气一步法生产二甲醚在国外进行许多工作，已具备工业化的技术条件。

1. 天然气经合成气一步法制二甲醚工艺原理及流程

合成气一步法制 DME 工艺近年来已成为国内外研究的热点，该工艺采用双功能催化剂，使得甲醇合成和甲醇脱水在同一催化剂上进行，打破了甲醇合成的热力学限制，达到较高的单程转化率，且与甲醇脱水工艺相比可省去中间步骤，从而大大降低了生产成本。合成气一步法制 DME 的反应属强放热反应，其主要反应式如下：

$$2CO+4H_2 \longrightarrow CH_3OCH_3+H_2O \qquad \Delta H=-49.0kJ \qquad (8\text{-}1)$$

$$3CO+3H_2 \longrightarrow CH_3OCH_3+CO_2 \qquad \Delta H=-58.8kJ \qquad (8\text{-}2)$$

此外，还可能发生 CO 变换反应。

催化剂和反应器为该工艺的关键技术，国内外的研究者对此做了许多研究，取得了较大进展，目前日本钢管公司（NKK）、美国空气产品和化学品公司以及丹麦 Topsoe 公司的合成气一步法制 DME 工艺技术较为成熟，NKK 和 Topsoe 分别建有 5t/d 和 2t/d 试验装置。其中 NKK、美国空气产品和化学品公司采用浆液床合成工艺，Topsoe 公司采用固定床合成工艺。

NKK 工艺流程框图见图 8-1。工艺过程包括合成气制备、DME 合成、DME 分离与精制工序。

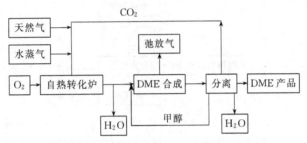

图 8-1　NKK 工艺流程图

NKK 工艺的反应压力为 3~7MPa，温度 250~270℃，反应过程中生成的甲醇经分离后再返回反应器，其单程转化率为 55%~60%。

在美国能源部的资助下，作为洁净煤和替代燃料技术开发计划的一部分，美国空气产品和化学品公司开发成功了浆液法合成二甲醚新工艺（LPDME™）。该工艺与浆液法合成甲醇（LPDME）工艺是一对姊妹工艺，其工艺流程见图 8-2。

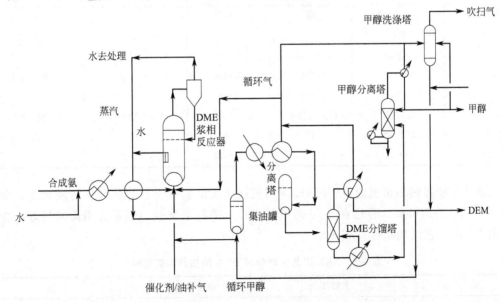

图 8-2　Air Products 浆液法二甲醚合成（LPDME™）工艺流程图

Topsoe 的合成气一步制二甲醚新工艺是专门针对天然气原料开发的一项新技术，图 8-3 为其工艺流程框图。采用内置级间冷却的多级绝热球形反应器以获得高的 CO 和 CO_2 转化率。催化剂也是双功能催化剂，并混有水气变换催化剂。所用 DME 合成催化剂的稳定性高于一般的甲醇合成催化剂 MK-101。单套产能可达到 10000t（甲醇）/d，约相当于 7200t（DME）/d。操作条件为 4.2MPa 和 240～290℃。

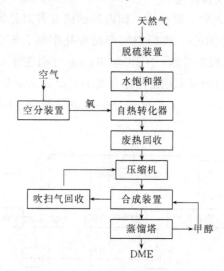

图 8-3　Topsoe 一步法二甲醚新工艺流程图

1995 年，Topsoe 在丹麦哥本哈根建了一套 50kg/d 的中试装置，测试了工艺性能。中国科学院大连化学物理研究所及太原煤炭化学研究所也开展了合成气一步法制二甲醚的实验室研究工作。以上几种工艺的主要情况见表 8-4。

表 8-4　DME 合成工艺的对比

项　目	NKK	AirProduct& ChemicalsInc.	Topsoe	大连化学物理研究所	太原煤炭化学研究所
造气原料	天然气/煤	煤	天然气	—	—
H_2/CO 比	1.0	0.7	2	2	2
合成强度	250～280	250～280	25～290	245	270
反应器	浆液床	浆液床	固定床	固定床	浆液床
合成压力/MPa	3～7	5～10	4～8	5	5
主反应	反应式(8-2)	反应式(8-1)	反应式(8-1)	反应式(8-1)	反应式(8-1)
单程转化率/%	55～60	33	18	91	65
DME 选择性	>99.5	30～80	60～70	79	75

就表 8-4 所提供的情况而言，NKK 采用浆液床反应器具有良好的传热传质效果，单程转化率及选择性均较高，并已在 5t/d 的中试装置上进行了试验，工业应用前景较好。初步估算的 NKK 工艺消耗指标见表 8-5。

表 8-5　NKK 工艺生产每吨 DME 的估算消耗指标

项　目	天然气/m^3	催化剂/kg	水/m^3
消耗量	1240.91	0.27	8.64

2. 甲醇催化脱水法制二甲醚

（1）工艺原理及流程　甲醇脱水生成二甲醚的反应为：

$$2CH_3OH \longrightarrow (CH_3)_2O + H_2O \tag{8-3}$$

固定床甲醇催化脱水生产 DME 工艺较简单，投资低，原料易得，是目前工业化的 DME 生产技术，但是与正在开发中的合成气一步法相比成本要高，并且生产还受甲醇价格波动的严重影响。

典型的工艺流程见图 8-4，原料甲醇与循环甲醇混合后加热进入固定床反应器。典型的操作温度为 290～400℃，甲醇单程转化率约 80%。由于水对反应有抑制作用，循环甲醇中的水含量应控制在最低值。

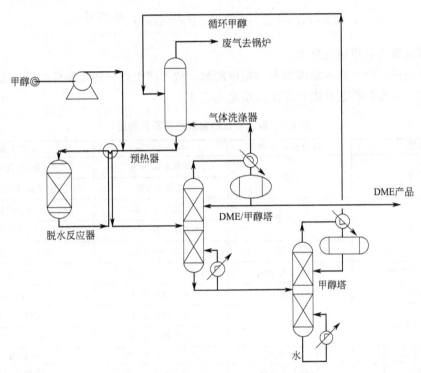

图 8-4　甲醇脱水生产二甲醚工艺流程图

（2）催化剂　甲醇脱水生产二甲醚所用的催化剂主要有氧化铝、结晶硫酸铝、ZSM-5 型分子筛等。随反应条件催化剂组成的不同而有所不同。

（3）消耗指标　表 8-6 是 2000t/a 甲醇脱水制二甲醚装置的消耗指标。

表 8-6　甲醇脱水制二甲醚消耗指标

项　　目	规　格	单　位	消耗量
甲醇	工业合格品	t/t	1.64
催化剂	—	kg/t	0.85
蒸汽	0.6MPa	t/t	3.2
电	380V	kW·h/t	333
循环水	32～38℃	t/t	384
冷冻水	9～12℃	t/t	17.9

【思考题】

1. 二甲醚产品用途。

2. 叙述 Air Products 浆液法二甲醚合成（LPDME™）工艺流程。

学习情境二　羰基合成产品

一、羰基合成产品

羰基合成（OXO synthesis）系指烯烃与 CO 及 H_2 反应生成较原料烯烃多一个碳的醛类，其通式如下：

$$\text{RCH}{=}\text{CH}_2 + \text{CO} + \text{H}_2 \longrightarrow \text{RCH}_2\text{CH}_2\text{CHO} + \begin{array}{c} \text{RCHCH}_3 \\ | \\ \text{CHO} \end{array} \tag{8-4}$$

此反应也称为氢甲酰化反应。

由于反应所获得的醛常继续加氢为相应的醇，故习惯上也将烯烃经醛到醇的整个过程称为羰基合成。典型的羰基合成产品及其用途见表 8-7。

表 8-7　羰基合成的典型产品及其用途

烯烃	羰基合成产物	后加工产品	主要用途
乙烯	丙醛	加氢制正丙醇	溶剂、医药
		氧化制丙酸	医药、除草剂、防霉剂、防腐剂
丙烯	正丁醛	加氢制正丁醇	溶剂、增塑剂
		缩合加氢制异辛醇	增塑剂、合成润滑油
	异丁醛	加氢制异丁醇	溶剂、化工原料
$C_6 \sim C_8$ 混合烯	$C_7 \sim C_9$ 混合醛	加氢制 $C_7 \sim C_9$ 混合醇	增塑剂等
1-庚烯	异辛醛	加氢制异辛醇	增塑剂等
二聚异丁烯	异壬醛	加氢制异壬醇	润滑脂原料
		氧化制异壬酸	合成引发剂原料
C_{10} 以下低叠合烯	C_{11} 以下的醛	加氢制 C_{11} 以下醇	增塑剂等
C_{10} 以上蜡裂解烯	C_{11} 以上长链醛	加氢制 C_{11} 以上长链醇	洗涤剂原料

在表 8-7 所示产品中，以丙烯为原料所生产的正丁醇、异丁醇及异辛醇（常简称为丁、辛醇）居于首要地位，占羰基合成醇总产量的 75% 以上，故以下将其作为有代表性的羰基合成产品予以介绍。

二、丁、辛醇的用途与供需情况

正丁醇用于生产各种丁酯，如对苯二甲酸二丁酯（PBT）及醋酸丁酯等；它是醇酸树脂、合成橡胶、润滑油、染料及油墨的溶剂；它还在炼油工业作为脱蜡剂及作为汽车刹车油的稀释剂；此外也用于生产去锈剂、抗泡剂，在医药工业中作为抽提剂等。

异丁醇的应用与正丁醇相似但不如其广泛，主要用于醋酸丁酯，此外还用于制造石油添加剂、医药麻醉剂等。

异辛醇即 2-乙基己醇，其地位甚至比正丁醇更重要，主要用于生产异辛酯如邻苯二甲酸二辛酯及癸二酸 2-辛酯等，以及作为溶剂。

世界羰基合成醇总生产能力在 600×10^4 t/a 左右，其中异辛醇 242×10^4 t/a，正丁醇及

异丁醇为 209.5×10^4 t/a，2000 年丁、辛醇的生产能力已超过 500×10^4 t/a。

中国从国外引进了四套丁、辛醇装置，正丁醇生产能力 14×10^4 t/a，异辛醇 20×10^4 t/a。此外还有一些乙醛缩合法和发酵法生产正丁醇的装置，但均已停产。中国丁、辛醇的产量均不能满足国内需求，近几年来有大量进口，中国异辛醇的消费结构中，邻苯二甲酸二辛酯占 80%，对苯二甲酸二辛酯 5%，癸二酸二辛酯 2%，丙烯酸辛酯 1%，其他 12%。

三、丁、辛醇的性质及质量指标

正丁醇、异丁醇及异辛醇（2-乙基己醇）的主要性质见表 8-8。

表 8-8 丁、辛醇的主要性质

项 目	正丁醇	异丁醇	异辛醇
化学式	$CH_3CH_2CH_2CH_2OH$	$CH_3—CH—CH_2OH—CH_3$	$CH_3—(CH_2)_3CHC_2H_5CH_2OH$
相对分子质量	74.12	74.12	130.23
沸点/℃	117.7	107.9	184
熔点/℃	−90.2	−108	−70
相对密度(20℃)	0.8098	0.8034	0.834
折射率(20℃)	1.3992	1.3959	1.4316
闪点(开杯)/℃	46	40(闭)	81.1
自燃点/℃	365	440	
临界温度/℃	287	265	
临界压力/MPa	4.75	4.71	
空气中爆炸范围/%	1.45～11.25	1.68(下限)	

中国正丁醇及异辛醇国家标准的质量指标分别见表 8-9 及表 8-10。

表 8-9 中国正丁醇质量指标 （GB 9014—1988）

指 标	优等品	一等品	合格品
外 观		透明液体，无可见杂质	
密度(20℃)/(g/mL)		0.809～0.811	
色度(Pt-Co)/号	≤8	≤15	≤15
硫酸显色试验(Pt-Co)/号	≤20	≤30	≤50
沸程范围(包括 117.7℃)/℃	≤1.0	≤1.2	≤1.5
馏出体积/%	≥98	≥98	≥98
羰基化合物含量(以丁醛计)/%	≤0.1	≤0.2	≤0.3
酸度(以丁酸计)/%	≤0.005	≤0.005	≤0.01
水分/%	≤0.1	≤0.1	≤0.2
蒸发残渣/%	≤0.003	≤0.005	≤0.01

表 8-10 中国异辛醇质量指标 （GB/T-6818—1993）

指 标	优等品	一等品	合格品
2-乙基己醇含量/%	≥99.5	≥99.0	≥98.0
色度(Pt-Co)/号	≤10	≤10	≤15
密度(20℃)/(g/cm³)	0.831～0.833	0.831～0.834	0.831～0.834
酸度(以醋酸计)/%	≤0.01	≤0.01	≤0.02
羰基化合物含量(以 2-乙基己醛计)/%	≤0.05	≤0.10	≤0.20
硫酸显色试验(Pt-Co)/号	≤25	≤35	≤50
水分/%	≤0.10	≤0.20	≤0.20

四、丁、辛醇的生产工艺

羰基合成工艺已经历了高压法、中压法及低压法三个阶段，其基础是催化剂性能的进步。

1. 反应原理

以丙烯与合成气进行羰基合成生产丁、辛醇，有以下反应：

$$CH_3CH{=\!\!=}CH_2 + CO + H_2 \longrightarrow CH_3CH_2CH_2CHO \qquad \Delta H = -136.02kJ \qquad (8\text{-}5)$$

$$CH_3CH{=\!\!=}CH_2 + CO + H_2 \longrightarrow \begin{array}{c} CH_3 \\ | \\ CHCHO \\ | \\ CH_3 \end{array} \qquad \Delta H = -141.7kJ \qquad (8\text{-}6)$$

$$2CH_3CH_2CH_2CHO \longrightarrow \begin{array}{c} CH_3CH_2CH_2CH{=\!\!=}CCHO \\ | \\ CH_2CH_3 \end{array} + H_2O \qquad (8\text{-}7)$$

正丁醛、异丁醛及 2-乙基己烯醛经加氢可得正丁醇、异丁醇及 2-乙基己醇（异辛醇）。

2. 生产工艺

目前较为先进的羰基合成工艺有美国联碳公司等开发的 UCC/Davy 工艺及德国 Ruhr 公司等开发的 RCtt/RP 工艺。

UCC/Davy 工艺以双三苯基亚磷酸盐为配位体的铑膦络合物作催化剂，其稳定性好且沸点较高，故可保留在反应器内而不需催化剂回收循环系统，示意流程可见图 8-5。

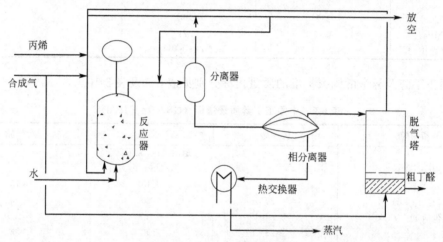

图 8-5　UCC/Davy 工艺流程图

RCtt/RP 工艺则采用两相催化体系，其催化剂为水溶性间三苯基膦三磺酸钠（TPPTS），是配位体的羰基氢铑络合物，工艺流程见图 8-6。

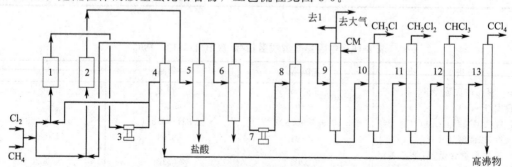

图 8-6　甲烷热氯化工艺流程示意图

1——一号反应器；2——二号反应器；3—压塑机；4—汽提塔；5—盐酸吸收塔；6—碱洗涤塔；7—压缩机；8—干燥塔；
9—甲烷氯化物吸收塔；10——氯甲烷精馏塔；11—二氯甲烷精馏塔；12—三氯甲烷精馏塔；13—四氯甲烷精馏塔

两种羰基合成工艺的主要工艺参数及产品中正丁醛与异丁醛的比例见表 8-11。

表 8-11 两种羰基合成工艺主要工艺参数

工 艺	合成气 H_2/CO 比	温度/℃	压力/MPa	丙烯转化率/%	产品正异比
UCC/Davy	1.07~1.09	110~130	1.5~2.0	91~93	10~13
RCtt/RP	0.99	90~110	5~7	95	19

从表 8-11 可见，RCtt/RP 工艺的压力高于 UCC/Davy 工艺，两者的产品正异比均高于 10，鉴于正丁醇的需求量远高于异丁醇，这是很有意义的。此外，值得注意的是，与合成油及合成甲醇所需的氢碳比为 2，不同羰基合成的合成气氢碳比应在 1 左右。

近期，UCC/Davy 的第四代羰基合成技术已实现工业化，其催化剂为铑-异 4,4 双亚磷酸盐（简称异-4,4），产品丁醛的正异比高达 30，且投资及操作费用低。

正丁醛缩合以 20%NaOH 为催化剂，0.304~1.01MPa，得 2-乙基己烯醛。丁醛或 2-乙基己烯醛可在 Ni 催化剂上加氢得正丁醇、异丁醇或异辛醇。

【思考题】

叙述 UCC/Davy 工艺流程。

学习情境三 甲烷氯化物

一、甲烷氯化物

甲烷氯化物包括一氯甲烷（即氯甲烷）、二氯甲烷、三氯甲烷（俗称氯仿）及四氯化碳 4 种物质，这是一类重要且用途广泛的氯代烃产品，主要用作溶剂及有机合成中间体。

1. 甲烷氯化物的用途

（1）氯甲烷 氯甲烷约有 80%用于生产甲基氯硅烷，它是一系列硅油、硅橡胶和硅树脂的中间体，这方面的应用在不断增长。

氯甲烷还用于生产甲基纤维素酯、季胺化合物和除草剂。纤维酯广泛用于建筑行业，并有一系列其他用途，其需求量也在增长。季胺化合物主要用于制造纺织品软化剂，以其改性的黏土用于钻井液可改善润滑性及黏度。除草剂主要是甲基砷酸盐，受环保限制将会逐步下降。

由于有机硅的应用将继续增长，氯甲烷的需求量仍将上升。

（2）二氯甲烷

二氯甲烷主要用作除漆剂、气雾喷射剂、起泡剂、清洗剂和溶剂，由于环保和职业保护问题，发达国家已对其在发泡剂和气雾剂中的应用加以限制，并正研究可取代它的溶剂，因此，二氯甲烷的需求将下降。

（3）氯仿 氯仿用于生产氟里昂 F-22 已受限制，但它是生产聚四氟乙烯的材料，这一用途仍有良好的发展前景，此外，以氯仿生产的 HCFC-22 被确定为 CFC-11、CFC-12 及 R-502 的过渡替代品，发达国家于 2003 年后开始限制，此外，氯仿还用于医药及作为溶剂。

（4）四氯化碳 四氯化碳原来主要用于生产 CFC-11 及 CFC-22，根据《蒙特利尔议定书》作为受控物质将停止使用，此外，它还用作溶剂、干洗剂和灭火剂。

2. 国外甲烷氯化物供需情况

1997 年度世界甲烷氯化物的总产量为 $233.3 \times 10^4 t$，其中氯甲烷 $112.7 \times 10^4 t$，二氯甲烷 $48 \times 10^4 t$，氯仿 $58.3 \times 10^4 t$，四氯化碳 $14.3 \times 10^4 t$。

美国、西欧及日本四种甲烷氯化物 1998 年度的生产能力见表 8-12，世界其余地区 4 种产品 1994 年度的生产能力分别为 15.5×10^4 t/a、5.1×10^4 t/a、2.8×10^4 t/a 及 25.0×10^4 t/a，合计 48.4×10^4 t/a。

表 8-12　美欧日甲烷氯化物 1998 年度生产能力

区　　域	氯甲烷/ $(10^4$ t/a)	二氯甲烷/ $(10^4$ t/a)	氯仿/ $(10^4$ t/a)	四氯化碳/ $(10^4$ t/a)	合计/ $(10^4$ t/a)
美国	34.7	23.1	20.4	5	83.2
西欧	41.7	34.6	27.3	2.6	106.2
日本	6.8	8.2	7.1	4.5	26.6
合计	83.2	65.9	54.8	12.1	216.0

从表 8-12 可见，20 世纪 90 年代以来，美国氯甲烷及氯仿消费量有所增长，二氯甲烷消费量大幅下降，而四氯化碳则几近消亡。

3. 中国甲烷氯化物供需情况

中国目前有甲烷氯化物生产装置 40 余套，总生产能力约 26×10^4 t/a，其中氯甲烷 4.8×10^4 t/a，二氯甲烷 4.38×10^4 t/a，氯仿 7.14×10^4 t/a，四氯化碳 4.7×10^4 t/a；自贡鸿鹤化工总厂 3×10^4 t/a 甲醇法甲烷氯化物装置最近已开始建设。

二、甲烷氯化物的性质与质量指标

1. 甲烷氯化物的性质

氯甲烷在常温常压下是无色、有乙醚味的气体；二氯甲烷为无色透明液体，具刺激性香味，是唯一的不燃性低沸点溶剂；氯仿为无色透明液体，有类似醚的宜人气味；四氯化碳是无色透明的易挥发液体，具特别的但无刺激性香味，它们的主要性质见表 8-13。

表 8-13　甲烷氯化物的主要性质

性　　质	氯甲烷	二氯甲烷	氯仿	四氯化碳
化学式	CH_3Cl	CH_2Cl_2	$CHCl_3$	CCl_4
相对分子质量	50.49	84.93	119.38	153.82
沸点/℃	−23.73	40.4	61.3	76.72
凝固点/℃	−97.7	−96.7	−63.2	−22.92
密度/(g/cm³)	0.920(液)	1.3157(20℃)	1.4890(20℃)	1.59462(20℃)
折射率	1.3712(液)	1.4244(20℃)	1.4467(20℃)	1.4604(20℃)
自燃温度/℃	632	640	>1000	>1000
临界温度/℃	143.1	237	263.4	283.2
临界压力/MPa	6.9	6.078	5.45	4.56
黏度/mPa·s	0.244(液)	4.43(20℃)	0.563(20℃)	0.965(20℃)
表面张力(20℃)/(mN/m)	16.2	28.12	27.14	26.77
比热容(20℃)/[kJ/(1g·℃)]	1.5743(液)	1.2059	0.980	0.8667
蒸发热/(kJ/kg)	428.75	329.52	247.03	194.9
熔化热/(kJ/kg)	6.55	4.61		2.5373
燃烧热/(kJ/kg)		604.9	373.48	369.4
热导率(20℃)/[W/(m·K)]	1.6077		0.1298	0.1181
介电常数(20℃)	12.93(液)	9.1	4.9	2.205
空气中爆炸范围/%	8.1~17.2	14~25		

四种甲烷氯化物均为有毒物质。氯甲烷抑制呼吸酶，高浓度吸收可引起骤死，慢性中毒主要表现为神经衰弱综合征及眼和上呼吸道刺激。二氯甲烷具麻醉性，对肝肾有损害。氯仿

的麻醉性强，过去用作麻醉剂，因对心肺的伤害和致癌作用而被禁止。四氯化碳的麻醉性比氯仿小，但对心脏、肝脏的毒性强。

2. 甲烷氯化物的质量指标

氯甲烷常温常压下为气体，中国尚未建立国家标准；其余三种甲烷氯化物国家标准中的质量指标分别见表 8-14～表 8-16。

表 8-14　二氯甲烷质量指标

指　标	优等品	一等品	合格品
纯度/%	≥99.5	≥99.0	≥98.0
色度(Pt-Co)/号	≤10	≤10	≤10
酸度(以 HCl 计)/%	≤0.0004	≤0.0008	≤0.0010
水分/%	≤0.040	≤0.050	≤0.060
蒸发残渣/%	≤0.0005	≤0.0010	≤0.0030

表 8-15　三氯甲烷质量指标（GBYr 4118—1992）

指　标	优等品	一等品	合格品
纯度/%	≥99.5	≥99.0	≥98.0
色度(Pt-Co),号	≤10	≤15	≤25
酸度(以 HCl 计)/%	≤0.001	≤0.001	≤0.003
水分/%	≤0.03	≤0.03	≤0.05
乙醛/%	≤0.05	≤0.1	
1,1-二氯乙烷/%	≤0.04	≤0.1	
四氯化碳/%	≤0.05	≤0.2	
乙醇/%	≤0.1	≤0.1	
三氯乙醛/%	≤0.10	≤0.15	

表 8-16　四氯化碳质量指标（GBPr 4116—1992）

指　标	优等品	一等品
纯度/%	≥99.8	≥99.5
色度(Pt-Co)/号	≤15	≤25
酸度(以 HCl 计)/%	≤0.0002	≤0.0008
水分/%	≤0.005	≤0.007
三氯甲烷/%	≤0.05	≤0.3
二硫化碳/%	≤0.005	≤0.01
四氯乙烯/%	≤0.03	≤0.1

三、天然气制甲烷氯化物的生产工艺

1. 反应原理

以氯气使甲烷氯化，系自由基连锁反应，可用热、光或催化剂将其引发，工业上多采用高温进行热氯化反应，反应方程式如下：

$$CH_4 + Cl_2 \longrightarrow CH_3Cl + HCl \tag{8-8}$$

$$CH_3Cl + Cl_2 \longrightarrow CH_2Cl_2 + HCl \tag{8-9}$$

$$CHCl_3 + Cl_2 \longrightarrow CCl_4 + HCl \tag{8-10}$$

$$CH_2Cl_2 + Cl_2 \longrightarrow CHCl_3 + HCl \tag{8-11}$$

可见，甲烷氯化系强放热反应，需及时移出反应热以防反应猛烈导致爆炸。

甲烷直接氯化将同时生成四种氯化物，以氯气与甲烷反应将产生大量盐酸，采用氧氯化工艺则可使用 HCl 和空气为原料，其总反应式如下：

$$CH_4 + HCl + \frac{1}{2}O_2 \longrightarrow CH_3Cl + H_2O \tag{8-12}$$

$$CH_4 + 2HCl + O_2 \longrightarrow CH_2Cl_2 + H_2O \tag{8-13}$$

$$2CH_4 + 6HCl + 3O_2 \longrightarrow 2CHCl_3 + 6H_2O \tag{8-14}$$

$$CH_4 + 4HCl + 2O_2 \longrightarrow CCl_4 + 4H_2O \tag{8-15}$$

氧氯化反应需使用催化剂。

2. 甲烷热氯化工艺

甲烷热氯化的引发温度为 300~350℃，反应开始后应控制在 400~420℃，其工艺流程见图 8-8。

甲烷热氯化法对原料天然气有较严格的要求，硫应为痕量，含量应低于 0.01%，氧含量亦应低于 0.01%。调节原料氯比可在一定范围内控制产物比例，典型组成为氯甲烷 35%、二氯甲烷 45%、氯仿 20% 及少量四氯化碳；甲烷的总有效转化率为 85%，氯为 97%。日本旭硝子热氯化工艺以每吨甲烷氯化物计的消耗指标见表 8-17。

表 8-17　甲烷热氯化工艺的消耗指标

氯气	天然气	蒸汽/(t/t)	电/(kW·h/t)	工业水/(m³/t)	纯水/(t/t)	氮气/(m³/t)
理论值的 1.06~1.07 倍	理论值的 1.3~1.4 倍	2.5	450	6	2	30

3. 甲烷氧氯化工艺

甲烷氧氯化工艺又称 ranscat 工艺，使用 $CuCl_2$-$CuCl$ 混合物熔盐为催化剂，它们实际上起着氯载体及氧载体的作用，熔盐还是良好的热载体，其工艺流程见图 8-7。

氧氯化反应温度为 370~450℃，压力不超过 0.7MPa；反应器内衬瓷质材料，反应对氯的总收率超过 99%，对于甲烷则取决于产品分布在 75%~90% 之间。当四种产品的比例依次为 1.0∶1.5∶2.0∶0.5 时的消耗指标示于表 8-18。

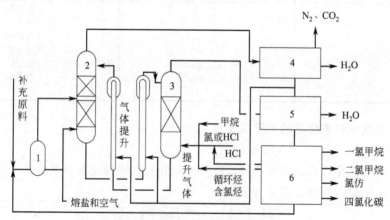

图 8-7　甲烷氧氯化工艺流程图

1—副产物裂解反应器；2—氧化反应器；3—氧化氯化反应器；
4，5—排出物处理工段；6—氯甲烷分离工段

表 8-18　甲烷氧氯化法的消耗指标①

天然气/(t/t)	氯化氢/(t/t)	蒸汽/(t/t)	电/(kW·h/t)	冷却水/(m³/t)	燃料/(MJ/t)
0.204	0.874	2.10	178	248	215

① 产品比例：$CH_3Cl∶CH_2Cl_2∶CHCl_3∶CCl_4∶1.0∶1.5∶2.0∶0.5$。

4. 甲烷综合氯化工艺

甲烷综合氯化工艺主要用于生产高氯化物，该工艺以热氯化制取低氯化物，然后再用光氯化生产氯仿和四氯化碳。

热氯化在 $400\sim450℃$ 下进行，CH_3Cl 及 CH_2Cl_2 的光氯化在内壁衬有搪瓷或铅的塔式反应器内进行，内装石英水银灯，使氯活化的有效光波长度是 $3\sim5\mu m$；光氯化可在常温或较低温度下进行，反应较易控制，副反应少而产品纯度高，但系统因安装光源而较为复杂。

四、甲醇制甲烷氯化物生产工艺

以甲醇为原料生产甲烷氯化物的主要优点是不副产氯化氢，原料的贮运也较方便。美国从 1990 年起，氯甲烷、二氯甲烷和氯仿几乎全部是此路线生产的。在西欧和日本甲醇法也占据重要地位。

1. 反应原理

甲醇法的第一步系甲醇与氯化氢反应生成氯甲烷：

$$CH_3OH + HCl \longrightarrow CH_3Cl + H_2O \qquad \Delta H = -44.73kJ \qquad (8\text{-}16)$$

过程中的主要副反应是生成二甲醚：

$$2CH_3OH \longrightarrow CH_3OCH_3 + H_2O \qquad\qquad\qquad (8\text{-}17)$$

第二步则是氯甲烷的进一步氯化，所生成的氯化氢则供第一步用。

需要指出的是，由于盐酸含有近 70% 的水，而水是反应生成物，故此反应不仅速率慢，而且反应不可能完全。目前开发的工艺有催化法和非催化法，催化剂又有液相和固相两类。

氯甲烷的进一步氯化则可使用热氯化、光氯化及自由基引发技术等。

2. 甲醇气液相催化工艺

甲醇气液相催化法以 75% 的氯化锌水溶液为催化剂，甲醇与 HCl 气相鼓泡通过，反应生成氯甲烷，其工艺流程见图 8-8。

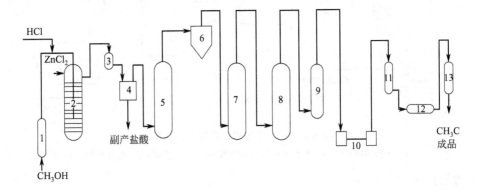

图 8-8　甲醇气液相催化工艺流程图
1—甲醇汽化塔；2—反应器；3，4—水冷凝器；5，8—水洗塔；6—气液分离器；
7—碱洗塔；9—固碱干燥器；10—压缩机；11—机后冷却器；12—冷凝器；13—成品罐

反应温度为 $140\sim150℃$，常压，$1m^3$ $ZnCl_2$ 水溶液每小时可生产氯甲烷 140kg。此法产物中常含有 $0.5\%\sim1.0\%$ 二甲醚，反应条件缓和，设备流程简单，但腐蚀较严重，消耗定额较高，宜于小规模生产。

3. 甲醇气固相催化工艺

甲醇气固相催化法通常以 $\gamma\text{-}Al_2O_3$ 为催化剂，反应温度为 $250\sim300℃$，空速可达

$300h^{-1}$，甲醇单程转化率在 95% 以上，选择性在 99% 以上。较长的停留时间与较高的 $ClCH_2OH$ 比可有助于抑制二甲醚的生成，并促使二甲醚进一步转化为氯甲烷：

$$CH_3OCH_3 + HCl \longrightarrow CH_3Cl + CH_3OH \qquad \Delta H = -12.54kJ \qquad (8-18)$$

此法要求严格控制原料中的水含量，甲醇有效利用率较高，适于大规模生产。表 8-19 给出了第一步采用甲醇气固相催化工艺、目的产品为二氯甲烷及氯仿的装置的消耗指标。

表 8-19　甲醇气固相催化氯化法消耗指标[①]

产品比例 $CH_2Cl_2/CHCl_3$	甲醇/ (t/t)	氯气/ (t/t)	蒸汽/ (t/t)	电/ (kW·h/t)	冷却水/ (m^3/t)	副产 CCl_4/ (t/t)
80/20	0.37	0.92	1.80	185	160	0.01
50/50	0.36	1.17	1.48	180	160	0.11

①均以每吨混合产品计。

4. 甲醇气液相非催化工艺

杜邦公司开发的甲醇气液相非催化工艺系在压力下进行反应，未反应的甲醇、HCl 以及副产的二甲醚回收后再进一步循环反应，其工艺流程见图 8-9。反应温度 120℃，压力 1.06MPa，进料 HCl 过量 10%。此法甲醇单耗可接近理论量，但对设备要求高于大规模装置。

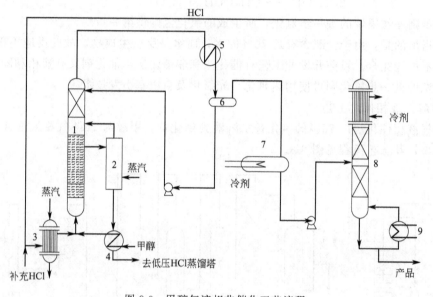

图 8-9　甲醇气液相非催化工艺流程

1—反应器；2—汽提塔；3，4—换热器；5，7—冷凝器；6—回流罐；8—氯化氢塔；9—再沸器

【思考题】

1. 叙述甲醇气液相催化工艺流程。

2. 叙述甲醇气液相非催化工艺流程。

[拓展与提高]　世界能源发展

世界能源的第二次转变，从煤炭转向石油和天然气，是 20 世纪 20 年代从美国开始的，经过 70 年的努力，到 20 世纪 90 年代，世界能源消费结构已转变成以石油、天然气为主，全世界 1998 年一次能源消费结构中，石油占 40%，天然气占 23.8%，合计达到 63.8%，而煤炭的消费量已经下降到 26.2%。而我国却一直没有完成这种转变，到 1998 年石油、天然气的消费比例仅 20% 左右，而煤炭的消费比例仍在 70% 以上，出现了严重的煤烟型污染。

为了解决严重的环境污染问题，必须努力发展清洁的天然气和电力，我们再也不能错过这个大好时机。

美国学者罗伯特·A·海夫纳著文《转型中的燃料——走向可持续发展的气体能源时代 1995》指出：我们正进入更清洁、效率更高的气体能源时代。在人类历史上，我们第一次处于为了持续增长提供燃料的能源转型期。天然气化学结构简单，储量丰富，分布广泛，可以采用小型、分散、资本密集度较低的技术，有利于减少军事上的压力，并缓解贸易不平衡、他指出物质有固体和气体两种基本形态，液体是中间过渡形态。在世界能源市场上，木柴和煤炭都曾占有 90％以上的份额，而石油从未超过 45％，到 21 世纪末，气体能源的市场份额可达 90％，气体能源时代从天然气和甲烷开始，21 世纪末转向氢。

世界能源委员会和国际应用分析研究所（WEC/IIASA）的研究报告——《2050 年及以后全球能源展望》（1995 年）对设定的 6 种情形进行预测，到 2100 年，在世界终端能源消费结构中，固体燃料将下降到 10％，液体占 35％，网络能源（天然气、电力、区域供热和氢）占 55％。这就是说到 2100 年将由天然气等气体燃料和电力主宰世界能源消费，据中国工程院《中国可持续发展能源战略研究》（1992）预测，我国一次能源（结构）中，石油比重将从 1999 年 16.6％上升到 2050 年的 18.1％，天然气比重将从 1990 年的 2.1％上升到 2050 年的 10.5％，而煤炭将从 1990 年的 76.2％下降到 2050 年 51.9％。而在终端能源消费结构中，天然气和电力占主要地位，天然气等气体燃料消耗上升到 17％，而电力将从 1990 年的 8.1％上升到 2050 年的 36％（据预测发展中国家 1990 年电力在终端能源消费中的比重为 18％，到 2050 年可达到 36％，所以中国 2050 年的预测数字是相当高的）。也就是说到 2050 年中国终端能源消费结构中，气体燃料和电力将超过 50％，达到 53％，而终端能源消费结构中，固体燃料的比重将由 66.3％下降到 2050 年 16％。从这些数字可以看到世界和中国的未来要依靠天然气等气体燃料和电力。天然气和电力应当在各自的有利领域内发展，达到优势互补、共同发展。

习　题

一、填空题

1. 二甲醚是最简单的_____，常温下为_____，有_____的气味。
2. 甲烷氯化物有 _____、_____、_____和_____。
3. 清洁能源有_____、_____。

二、名词解释

1. 氯仿
2. 二甲醚
3. 丁、辛醇

三、简答题

1. 叙述甲醇气液相非催化工艺流程。
2. 二甲醚的两种合成方法对比。

参 考 文 献

[1] 朱利凯. 天然气处理与加工. 北京：石油工业出版社，1997.

[2] 四川石油管理局. 天然气工程手册（上下）. 北京：石油工业出版社，1984.

[3] 褚林. 天然气加工工程. 北京. 石油工业出版社，1997.

[4] 陈赓良，王开岳. 天然气综合利用. 北京：石油工业出版社，2004.

[5] 王遇冬. 天然气处理与加工工艺. 北京：石油工业出版社，1999.

[6] 徐文渊，蒋长安. 天然气利用手册. 北京：中国石化出版社，2002.

[7] 汪建寿. 天然气综合利用技术. 北京：化学工业出版社，2003.

[8] 石兴春，李吟天. 中国天然气工业发展研究. 北京：石油工业出版社，2002.

[9] 刘镜远. 合成气工业技术与设计手册. 北京：化学工业出版社，2001.

[10] 梁平. 天然气操作技术与安全管理. 北京：化学工业出版社，2009.

[11] 陈滨. 乙烯工艺学. 北京：化学工业出版社，1997.

[12] 贺永德. 天然气应用技术手册. 北京：化学工业出版社，2010.